21 世纪高等职业教育规划教材

高职高专机械类专业通用技术平台精品课程教材

# 电工电子技术基础

## （第四版）

黄淑琴　主　编

朱　健　副主编

U0270252

上海交通大学出版社

## 内 容 简 介

本书根据高等职业教育的特色和"必需、够用"的原则,对教材内容作了精心的选择和编排,对传统的《电工学》、《电子学》和《电机学》进行整合,在1999年第一版、2005年第二版和2009年第三版基础上,经过十几年的教学实践修改而成。内容包括直流电路、交流电路、磁路与变压器、电机及控制和数字电路等。本书可作高职高专机电类专业及相关相近专业师生的教材,也可供相关专业的工程技术人员阅读参考。

### 图书在版编目(CIP)数据

电工电子技术基础/黄淑琴主编. —4版. —上海:
上海交通大学出版社,2012 (2021 重印)
21 世纪高等职业教育规划教材
ISBN 978-7-313-02118-2

Ⅰ. 电… Ⅱ. 黄… Ⅲ. ①电工技术—高等学
校:技术学校—教材②电子技术—高等学校:技术学
校—教材 Ⅳ. ①TM②TN

中国版本图书馆 CIP 数据核字(2009)第 120644 号

**电工电子技术基础**
**(第四版)**
黄淑琴 主编
上海交通大学出版社出版发行
(上海市番禺路 951 号 邮政编码 200030)
电话:64071208
常熟市文化印刷有限公司 印刷 全国新华书店经销
开本:787mm×1092mm 1/16 印张:15.25 字数:372 千字
1999 年 6 月第 1 版 2012 年 9 月第 4 版 2021 年 1 月第 22 次印刷
ISBN978-7-313-02118-2 定价:45.00 元

# 前　言

《电工电子技术基础》自 1999 年初版、2005 年第二版、2009 年第三版出版以来，已在国内不少高校使用，新的教材内容体系得到很多同行老师的关心和支持，有的老师还向我们反馈了使用效果及使用中发现的不足之处，使我们深受鼓舞与启发。

这次修订是在总结教材几年来使用情况以及多年教学经验的基础上进行的。考虑到第三版已对本书作了合理的修改，故此次修订仍保留第三版的基本风格，除了第 1、2 章合并为第 1 章外，其他章、节安排没有很大的变化，修订的重点是对某些内容进行调整，有的加以精简或压缩，有的适当展开或补充，并对部分习题及例题加以调整，力求使教材更好教好学。

具体修改内容如下：

（1）将第 1 章电路基本理论及基本定律和第 2 章直流电路的分析方法合在一起，改为直流电路，使全书内容更加精简。

（2）电路的过渡过程增加了对复杂电路的分析方法：用戴维南定理化简电路，然后利用经典法的结论来解决。

（3）数字电路增加了译码器和数据选择器的应用。

（4）部分例题及习题作了更换，以突出实用性。

本书第四版参加编写的人员有：黄淑琴、朱健、赵安、曹秀洪等。编写中根据多年教学经验，对所有内容加以总结提炼，使用本教材的其他院校的老师对教材修订提供了宝贵意见，在此表示衷心感谢。

对本版教材中存在的缺点和疏漏，恳请使用本教材的老师、同学及读者批评指正。

编　者

2012 年 6 月

# 目　　录

# 第1章　直流电路的概念及分析

【内容提要】　本章介绍电路的组成和作用,电路的基本物理量,电路的基本定律——欧姆定律和基尔霍夫定律,电位的概念及计算,直流电路的基本分析法——支路电流法,叠加定理及戴维南定理。这些是学习电工学的基础。

【学习要求】　理解电路的几个基本物理量(电流、电压和电动势)的意义,理解电流、电压正方向(参考方向)的概念,掌握电功率的计算;掌握欧姆定律;理解电压源(包括恒压源)和电流源(包括恒流源)的特性;掌握两种电源模型等效变换的方法;掌握基尔夫电流和电压定律;理解电阻串联电路的等效变换及分压公式和电阻并联电路的等效变换及分流公式;掌握支路电流法;掌握用叠加原理分析计算电路的方法;掌握用戴维南定理分析电路的方法;掌握电路中电位的计算方法。

## 1.1　电路的组成及作用

在当代社会中,电工电子技术有着非常广泛的应用。电路是为了实现某种应用目的,将某些电气设备或电路元件按一定方式组合起来构成的一个电流通路。

图1.1所示手电筒电路是一个最简单的直流电路,它由电源、负载及中间环节三个部分组成。

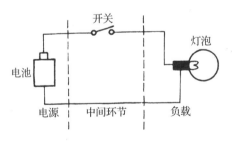

图 1.1　手电筒电路

电源是供应电能的设备,如电池、发电机等,它们将非电能量(如热能、水能、化学能等)转换为电能。负载是取用电能的设备,如灯泡、电动机等,它们将电能转换为光能、热能、机械能等。中间环节是连接电源和负载的部分,用来传输、分配和控制电能。最简单的中间环节是连接导线和开关,也可由多种元件或电气设备组成较为复杂的中间环节。

电路的作用一是实现电能的传输和转换,如手电筒电路;二是传递和处理信号,如电视机电路。

## 1.2 电路的基本物理量

电路的基本物理量有:电流、电压、功率及能量等。

### 1.2.1 电流

电流是由带电粒子(电荷)有规则的定向运动而形成的。因而,电流既有大小又有方向,其大小由电流强度(简称电流)表征,其实际方向规定为正电荷运动的方向或负电荷运动的相反方向。

电流强度是单位时间内通过导体横截面的电荷量,即

$$i = \frac{\mathrm{d}q}{\mathrm{d}t} \tag{1.1}$$

国际单位制中,电流强度的单位为安培,常用的还有千安(kA)、毫安(mA)和微安($\mu$A)等单位。

大写字母 $I$ 表示不随时间变化的电流,即直流电流,如图 1.2(a)所示。小写字母 $i$ 表示随时间变化的电流,即时变电流,如图 1.2(b)所示。

电流的方向是客观存在的,但实际方向有时难以确定,因此引入参考方向的概念。

电流的参考方向,即电流的假定正方向,可任意选定,在电路中用一个箭头标出,如图 1.3所示。$I_{AB}$ 表示参考方向由 A 指向 B。

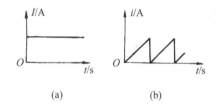

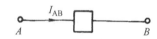

图 1.2　直流电流与时变电流　　　　　　图 1.3　电流参考方向设定

[**例 1.1**]　图 1.4 中的方框用来泛指二端元件(对外引出两个端钮),已知电流 $I$ 的参考方向如图所示,求下列两种情况下电流的真实方向:(1) $I=5\,\mathrm{A}$;(2) $I=-5\,\mathrm{A}$。

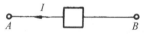

图 1.4　例 1.1 电流图

**解**　(1) $I=5\,\mathrm{A}$ 时,因 $I$ 为正,则电流的真实方向与参考方向相同,即由 $B$ 向 $A$。

(2) $I=-5\,\mathrm{A}$ 时,因 $I$ 为负,则电流的真实方向与参考方向相反,即由 $A$ 向 $B$。

### 1.2.2 电压与电动势

#### 1.2.2.1 电压及其参考极性

电场力把单位正电荷从 $A$ 点移动到 $B$ 点所做的功,称为 $A$ 点到 $B$ 点的电压

$$U_{AB} = \frac{\mathrm{d}W_{AB}}{\mathrm{d}q} \tag{1.2}$$

电压用 $u$ 或 $U$ 表示,单位为伏特(V)。大写字母 $U$ 表示直流电压,小写字母 $u$ 表示时变电压。

所谓电压的参考极性,即为电路中两点间假定的极性或假定的电位降方向,通常在两点间标上正(＋)、负(－)号或用一个箭头表示,如图 1.5(a)、(b)所示。电压的参考极性也可称为电压的参考方向。

图 1.5 电压参考极性设定

在假设的参考极性下,若 $U$ 为正,则表示电压的真实极性与参考极性一致;反之,若 $U$ 为负,则表示电压的真实极性与参考极性相反。在图 1.5 所示电路中,若 $A$、$B$ 间电压用 $U_{AB}$ 表示,则表明 $A$、$B$ 两点间的电压参考极性为 $A$ 正、$B$ 负。因此,

$$U_{AB} = U, U_{BA} = -U$$

于是 $U_{AB} = -U_{BA}$。

[例1.2] 如图 1.6 所示的二端元件,已知电压 $U$ 的参考极性如图所示,试求下列两种情况下电压 $U$ 的真实极性:(1) $U = 5\text{V}$;(2) $U = -5\text{V}$。

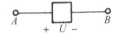

图 1.6 例 1.2 电路图

解 (1) $U = 5\text{V}$ 时,因 $U$ 为正,则电压 $U$ 的真实极性与参考极性相同,即 $A$ 点为高电位端。

(2) $U = -5\text{V}$ 时,因 $U$ 为负,则电压 $U$ 的真实极性与参考极性相反,即 $B$ 点为高电位端。

对于任一元件,其电流的参考方向与电压的参考方向的设定是任意的。因而两参考方向之间就存在如下两种可能的关系:一是关联参考方向,如图 1.7(a)所示;二是非关联参考方向,如图1.8所示。

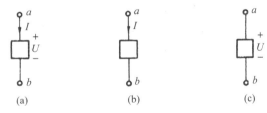

图 1.7 $U$、$I$ 关联时电路标注

所谓关联参考方向是指电流参考方向与电压参考方向(电位降参考方向)相同。而非关联参考方向是指电流参考方向与电压参考方向相反。当采用关联参考方向时,$U$、$I$ 可只选择其一在电路中标明其参考方向,而另一个因与其方向相同,可不必在电路中标明,如图 1.7(b)、(c)所示。

#### 1.2.2.2 电动势

在电路中,正电荷是从高电位流向低电位的,因此要维护电路中的电流,就必须有能把正电荷从低电位移至高电位的非电场力,电源的内部就存在非电场力。非

图 1.8 $U$、$I$ 非关联时电路标注

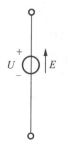

图 1-9 电动势的方向

电场力把单位正电荷从电源内部由低电位端移到高电位端所做的功，称为电动势，用字母 e(E) 表示。电动势的实际方向在电流内部由低电位指向高电位，单位与电压相同，用 V(伏特)表示，如图 1.9 所示。

### 1.2.3 功率及能量

对于一个二端元件或二端网络(与外部只有两个端钮相联的元件或网络称为二端元件或二端网络。这里，网络即指较复杂的电路)，我们定义其所吸收(或产生)的功率为单位时间内该电路所吸收(或产生)的能量。即

$$P = \frac{\mathrm{d}w}{\mathrm{d}t} \tag{1.3}$$

功率用 $p$ 或 $P$ 表示，单位为瓦特(W)。大写字母 $P$ 表示不随时间变化的功率，如直流电路的功率，小写字母 $p$ 表示随时间变化的功率。

由式(1.3)、式(1.1)、式(1.2)得

$$P = UI \tag{1.4}$$

因 $U$，$I$ 的数值有正、有负，则功率 $P$ 也有正负，这表明二端网络有吸收和产生功率之分。当 $U$、$I$ 采用关联参考方向时(如图 1.7 所示)，若 $P>0$，则二端网络吸收功率，为负载；若 $P<0$，则二端网络产生功率，为电源。反之，当 $U$、$I$ 采用非关联参考方向时(如图1.8所示)，若 $P>0$，则二端网络产生功率；若 $P<0$，则二端网络吸收功率。

[例 1.3] 求图 1.10(a)、(b)所示二端网络 N 所吸收的功率。

**解** (a) $P=UI=2\times(-1)=-2\,(\mathrm{W})$

因 $U$、$I$ 关联，则网络 N 吸收 -2 W 功率，即放出 2 W 功率。

(b) $P=UI=2\times(-1)=-2\,\mathrm{W}$

因 $U$、$I$ 非关联，则网络 N 放出 -2 W 功率，即吸收 2 W功率。

[例 1.4] 在图 1.11 所示电路中，已知 $U_{s_1}=15\,\mathrm{V}$，$U_{s_2}=10\,\mathrm{V}$，$R=5\,\Omega$，试求电流 $I$ 和各元件的功率。

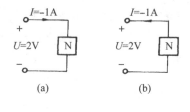

图 1.10 例 1.3 电路图

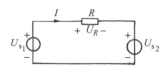

图 1.11 例 1.4 电路图

**解** 由图中电流的参考方向，可得

$$I = \frac{U_{s_1} - U_{s_2}}{R} = \frac{15 - 10}{5} = 1\,(\mathrm{A})$$

电流为正值，说明电流参考方向与实际方向一致。

根据功率计算时电压电流采用的参考方向可得：

元件 $U_{s_1}$：因 $U_{s_1}$、$I$ 非关联，故功率 $P_{s_1}=UI=15\times 1=15\,(\mathrm{W})>0$(产生功率)

元件 $U_{s_2}$：因 $U_{s_2}$、$I$ 关联，故功率 $P_{s_2}=10\times 1=10\,(\mathrm{W})>0$(吸收功率)

元件 $R$：$P_R=1\times 5=5\,(\mathrm{W})$(吸收功率)

由此可以看出：电源 $U_{s_1}$ 发出的功率等于各负载吸收的功率之和，即

$$15\,\mathrm{W} = (10\,\mathrm{W} + 5\,\mathrm{W})，称为功率平衡。$$

能量是电路中的又一个基本物理量,在国际单位制中,能量的单位是焦耳(J)。功率的单位是瓦(W),在电工技术中,电功率常用千瓦小时(kW·h)表示,1kW·h 俗称 1 度电。

[例 1.5]　某元件在直流电源作用下,测得其两端电压为 10V,流过的电流为 5 A,问该元件经过 10 h 后消耗多少度电能?

**解**　由题意可知

$$U = 10V, \ I = 5 A, \ t = 10 h$$

则

$$W = UIt = 10 \times 5 \times 10 \ V \cdot A \cdot h$$

$$= 500 \ W \cdot h = 0.5 \ kW \cdot h = 0.5 \ 度$$

即此元件在使用 10h 后将消耗 0.5 度电能。

# 1.3　欧姆定律及电路的连接

### 1.3.1　欧姆定律

对于线性电阻元件,其电路模型如图 1.12 所示,其上的电压 $U$、电流 $I$ 之间的关系满足欧姆定律,即流过电阻元件的电流与其两端的电压成正比,也即

$$\frac{U}{I} = R \ (U、I \ 关联,见图 1.12(a)) \tag{1.5}$$

或

$$\frac{U}{I} = -R \ (U、I \ 非关联,见图 1.12(b)) \tag{1.6}$$

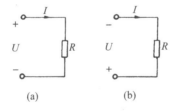

图 1.12　线性电阻元件的电路模型
(a) $U$、$I$ 关联;(b) $U$、$I$ 非关联

式中 $R$ 称为电阻元件,单位为欧姆($\Omega$),$R$ 亦可用电导 $G$ 来表示,$G$ 的单位为西门子(S),它与 $R$ 间的关系为

$$G = \frac{1}{R} \tag{1.7}$$

由式(1.5)、式(1.6)可得线性电阻元件的端电压 $U$ 与端电流 $I$ 之间的伏安关系如下:

$$\left. \begin{array}{l} U = RI \\ I = GU \end{array} \right\} \quad (U、I \ 关联) \tag{1.8}$$

或

$$\left. \begin{array}{l} U = -RI \\ I = -GU \end{array} \right\} \quad (U、I \ 非关联) \tag{1.9}$$

根据式(1.8)、式(1.9)所画出的曲线即称为线性电阻元件的伏安特性曲线,为一条过原点的直线如图 1.13(a)、(b)所示。而非线性电阻元件的伏安特性曲线为一条曲线,如二极管的伏安特性曲线,见图 1.14。

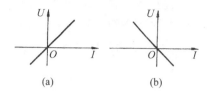

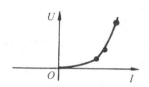

图 1.13　线性电阻元件的伏安特性曲线
(a) $U$、$I$ 关联；(b) $U$、$I$ 非关联

图 1.14　非线性电阻元件
的伏安特性曲线

由线性元件组成的电路称为线性电路。

### 1.3.2　电路的连接

#### 1.3.2.1　电阻元件的串联

如果一个电路中有若干个电阻元件按顺序首尾相连,在电压源的作用下各电阻元件上流过的电流相等,那么这种连接方式称为电阻元件的串联,如图 1.15(a)所示。由欧姆定律得

$$U = R_1 I + R_2 I = (R_1 + R_2)I$$

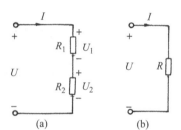

图 1.15　电阻元件的串联

图 1.15(b)所示的电路,其伏安关系

$$U = RI \qquad (1.10)$$

两电路具有相同伏安关系(即相互等效)的条件是

$$R = R_1 + R_2 \qquad (1.11)$$

电阻 $R$ 称为图 1.15(a)所示电路的等效电阻。而图 1.15(b)称为图 1.15(a)的最简等效电路。

#### 1.3.2.2　电阻元件的并联

如果在一个电路中,若干个电阻元件的首端、尾端分别相联在一起,在电压源的作用下,各个电阻元件两端的电压相等,那么,这种连接方式称为电阻元件的并联,如图 1.16(a)所示。

由欧姆定律得

$$I = I_1 + I_2 = \frac{U}{R_1} + \frac{U}{R_2} = U\left(\frac{1}{R_1} + \frac{1}{R_2}\right)$$

图 1.16(b)所示的电路,其伏安关系

$$I = \frac{U}{R} \qquad (1.12)$$

两电路具有相同伏安关系(即相互等效)的条件是

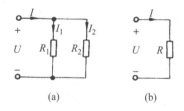

图 1.16　电阻元件的并联

$$\frac{1}{R} = \frac{1}{R_1} + \frac{1}{R_2} \qquad (1.13)$$

或

$$R = \frac{R_1 R_2}{R_1 + R_2} \qquad (R \text{ 称为并联等效电阻})$$

电阻 $R$ 称为图 1.16(a)所示电路的等效电阻。而图 1.16(b)称为图 1.16(a)的最简等效电路。

当 $R_1 = R_2$ 时,有 $R = \frac{1}{2}R_1 = \frac{1}{2}R_2$

1.3.2.3　电阻的混联

电阻元件串联和并联混合连接的方式称为电阻的混联。电阻元件混联电路的最简等效电路也为一个电阻元件,如图 1.17 所示。此类电路的等效,可通过电阻元件的串联等效和并联等效来逐步化简电路,最终总可以简化为一个电阻元件,而其逐步简化等效的过程可用"⇨"表示。

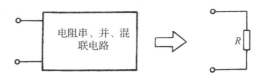

图 1.17　电阻混联二端网络的等效电路

[例 1.6]　电路如图 1.18(a)所示,求 $a$、$b$ 两端的等效电阻 $R_{ab}$。

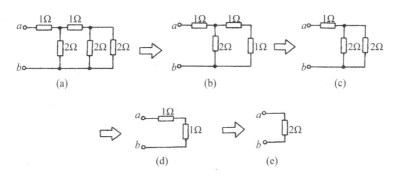

图 1.18　例 1.6 图

**解**　电路等效化简过程如图 1.18(b)～(e)所示,最终可求出 $a$、$b$ 两端的等效电阻为

$$R_{ab} = 2\,\Omega$$

[例 1.7]　电路如图 1.19(a)所示,求 $c$、$d$ 两端的等效电阻 $R_{cd}$。

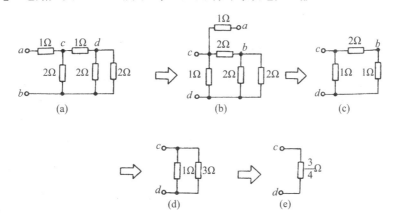

图 1.19　例 1.7 图

**解**　电路等效化简过程如图 1.19(b)～(e)所示,最终可求出 $c$、$d$ 两端的等效电阻为

$$R_{cd} = \frac{3}{4}\,\Omega$$

[例 1.8]　电路如图 1.20(a)所示,求 $a$、$b$ 两端的等效电阻 $R_{ab}$。

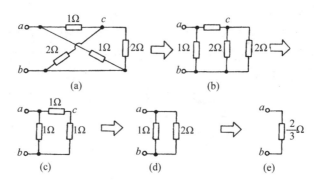

图 1.20　例 1.8 图

**解**　电路等效化简过程如图 1.20(b)～(e)所示,最终可求出 $a$、$b$ 两端的等效电阻为

$$R_{ab} = \frac{2}{3}\,\Omega$$

## 1.4　电压源、电流源及其等效变换

### 1.4.1　电压源

独立电源有独立电压源与独立电流源

#### 1.4.1.1　理想电压源的电路模型及其伏安关系

所谓理想电压源,即其端电压对外电路而言保持恒定,与通过它的电流大小无关。其电路模型如图 1.21(a)所示。其伏安关系为

$$\left. \begin{array}{l} U = U_s \\ I \text{ 为任意值} \end{array} \right\} \tag{1.14}$$

其伏安特性曲线如图 1.21(b)所示。

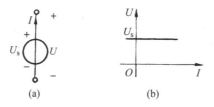

图 1.21　理想电压源的电路模型及其伏安特性曲线

但是,实际的电压源总含有一定的内阻,因而其电路模型就不能用理想电压源的模型来表征。

#### 1.4.1.2　实际电压源的电路模型及其伏安关系

对于实际电压源,其电路模型如图 1.22(a)所示。其中,$U$ 为电压源的输出电压;$U_S$ 为理想电压源的电压;$R_0$ 为电压源的内阻;$I$ 为电压源的输出电流;其伏安关系为

$$U = U_s - R_0 I \tag{1.15}$$

电压源的内阻愈小,输出电压就愈接近理想电压源的电压 $U_s$,当内阻 $R_0 = 0$ 时电压源就

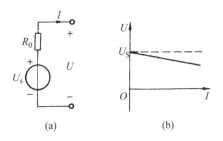

图 1.22　实际电压源的电路模型及其伏安特性曲线

是理想电压源。其伏安特性曲线如图 1.22(b) 所示。

### 1.4.2　电流源

#### 1.4.2.1　理想电流源的电路模型及其伏安关系

所谓理想电流源,即对外总能提供出一个恒定的电流,此电流与它两端的电压无关。其电路模型如图 1.23(a) 所示,伏安关系为

$$\left. \begin{array}{l} I = I_s \\ U \text{ 为任意值} \end{array} \right\} \tag{1.16}$$

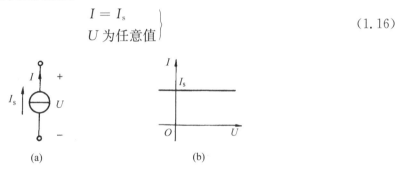

图 1.23　理想电流源的电路模型及其伏安特性曲线

伏安特性曲线如图 1.23(b) 所示,为平行于横轴的一根直线。

但是,实际的电流源总含有一定的内阻,因而其电路模型就不能用理想电流源的模型来表征。

#### 1.4.2.2　实际电流源的电路模型及其伏安关系

对于实际电流源,其电路模型如图 1.24(a) 所示。其中,$I$ 为电流源的输出电流;$I_s$ 为理想电流源的电流;$U$ 为电流源的输出电压;$R_0$ 为电流源的内阻。其伏安关系为

$$I = I_s - \frac{U}{R_0}$$

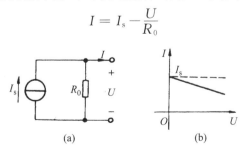

图 1.24　实际电流源的电路模型及其伏安特性曲线

电流源的内阻 $R_0$ 愈大,它对 $I_s$ 的分流作用愈小,输出电流 $I$ 愈接近于理想电流源的电流 $I_s$。当内阻 $R_0 = \infty$ 时电流源就是理想电流源。其伏安特性曲线如图 1.24(b) 所示。

### 1.4.3  实际电压源与实际电流源间的等效互换

不论是实际电压源,还是实际电流源,对电源的外电路而言,它们就有可能相互等效。下面讨论两者相互等效的条件。

对于实际电压源,有 $U=U_s-R_0 I$,此式也可写为

$$I = \frac{U_s}{R_0} - \frac{1}{R_0}U \tag{1.17}$$

而实际电流源的伏安关系为 $I=I_s-G_s U$,为了让此式与式(1.17)相等,即实际电压源等效为实际电流源,此时必须满足如下的条件:

$$\left. \begin{array}{l} I_s = \dfrac{U_s}{R_0} \\[2mm] R = R_0 \end{array} \right\} \tag{1.18}$$

利用式(1.18)可将实际电压源等效为实际电流源,如图 1.25(a)、(b)所示。

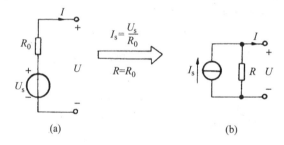

图 1.25  实际电压源等效为实际电流源

对于实际电流源,有 $I=I_s-\dfrac{U}{R}$,此式也可写为

$$U = I_s R - IR \tag{1.19}$$

而实际电压源的伏安关系为 $U=U_s-R_0 I$,为了让此式与式(1.19)相等,即实际电流源等效为实际电压源,此时必须满足如下的条件:

$$\left. \begin{array}{l} U_s = I_s R \\[2mm] R_0 = R \end{array} \right\} \tag{1.20}$$

利用式(1.20)可将实际电流源等效为实际电压源,如图 1.26(a)、(b)所示。

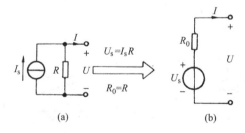

图 1.26  实际电流源等效为实际电压源

在等效变换时还需注意:

(1) 变换时两种电路模型的极性必须一致,即电流源流出电流的一端与电压源的正极性端相对应。

（2）理想电压源和理想电流源不能进行等效变换。

（3）这种变换关系只对外电路而言,对电源内部则不等效。

**［例 1.9］**　求图 1.27(a)所示电路的电压源形式的最简等效电路。

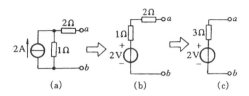

图 1.27　例 1.9 图

**解**　电路等效化简过程如图 1.27(a)～(c)所示,最终化简为一个 2 V 电压源与 3 Ω 电阻相串联的电路。

**［例 1.10］**　求图 1.28(a)所示电路的电流源形式的最简等效电路。

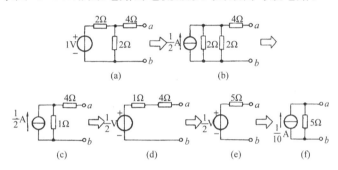

图 1.28　例 1.10 图

**解**　电路等效化简过程如图 1.28(a)～(f)所示,最终化简为一个 $\frac{1}{10}$ A 电流源与 5 Ω 电阻相并联的电路。

### 1.4.4　电路的短路和开路

当电源与负载相连接时,根据所连接负载的情况、电路通常会出现短路、开路、带负载 3 种工作状态。如图 1.29 所示电路,有

$$RI = U_s - R_0 I$$

$$I = \frac{U_s}{R + R_0}$$

当 $R=0$ 时,$U=0$,$I=\dfrac{U_s}{R_0}$,称电路 $ab$ 间短路。

当 $R=\infty$ 时,$I=0$,$U=U_s$,称电路 $ab$ 间开路。

当有负载情况下,$I=\dfrac{U_s}{R+R_0}$;在 $ab$ 间短路时,$U=0$,

$I=\dfrac{U_s}{R_0}$,在 $ab$ 间开路时,$I=0$,$U=U_s$。

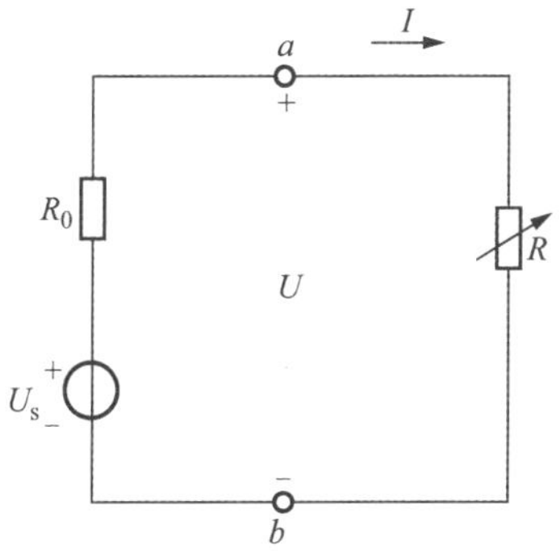

图 1-29　电路的 3 种工作状态

为了使电气设备能完全可靠地经济运行,引入了电气设备额定值,就是电气设备在电路的正常运行状态下能承受的电压、允许通过的电流及它们吸收和产生功率的限额。如额定电压

$U_N$,额定电流 $I_N$、额功功率 $P_N$。

当通过电气设备的电流等于额定电流时,称为满载工作状态;当电流小于额定电流时,称为轻载工作状态;超过额定电流时,称为过载工作状态。

# 1.5　基尔霍夫定律

基尔霍夫定律和欧姆定律都是电路的基本定律,欧姆定律反映了线性电阻元件上电流与电压的约束关系,基尔霍夫定律则从电路结构上反映了电路中电流之间或电压之间的约束关系。它包含两条定律,分别为基尔霍夫电流定律和基尔霍夫电压定律。这些定律除适用于直流电路的分析以外,原则上也适用于其他电路。

为了说明基尔霍夫定律,下面先介绍几个与电路连接状况有关的名词。

支路　每个二端元件称为一条支路。如图 1.30 所示电路,有 4 条支路。但习惯上,也可把流有同一电流的部分(即元件以串联方式连接)称为一条支路,如图 1.30 所示,元件 1 和元件 2 以串联方式连接(流有同一电流),则它们可看作一条支路,因而图 1.30 也可看作只有 3 条支路。

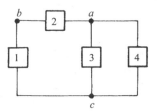

图 1.30　支路、节点、回路、网孔说明图

节点　元件的连接点称为节点,即三条或三条以上支路的交点。在电路中用"·"标出。如图 1.30 所示电路中的 $a$ 和 $c$ 都是节点,而 $b$ 可不作为节点。

回路　由支路组成的闭合路径称为回路,如图 1.30 所示电路有 3 个回路。

## 1.5.1　基尔霍夫电流定律(KCL)

基尔霍夫电流定律反映了电路中任一节点上各支路电流之间的相互关系,其内容是:对于任一电路中的任一节点,在任一时刻流入(或流出)该节点的电流之代数和恒等于零。用数学式表达为

$$\sum I = 0 \tag{1.21}$$

在应用该定律时,首先要假定各支路电流的参考方向,然后选定流入(或流出)节点的电流在式(1.21)时为正。

在图 1.31 中,设流入节点 A 的电流为正,则 A 点的 KCL 方程为

$$I_1 - I_2 - I_3 + I_4 - I_5 = 0 \tag{1.22}$$

由式(1.22)又可得如下方程:

$$I_1 + I_4 = I_2 + I_3 + I_5 \tag{1.23}$$

式(1.23)为基尔霍夫电流定律的另一种表现形式。即流入某节点电流的总和等于流出该节点电流的总和。

基尔霍夫电流定律不仅对节点成立,对电路中任意闭合面而言也成立。即对于任一电路中的任一闭合面,在任一时刻,流入(或流出)该闭合面的电流之代数和恒等于零。如图 1.32 所示,有

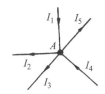

图 1.31 KCL 表现形式一

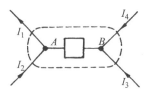

图 1.32 KCL 表现形式二

$$-I_1 + I_2 + I_3 + I_4 = 0$$

[**例 1.11**] 电路如图 1.33(a)、(b)所示,求电流 $I$。

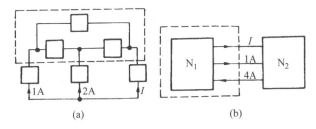

图 1.33 例 1.11 图

**解** (1) 在图 1.33(a)中作封闭面,用虚线表示如图所示。设流入封闭面的电流为正,则由 KCL 得

$$1 + 2 + I = 0, \quad I = -3(\text{A})$$

(2) 在图 1.33(b)中作封闭面(用虚线表示),设流入封闭面的电流为正,则由 KCL 得

$$-I - 1 + 4 = 0, \quad I = 3(\text{A})$$

### 1.5.2 基尔霍夫电压定律(KVL)

基尔霍夫电压定律用来确定任一回路中各段电压之间的相互关系。其内容是在任一时刻,沿着任一回路绕行一周的所有支路的电压之代数和恒等于零,用数学式表达为

$$\sum U = 0 \tag{1.24}$$

在应用基尔霍夫电压定律时,首先要标定电压及电动势的参考方向,并选定回路的绕行方向。若在回路绕行方向上支路的电压为电位降,则写入式(1.24)中取正号,反之取负号。如图1.34所示,若设回路绕行方向为顺时针,则由 KVL 得

$$-U_1 + U_2 - U_3 + U_4 = 0 \tag{1.25}$$

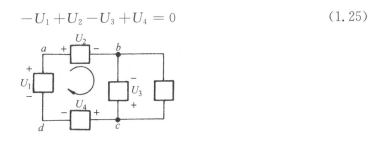

图 1.34 KVL 电路图

由式(1.25)可得

$$U_2 + U_4 = U_1 + U_3 \tag{1.26}$$

式(1.26)体现了基尔霍夫电压定律的另一种形式,即回路沿绕行方向各电位降之和等于各电位升之和。

**[例1.12]** 电路如图1.35所示,求电压$U$。

**解** 设回路绕行方向为顺时针,则由KVL得

$$-2 + 3 - 4 + U = 0$$
$$U = 2 + 4 - 3 = 3(\text{V})$$

**[例1.13]** 电路如图1.36所示,已知$I = 1\,\text{A}$,求电压$U$。

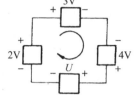

图1.35　例1.12图

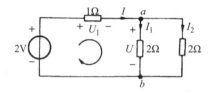

图1.36　例1.13图

**解法一** 设1Ω电阻两端电压$U_1$参考方向如图1.36所示,并设回路绕行方向为顺时针,则由KVL得

$$-2 + U_1 + U = 0$$

又由电阻元件的伏安关系得

$$U_1 = 1 \times I = 1(\text{V})$$

因此得

$$U = 1\,\text{V}$$

**解法二** 设支路电流$I_1$、$I_2$参考方向如图1.36所示,并设流入节点电流为正,则对节点$a$由KCL得

$$I - I_1 - I_2 = 0$$

又由电阻元件的伏安关系得

$$U = 2I_1, \quad U = 2I_2$$

及

$$I = 1$$

解得

$$U = 1\,\text{V}$$

**[例1.14]** 如图1.37所示电路,求$I_1, I_2, I_3, I_4$和$U$。

**解** (1) 根据KCL

对节点$a$可得

$$-I_1 - 6 + 10 = 0$$

即

$$I_1 = 10 - 6 = 4(\text{A})$$

对节点$b$可得

$$I_1 + 2 + I_2 = 0$$

即

$$I_2 = -I_1 - 2 = -4 - 2 = -6(\text{A})$$

对节点$c$可得

$$-I_2 - 4 + I_3 = 0$$

即

$$I_3 = I_2 + 4 = -6 + 4 = -2(\text{A})$$

对节点$d$可得

$$-I_3 - 10 + I_4 = 0$$

即

$$I_4 = I_3 + 10 = -2 + 10 = 8(\text{A})$$

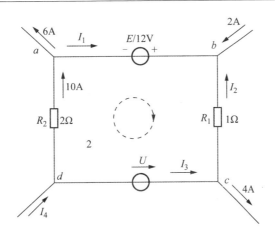

图 1.37　例 1.14 图

(2) 根据 KVL 可得　$-E-I_2R_1-U+10R_2=0$

即　　　　　　$U=10R_2-E-I_2R_1=10\times2-12-(-6)\times1=14(V)$

# 1.6　电路中电位的概念及计算

前面已涉及到电压这个概念,而 $a$、$b$ 两点间的电压 $U_{ab}$,实际为 $a$ 点电位 $V_a$ 与 $b$ 点电位 $V_b$ 之差,即

$$U_{ab}=V_a-V_b$$

计算电位时,必须先选定电路中某一点为参考点,用符号"⊥"表示,如图 1.38(b)所示,设节点 $b$ 为参考点。

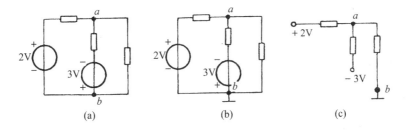

(a)　　　　　　　(b)　　　　　　　(c)

图 1.38　电位概念说明图

参考点的电位称为参考电位,通常设参考电位为零,即 $V_b=0$。而电路中,某一点 $a$ 的电位即为该点与参考点之间的电压,即 $V_a=U_{ab}$。

对于图 1.38(b),2 V、3 V 电压源有一端与参考点相连,此时可将电路图简化为图 1.38(c)的形式。

[例 1.15]　电路如图 1.39 所示,分别以 $G$ 和 $C$ 为参考点,求电路中其他各点电位。

解　这是一个闭合电路,假设电流的参考方向为顺时针方向,根据全电路欧姆定律

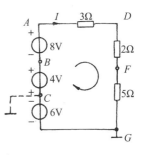

图 1.39　例 1.15 图

$$I = \frac{6-4+8}{3+2+5} = 1 \, (\text{A})$$

以 $G$ 为参考点,则各点电位

$V_G = 0 \, \text{V}, \ V_F = U_{FG} = 5 \times 1 = 5 \, (\text{V}),$

$V_D = U_{DG} = U_{DF} + U_{FG} = 2 \times 1 + 5 = 7 \, (\text{V}),$

$V_C = 6 \, \text{V}, \ V_B = U_{BG} = U_{BC} + U_{CG} = -4 + 6 = 2 \, (\text{V}),$

$V_A = U_{AB} + U_{BG} = 8 + 2 = 10 \, (\text{V})$

若以 $C$ 为参考点

则    $V_C = 0 \, \text{V} \quad V_B = -4 \, (\text{V})$

$V_A = 8 + V_B = [8 + (-4)] = 4 \, (\text{V})$

$V_G = -6 \, \text{V} \quad V_F = 5 \times 1 + V_G = [5 + (-6)] = -1 \, (\text{V})$

$U_{FG} = V_F - V_G = -1 - (-6) = 5 \, (\text{V})$

$V_D = 2 \times 1 + V_F = [2 + (-1)] = 1 \, (\text{V})$

从例 1.15 的结果可以得到如下结论:

(1) 电位是相对的,而电压是绝对的。即电路中各点的电位高低随参考点的不同而不同,而电路中任意两点之间的电压是不变的,与参考点选择无关。

(2) 参考点的选择是任意的,但同一个电路中只能选取一个参考点。

[**例 1.16**] 电路如图 1.40(a)所示,求电流 $I$ 及 $b$ 点的电位 $V_b$。

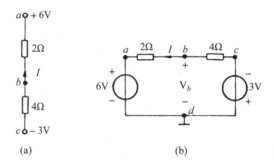

(a)            (b)

图 1.40    例 1.16 图

**解**    图 1.40(a)可化为图 1.40(b)所示的电路图,由全电路欧姆定律得

$$I = \frac{-6-3}{2+4} = -\frac{3}{2} \, (\text{A})$$

由图 1.40(b)可知,电位 $V_b$ 即为电压 $U$,即

$$V_b = U_{bd} = U_{ba} + U_{ad}$$

$$= 2I + 6 = 2 \times \left(-\frac{3}{2}\right) + 6 = 3 \, (\text{V})$$

# 1.7   支路电流法

计算复杂电路的各种方法中,最基本的方法是支路电流法。在分析时,它是以支路电流作为求解对象,应用基尔霍夫定律分别对节点和回路列写出所需的方程组,解方程组求得各支路电流,然后运用欧姆定律得到各条支路上的电压。

图 1.41 所示是一个比较简单的电路,此电路中有 3 条支路、2 个节点、3 个回路和 2 个网孔。在应用支路电流法来计算各条支路电流时,首先必须假设各条支路电流的参考方向 $I_1$、$I_2$、$I_3$,其次,根据基尔霍夫电流定律列写出 $(n-1)$ 个独立的 KCL 方程(本电路有 2 个节点,但独立节点是 1 个)。

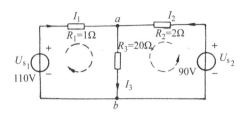

图 1.41 支路电流法电路图

节点 $a$: $\qquad\qquad I_1 + I_2 - I_3 = 0 \qquad\qquad\qquad (1.27)$

然后,根据基尔霍夫电压定律列写出 $m$ 个独立的 KVL 方程。

$$R_1 \cdot I_1 + R_3 \cdot I_3 = U_{s_1} \qquad\qquad (1.28)$$
$$R_2 \cdot I_2 + R_3 \cdot I_3 = U_{s_2} \qquad\qquad (1.29)$$

应用基尔霍夫电流、电压定律一共可列出 $(n-1)+m=b$ 个独立方程。

最后将上述三个方程联立成一个三元一次方程组,代入数据后,可得

$$\begin{cases} I_1 + I_2 - I_3 = 0 \\ \quad I_1 + 20I_3 = 110 \\ \quad 2I_2 + 20I_3 = 90 \end{cases}$$

经计算后可求得 $I_1 = 10\,\text{A}$,$I_2 = -5\,\text{A}$,$I_3 = 5\,\text{A}$

## 1.8 叠加定理

所谓叠加定理,即线性电路中任一支路的电流或电压,等于电路中各个独立电源单独作用时在这个支路所产生的电流或电压之代数和。而某独立电源单独作用是指除了此独立电源保留在电路中外,其他独立电源均以零值代替,但电路结构及所有电阻均不变动。其中,电压源以零值代替就是以短路线代替;所谓电流源为零值就是以开路来代替,但电源有内阻则都应保留在原处。

[例 1.17] 电路如图 1.42(a)所示,试用叠加定理求:(1) 电流 $I$;电压 $U$;2 V 电压源单独作用时 1 Ω 电阻所消耗的功率 $P_1$;(2) 2 A 电流源单独作用时 1 Ω 电阻所消耗的功率 $P_2$;(3) 2 V 电压源、2 A 电流源共同作用下 1 Ω 电阻所消耗的功率 $P$。

**解** 此电路中共有两个独立电源。用叠加定理求解的步骤是:先求出 2 V 电压源、2 A 电流源单独作用下的分量,然后再求总量。

(1) 2 V 电压源单独作用时的等效电路如图 1.42(b)所示。电流分量 $I'$ 及电压分量 $U'$ 如图所示。

由全电路欧姆定律得

$$I' = \frac{2}{1+2} = \frac{2}{3}\,(\text{A})$$

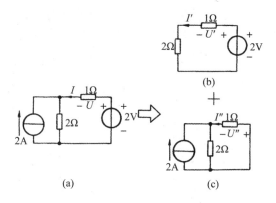

图 1.42  例 1.17 图

由欧姆定律得

$$U' = 1 \times I' = \frac{2}{3} \text{ (V)}$$

1Ω 电阻在 2 V 电压源单独作用时所消耗的功率

$$P_1 = U'I' = \frac{2}{3} \times \frac{2}{3} = \frac{4}{9} \text{ (W)}$$

（2）2 A 电流源单独作用时的等效电路如图 1.42(c)所示，电流分量 $I''$ 及电压分量 $U''$ 如图所示。

由分流公式得

$$I'' = -\frac{2}{2+1} \times 2 = -\frac{4}{3} \text{ (A)}$$

由欧姆定律得

$$U'' = 1 \times I'' = 1 \times \left(-\frac{4}{3}\right) = -\frac{4}{3} \text{ (V)}$$

1Ω 电阻在 2 A 电流源单独作用时所消耗的功率

$$P_2 = U''I'' = \left(-\frac{4}{3}\right) \times \left(-\frac{4}{3}\right) = \frac{16}{9} \text{ (W)}$$

（3）利用叠加定理，2 V 电压源、2 A 电流源共同作用下

$$I = I' + I'' = \frac{2}{3} + \left(-\frac{4}{3}\right) = -\frac{2}{3} \text{ (A)}$$

$$U = U' + U'' = \frac{2}{3} + \left(-\frac{4}{3}\right) = -\frac{2}{3} \text{ (V)}$$

2 V 电压源、2 A 电流源共同作用下 1Ω 电阻所消耗的功率

$$P = UI = \left(-\frac{2}{3}\right) \times \left(-\frac{2}{3}\right) = \frac{4}{9} \text{ (W)}$$

而

$$P_1 + P_2 = \frac{4}{9} + \frac{16}{9} = \frac{20}{9} \text{ (W)}$$

由此可知：

$$P \neq P_1 + P_2 \tag{1.30}$$

即：2 V 电压源、2 A 电流源单独作用下，1Ω 电阻所消耗的功率之和（$P_1 + P_2$）不等于两独立电源共同作用时 1Ω 电阻所消耗的功率 $P$。

由例 1.17 可知:叠加定理只适用于线性电路,且只有电路中的电流、电压可采用叠加定理进行计算,功率是不满足叠加关系的。

[**例 1.18**]　电路如图 1.43(a)所示,试用叠加定理求:(1)4 V 电压源支路电流 $I$;(2)4 V 电压源所发出的功率 $P_{4V}$。

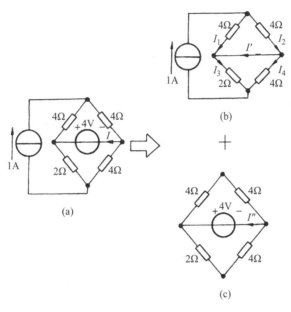

图 1.43　例 1.18 图

**解**　图 1.43(a)中电流 $I$ 可由图 1.43(b)、(c)叠加后得到。

(1) 1 A 电流源单独作用时的等效电路如图 1.44(b)所示,此等效电路可进一步等效为图 2.16(b)所示的电路,设电流 $I_1$、$I_2$、$I_3$、$I_4$ 如图所示。

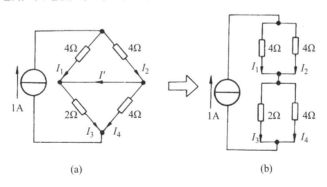

图 1.44　1 A 电流源单独作用电路图

由分流公式得

$$I_2 = \frac{1}{2} \times 1 = \frac{1}{2} \,(\text{A})\,, \quad I_4 = \frac{2}{2+4} \times 1 = \frac{1}{3} \,(\text{A})$$

在图 1.44(a)中,由 KCL 得

$$I' = I_2 - I_4 = \frac{1}{2} - \frac{1}{3} = \frac{1}{6} \,(\text{A})$$

(2) 4 V 电压源单独作用时的等效电路如图 1.43(c)所示,此电路可进一步等效为图 1.45

（b）、（c）所示的电路。

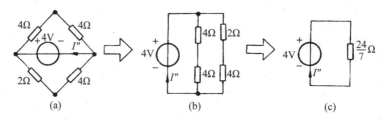

图 1.45　4 V 电压源单独作用电路图

在图 1.45（c）中，由全电路欧姆定律得

$$I'' = \frac{4}{\dfrac{24}{7}} = \frac{7}{6} \text{ (A)}$$

（3）由叠加定理得

$$I = I' + I'' = \frac{1}{6} + \frac{7}{6} = \frac{4}{3} \text{ (A)}$$

$$P_{4V} = 4I = 4 \times \frac{4}{3} = \frac{16}{3} \text{ (W)}$$

## 1.9　戴维南定理

为了便于讨论，先介绍二端网络的概念。一般讲，凡具有两个接线端的部分电路，就称为二端网络。其内部包含有电源的则称为有源二端网络。

戴维南定理表述为：任一线性有源二端网络，都可以用一个理想电压源与一个电阻元件串联的二端网络来等效。其电动势 $E$ 等于该网络的开路电压 $U_0$，串联电阻元件 $R_0$ 等于该网络中所有独立电源为零值时二端网络的两个端钮入端等效电阻。如图 1.46（a），N 为有源二端网络，它可以用图 1.46（b）所示的二端网络来等效，故又称它为二端网络 N 的戴维南等效电路。

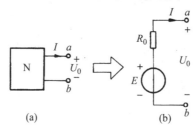

图 1.46

[例 1.19]　二端网络如图 1.47（a）所示，求此二端网络的戴维南等效电路。

解　求戴维南等效电路可分三步进行：

（1）求开路电压 $U_0$，即电动势 $E$：其等效电路如图 1.47（b）所示。由分压公式得

$$E = U_0 = \frac{4}{4+2} \times 1 = \frac{2}{3} \text{ (V)}$$

（2）求戴维南等效电阻 $R_0$：其等效电路如图 1.47（c）所示，则

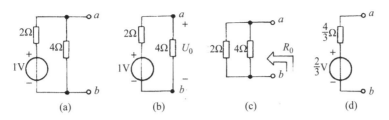

图 1.47 例 1.19 图

$$R_0 = \frac{2 \times 4}{2+4} = \frac{4}{3} \ (\Omega)$$

（3）由 $E$ 和 $R_0$ 构成戴维南等效电路，如图 1.47(d)所示。

[**例 1.20**] 应用戴维南定理计算图 1.48(a)电路中 $100\ \Omega$ 支路中电流 $I$。

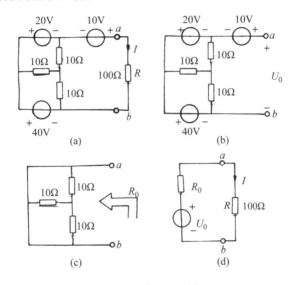

图 1.48 例 1.20 图

**解** （1）将 $100\ \Omega$ 支路断开，求出开路电压 $U_0$，即电动势 $E$，如图 1.48(b)所示，则

$$E = U_0 = 10 - 20 + 40 = 30\,(\text{V})$$

（2）求戴维南等效电阻 $R_0$，

将图 1.48(b)中理想电压源为零值（令其短路），如图 1.48(c)所示，则

$$R_0 = 0$$

（3）画出戴维南等效电路，并接上待求支路 $R$，如图 1.48(d)所示，求得电流

$$I = \frac{U_0}{R + R_0} = \frac{30}{100} = 0.3\,(\text{A})$$

[**例 1.21**] 电路如图 1.49(a)所示，试用戴维南定理求：（1）电流 $I$；（2）$3\ \Omega$ 电阻所消耗的功率 $P_{3\Omega}$。

**解** 在图 1.49(a)所示电路中，将电流 $I$ 所在支路（即 $3\ \Omega$ 电阻）与原电路在节点 $a$、$b$ 处断开，而从 $a$、$b$ 节点向左看的网络即为一含源的二端网络，可等效为戴维南等效电路，因而图 1.49(a)可等效为图 1.49(b)所示的单回路。欲求电流 $I$，只要求出开路电压 $U_0$ 和戴维南等效电阻 $R_0$ 即可。

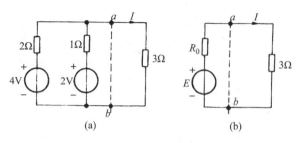

图 1.49 例 1.21 图 1

（1）求开路电压 $U_0$，即电动势 $E$：其等效电路如图 1.50(a)所示。

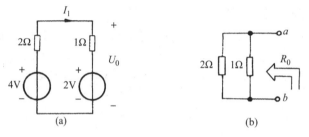

图 1.50 例 1.21 图 2

在图 1.50(a)中，由全电路欧姆定律得

$$I_1 = \frac{4-2}{2+1} = \frac{2}{3} \ (\text{A})$$

由 KVL 得

$$U_0 = 1 \times I_1 + 2 = 1 \times \frac{2}{3} + 2 = \frac{8}{3} \ (\text{V})$$

$$E = U_0 = \frac{8}{3} \ \text{V}$$

（2）求戴维南等效电阻 $R_0$：其等效电路如图 1.50(b)所示，则

$$R_0 = \frac{2 \times 1}{2+1} = \frac{2}{3} \ (\Omega)$$

（3）在图 1.49(b)中，由全电路欧姆定律得

$$I = \frac{E}{R_0 + 3} = \frac{\frac{8}{3}}{\frac{2}{3} + 3} = \frac{8}{11} \ (\text{A})$$

$3\,\Omega$ 电阻所消耗的功率

$$P_{3\Omega} = 3I^2 = 3 \times \left(\frac{8}{11}\right)^2 = \frac{192}{121} \ (\text{W})$$

[**例 1.22**] 电路如图 1.51(a)所示。试用戴维南定理求（1）电压 $U$；（2）$2\,\Omega$ 电阻所消耗的功率 $P_{2\Omega}$。

**解** 断开 $2\,\Omega$ 电阻后，分别求出 $a$、$b$ 端及 $c$、$d$ 的戴维南等效电路。

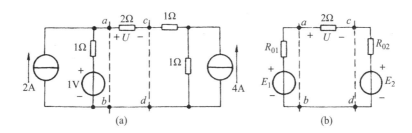

图 1.51　例 1.22 图 1

(1) 求 $E_1$, 即开路电压 $U_{01}$: 其等效电路如图 1.52(a)所示。

$$E_1 = U_{01} = 1 \times 2 + 1 = 3 \, (\text{V})$$

(2) 求 $R_{01}$: 其等效电路如图 1.52(b)所示,

$$R_{01} = 1 \, (\Omega)$$

(3) 求 $E_2$, 即开路电压 $U_{02}$: 其等效电路如图 1.53(a)所示。

$$E_2 = U_{02} = 1 \times 4 = 4 \, (\text{V})$$

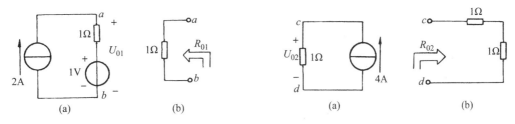

图 1.52　例 1.22 图 2　　　　　图 1.53　例 1.22 图 3

(4) 求 $R_{02}$: 其等效电路如图 1.53(b)所示,

$$R_{02} = 1 + 1 = 2 \, (\Omega)$$

(5) 在图 1.51(b)中, 电压 $U$ 可由分压公式得

$$U = \frac{2}{R_{01} + 2 + R_{02}} \times (E_1 - E_2)$$

$$= \frac{2}{1 + 2 + 2} \times (3 - 4) = -\frac{2}{5} \, (\text{V})$$

2 Ω 电阻所消耗的功率

$$P_{2\Omega} = \frac{U^2}{2} = \frac{\left(-\dfrac{2}{5}\right)^2}{2} = \frac{2}{25} \, (\text{W})$$

**本章小结**

本章着重理解和掌握的几个问题:

1. 电压、电流的参考方向

参考方向是假定的一个方向, 在电路分析中, 引入参考方向后, 电压、电流是个代数量。电压、电流大于零, 表示电压、电流参考方向与实际方向一致; 当电压、电流小于零, 表示电压、电流的参考方向与实际方向相反。

2. 欧姆定律主要是讨论电阻元件两端电压与通过电流的关系。

（1）一段电路的欧姆定律

$$I = \frac{U}{R}$$

（2）闭合电路的欧姆定律

$$I = \frac{E}{R + R_0}$$

3. 电阻串联时,流经每个电阻的电流相同;电阻并联时,并联电阻两端电压相同。当只有两个电阻串联时,电压分配公式为

$$U_1 = \frac{R_1}{R_1 + R_2}U, U_2 = \frac{R_2}{R_1 + R_2}U$$

当两个电阻并联时,电流分配公式为

$$I_1 = \frac{R_2}{R_1 + R_2}I, I_2 = \frac{R_1}{R_1 + R_2}I$$

4. 电压源与电流源的等效变换

任何一个电源都可以用 $E$ 和 $R_0$ 串联的电压源表示,也可以用 $I_s$ 和 $R_0$ 并联的电流源表示。只要 $E = I_s R_0$,则这两种表示方法对外电路等效,可以互换。

5. 基尔霍夫定律是研究复杂电路各支路电流和回路电压之间关系的基本定律。

（1）基尔霍夫电流定律简称 KCL：$\sum I = 0$

（2）基尔霍夫电压定律简称 KVL：$\sum U = 0$

6. 支路电流法

（1）先要假定每条支路电流的参考方向。

（2）对独立节点列电流方程,独立回路列电压方向,特别要注意,在列回路方程时,回路中若含电流源,需在电流源两端先假设电压后,再列回路电压方程。

（3）解方程组,求出支路电流。

7. 叠加原理

在具有多个电源的线性电路中,任意一条支路的电流或电压等于各电源单独作用时所产生电流或电压的代数和,各电源单独作用时,就是假设其余电源都为零,理想电压源短路,理想电流源开路。叠加原理更重要的一点在于它是分析线性电路的基础,许多定理、原理均由它导出,叠加的概念广泛应用于线性电路的许多问题。

注意:计算功率时不能应用叠加原理。

8. 戴维南定理

（1）求输入电阻时,二端网络内部含有的所有电压源短路,电流源开路,电阻保留。

（2）求开路电压时,注意开路电压的方向。

**习题**

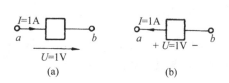

图 1.54　习题 1.1 图

1.1　已知某元件上的电流、电压如图 1.54(a)、(b)所示,试求图 1.54(a)、(b)中元件所消耗的功率,并说明此元件是电源还是负载?

1.2　电路如图 1.55(a)～(d)所示,已知 A 元件

吸收功率 10 W,B 元件提供功率 10 W,C 元件吸收功率 5 W,D 元件提供功率 5 W。求元件 A、B、C、D 中流过的电流 $I$ 及其真实方向(提示:先在图中假定电流 $I$ 的参考方向,根据 $U$、$I$ 是否关联及元件提供或吸收的功率,利用公式 $P=UI$,可求出电流 $I$,由电流 $I$ 的正负即可确定电流的真实方向)。

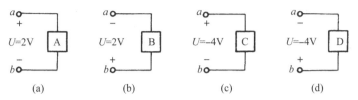

图 1.55　习题 1.2 图

　　1.3　电路如图 1.56(a)、(b)所示,已知 A 元件提供功率 10 W,B 元件吸收功率 10 W,试求元件两端的电压及其真实极性(提示:见题 1.2)。

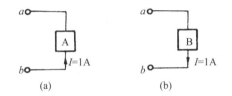

图 1.56　习题 1.3 图

　　1.4　电阻元件及其端电压如图 1.57(a)、(b)所示,求图中的电流 $I$。

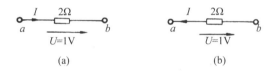

图 1.57　习题 1.4 图

　　1.5　在图 1.58 所示电路中,已知各支路的电流 $I$、电阻 $R$ 和电压源电压 $U_s$,试写出各支路电压 $U$ 的表达式。

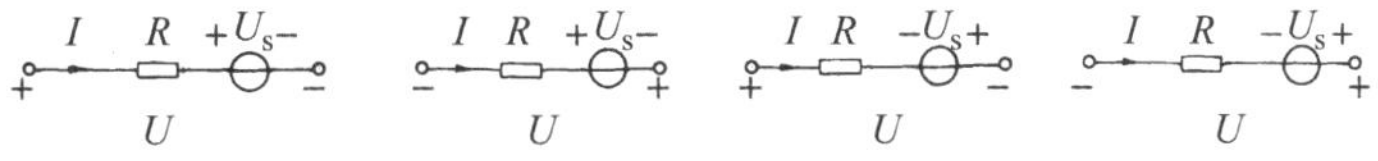

$$
\begin{array}{cccc}
\underset{U}{I\ R\ +U_s-} & \underset{U}{I\ R\ +U_s-} & \underset{U}{I\ R\ -U_s+} & \underset{U}{I\ R\ -U_s+}
\end{array}
$$

图 1.58　习题 1.5 图

　　1.6　根据下图 1.59 所示电路及电流、电压的参考方向与大小,(1)试标出各电流、电压的实际方向;(2)求出各元件的功率(指出是发出功率还是吸收功率);(3)检验电路的功率是否平衡。

　　1.7　电路如图 1.60 所示,求电流 $I_1$、$I_2$、$I_3$。

　　1.8　电路如图 1.61 所示,求电流 $I$。

　　1.9　求图 1.62(a)、(b)实际电流源的端钮伏安关系并画出其伏安特性曲线。

　　1.10　实际电压源如图 1.63(a)、(b)所示,求端钮伏安关系并画出其伏安特性曲线。

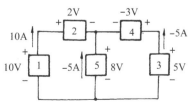

图 1.59　习题 1.6 图

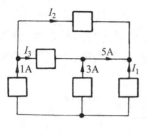

图 1.60 习题 1.7 图

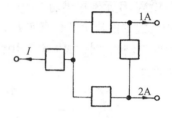

图 1.61 习题 1.8 图

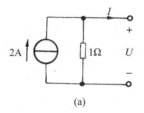

(a)

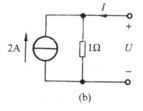

(b)

图 1.62 习题 1.9 图

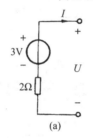

(a)

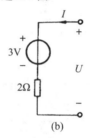

(b)

图 1.63 习题 1.10 图

1.11 电路如图 1.64 所示,求电压 $U_1$、$U_2$、$U_3$。

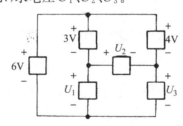

图 1.64 习题 1.11 图

1.12 电路如图 1.65 所示,已知电流 $I_1 = 3\,\text{mA}$,$I_2 = 4\,\text{mA}$,试确定元件 A 的电流 $I_3$ 及其两端电压 $U_3$,并说明它是电源还是负载?

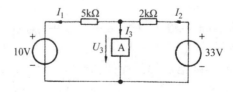

图 1.65 习题 1.12 图

1.13　电路如图 1.66 所示,求(1) 电流 $I$;(2) 电压 $U_{bc}$、$U_{ab}$。

1.14　电路如图 1.67 所示,求 25 V 电压源所提供的功率。

1.15　电路如图 1.68 所示,求(1) 电压 $U$;(2) 电流 $I_1$。

1.16　电路如图 1.69 所示,求(1) 电流 $I_1$;(2) 10 A 电流源所提供的功率 $P_{10A}$。

1.17　电路如图 1.70 所示,已知直流电压源的额定输出功率为 150 W,经测量,其开路电压为 60 V,短路电流为 60 A,求当 $R_L = 20\ \Omega$ 时的电流 $I$,并判断此时电源是否工作于额定工作状态,是否超载。

1.18　电路如图 1.71 所示,求电位 $V_a$、$V_b$、$V_c$。

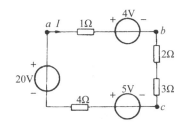

图 1.66　习题 1.13 图

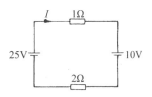

图 1.67　习题 1.14 图

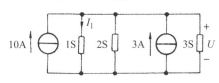

图 1.68　习题 1.15 图

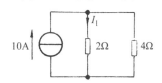

图 1.69　习题 1.16 图

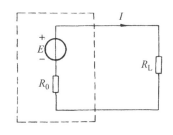

图 1.70　习题 1.17 图

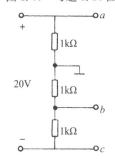

图 1.71　习题 1.18 图

1.19　求图 1.72(a)、(b)、(c)所示电路中各图的电流 $I$。

1.20　电路如图 1.73 所示,求开关 K 闭合和打开两种情况下的电位 $V_a$、$V_b$。

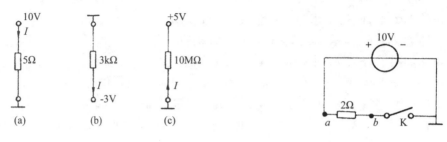

图 1.72 习题 1.19 图          图 1.73 习题 1.20 图

1.21 电路如图 1.74(a)、(b)所示,试用等效化简法求 $a$、$b$ 两端钮间的等效电阻 $R_{ab}$。

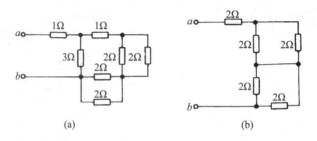

图 1.74 习题 1.21 图

1.22 求图 1.75 所示电路的含电压源最简等效电路。

1.23 在图 1.76 所示的电路中,已知 $I_{s1}=7\,A$,$R_1=20\,\Omega$,$R_2=5\,\Omega$,$R_3=6\,\Omega$,$U_s=90\,V$,用支路电流法求 $I_3$。

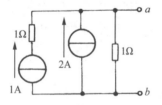

图 1.75 习题 1.22 图

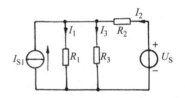

图 1.76 习题 1.23 图

1.24 如图 1.77 所示电路,试利用叠加定理求(1)支路电流 $I_1$、$I_2$;(2) 3 A 电流源单独作用时 $1\,\Omega$、$2\,\Omega$ 电阻消耗的功率 $P'_{1\Omega}$、$P'_{2\Omega}$;(3) 2 V 电压源单独作用时 $1\,\Omega$、$2\,\Omega$ 电阻消耗的功率 $P''_{1\Omega}$、$P''_{2\Omega}$;(4) 3 A 电流源、2 V 电压源共同作用时 $1\,\Omega$、$2\,\Omega$ 电阻消耗的功率 $P_{1\Omega}$、$P_{2\Omega}$。

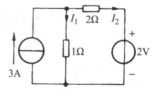

图 1.77 习题 1.24 图

1.25 电路如图 1.78(a)、(b)所示,试利用戴维南定理求二端网络的戴维南等效电路。

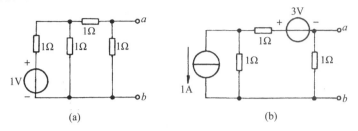

图 1.78 习题 1.25 图

1.26 电路如图 1.79 所示,试利用戴维南定理求 $40\,\Omega$ 电阻中的电流 $I$。

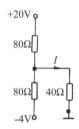

图 1.79 习题 1.26 图

# 第2章　正弦交流电路

　　【内容提要】　本章着重讨论和分析正弦交流电路。交流电路中的电压、电流是随时间变化的,电压、电流之间不仅有数量关系,而且还有相位关系,引入相量可便于对正弦交流电路进行分析、计算;功率除有功功率外,还有无功功率、视在功率。在电力系统中,电能的生产、传输和分配广泛采用三相交流路,本章讲述三相交流电路的基本概念;三相电源和三相负载的连接;对称三相电路的计算;三相电路的功率及计算方法。

　　【学习要求】　理解正弦交流电量的三要素,掌握相量表示法;理解电阻、电感、电容在正弦交流电路中与电压、电流及功率的相关关系;了解串联谐振电路的条件和特征;掌握 RLC 串联电路的特性;掌握有功功率、无功功率和视在功率的计算;掌握正弦交流电路中提高功率因数的方法和意义;理解对称三相电源的特点,三相四线制,相电压、线电压及其相互关系;掌握对称三相负载星形和三角形连接时的计算方法。

　　在生产及日常生活中,正弦交流电应用最广泛,它的电压或电流随时间按正弦规律变化。交流发电机所产生的电动势大多是正弦交流电,很多仪器产生的也是正弦信号。所以,分析研究正弦交流电路具有重要的实用意义。

　　正弦交流电之所以得到广泛应用,首先是因为它容易产生,并且可以利用变压器改变电压,便于输送和使用。

　　正弦交流电还具有这样的特点:首先,同频率的正弦量之和或差仍为同一频率的正弦量。正弦对时间的导数或积分也仍为同一频率的正弦量。这样,电路各部分的电压和电流波形相同,这在电工技术上具有重大意义。其次,正弦交流电变化较平滑,在正常情况下不会引起过电压而破坏电气设备的绝缘,而非正弦周期交流电中包含有高次谐波,这些高次谐波往往不利于电气设备的运行。

　　正弦交流电路中的物理现象比直流电路复杂,除了电阻耗能之外,还有电容和电感中储能的变化。

## 2.1　正弦交流量的三要素

　　在直流电路中,电压、电流的大小和方向都不随时间变化;而在日常生活和生产实践中大量使用的交流电,其电压、电流的大小和方向均随时间按正弦规律作周期性变化。图 2.1 中的波形就是一种正弦交流电压。

　　正弦电压和电流,统称为正弦量。正弦量的特征分别由频率(或周期)、幅值和初相位来表示,它们通称为正弦量的三要素。

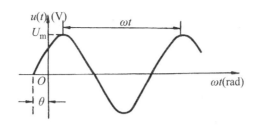

图 2.1　正弦电压

### 2.1.1　频率、周期和角频率

正弦量的每个值在经过相等的时间后重复出现。再次重复出现所需的最短时间间隔就称为周期,用 $T$ 表示,单位为秒(s)。

每秒钟内重复出现的次数称为频率,用 $f$ 表示,单位为赫兹(Hz),简称赫。显然

$$f = \frac{1}{T}$$

我国电力标准采用 50 Hz,有些国家(如美国、日本等)采用 60 Hz。这种频率应用广泛,习惯上称为工频。通常的交流电动机和照明线路都采用这种频率。

正弦量的变化快慢还可以用角频率 $\omega$ 表示。正弦量在一个周期内变化的电角度为 $2\pi$ 弧度,因此

$$\omega = \frac{2\pi}{T} = 2\pi f$$

它的单位为弧度/秒(rad/s)。例如,我国电力标准频率为 50 Hz,它的周期和角频率分别为 0.02 s 和 314 rad/s。

### 2.1.2　幅值和有效值

正弦量在任一瞬间的值称为瞬时值,用小写字母表示,如 $i$、$u$ 分别表示电流、电压的瞬时值。瞬时值中最大的值称为幅值或最大值,用带下标 m 的大写字母表示,如 $I_m$、$U_m$ 分别表示电流、电压的幅值。

图 2.1 所示正弦电压瞬时值可用三角函数表示为

$$u(t) = U_m \sin(\omega t + \theta) \tag{2.1}$$

式中　$U_m$ 为正弦电压的幅值。

正弦电压、电流的瞬时值是随时间而变化的。在电工技术中,往往并不要求知道它们每一瞬时的大小,这样,就需要为它们规定一个表征大小的特定值。很明显,用它们的平均值或最大值是不合适的。

考虑到交流电流(电压)和直流电流(电压)施加于电阻时,电阻都要消耗电能而发热,以电流的热效应为依据,为交流电流和电压规定一个表征其大小的特定值。对某一交流电流 $i$ 通过电阻 $R$ 在一个周期内产生的热量,与一个直流电流 $I$ 通过同样大小的电阻在相等的时间内产生的热量相等,即

$$\int_0^T i^2 R \mathrm{d}t = I^2 R T$$

时,这一直流电流的数值就称为交流电流 $i$ 的有效值。

正弦电流、正弦电压的有效值为

$$I = \frac{I_m}{\sqrt{2}} \quad U = \frac{U_m}{\sqrt{2}} \tag{2.2}$$

习惯规定,有效值都用大写字母表示。

一般所讲的正弦电压或电流的大小,都是指它的有效值。例如,交流电压 220 V,其最大值为 $\sqrt{2} \times 220 = 311$ V。同样,一般使用的交流电表也是以有效值来刻度的。

### 2.1.3　初相位

从正弦电压表达式 $u(t) = U_m \sin(\omega t + \theta)$ 可以看出,反映正弦量的初始值($t=0$ 时)为

$$u(0) = U_m \sin\theta$$

这里,$\theta$ 反映了正弦电压初始值的大小,称为初相位,简称初相,而 $(\omega t + \theta)$ 称为相位角或相位。

不同的相位对应不同的瞬时值,因此,相位反映了正弦量的变化进程。

初相 $\theta$ 和相位 $(\omega t + \theta)$ 用弧度作单位,工程上常用度作单位。

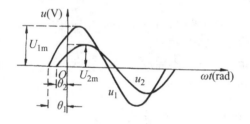

图 2.2　两个不同初相的正弦电压

在正弦交流电路中,经常遇到同频率的正弦量,它们只在幅值及初相上有所区别。图 2.2 所示的两个正弦电压,其频率相同,幅值、初相不同,分别表示为

$$u_1(t) = U_{1m} \sin(\omega t + \theta_1)$$
$$u_2(t) = U_{2m} \sin(\omega t + \theta_2)$$

初相不同,表明它们随时间变化的步调不一致。例如,它们不能同时到达各自的正最大值或零。图中 $\theta_1 > \theta_2$,$u_1$ 比 $u_2$ 先到达正的最大,称 $u_1$ 比 $u_2$ 相位超前一个 $(\theta_1 - \theta_2)$ 角,或称 $u_2$ 比 $u_1$ 滞后一个 $(\theta_1 - \theta_2)$ 角。两个同频率的正弦量相位角之差称相位差,用 $\varphi$ 表示,即

$$\varphi = (\omega t + \theta_1) - (\omega t + \theta_2) = \theta_1 - \theta_2 \tag{2.3}$$

可见,两个同频率正弦量之间的相位差等于它们的初相角之差,且与时间 $t$ 无关,在任何瞬时都是一个常数。

在图 2.3 中,同频率正弦电流 $i_1$ 和 $i_2$ 具有相同的初相位,即相位差 $\varphi = 0°$,则 $i_1$、$i_2$ 称为同相;而同频率正弦电流 $i_1$ 和 $i_3$ 相位差 $\varphi = 180°$,则称它们反相。

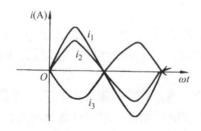

图 2.3　两个同频率正弦电流的相位关系

[例 2.1]　用示波器测得图 2.4(a)电路的各电压如图2.4(b)所示。(1) 写出 $u_{ab}$、$u_{cb}$ 的表达式;(2) 求 $u_{ab}$ 与 $u_{bc}$ 的相位差。

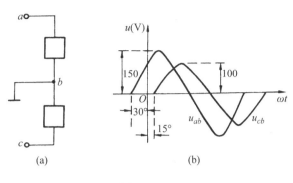

图 2.4

**解**　(1) $u_{ab} = 150\sin(\omega t + 30°)$ V

$u_{cb} = 100\sin(\omega t - 15°)$ V

(2) $u_{bc} = 100\sin(\omega t + 165°)$ V

$\varphi = \theta_1 - \theta_2 = 30° - 165° = -135°$

计算表明:$u_{ab}$ 滞后 $u_{bc}$ 135°。

## 2.2　正弦量的相量表示

用三角函数式或波形图来表达正弦量是最基本的表示方法。这两种表示方法虽然简便直观,但要用它们进行正弦交流电路的分析与计算却是很烦琐和困难的,为此常用下面所述的相量表示法。相量表示法的基础是复数,我们先对复数及复数运算进行必要的复习。

### 2.2.1　复数及其运算

在图 2.5 所示直角坐标系中,以横轴为实轴,单位为 $+1$,纵轴为虚轴,单位为 $+j$, $j = \sqrt{-1}$ 为虚数单位。实轴与虚轴构成的平面称为复平面。复平面上任何一点对应一个复数,同样一个复数对应复平面上的一个点。图 2.5(a) 中 $P$、$Q$ 点对应的复数为 $(4+j3)$ 和 $(-2-j3)$,上面

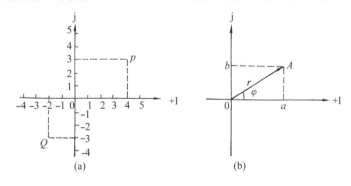

图 2.5　复数的表示

的复数写成一般式为

$$A = a + jb \qquad (2.4)$$

式中　$a$ 为复数的实部,$b$ 为复数的虚部,该式称为复数的直角坐标式,又称为复数的代数表

达式。

复数也可以用复平面上的有向线段来表示,如图 2.5(b)中的有向线段 $OA$,它的长度 $r$ 称为复数的模;与实轴之间的夹角 $\varphi$ 称为辐角;在实轴和虚轴上的投影分别为复数的实部 $a$ 和虚部 $b$。

由图得

$$a = r \cdot \cos\varphi$$
$$b = r \cdot \sin\varphi$$

复数的模

$$r = \sqrt{a^2 + b^2}$$

复数的指数形式

$$A = r \cdot e^{j\varphi} \tag{2.5}$$

为了简便,工程上又常写成极坐标形式,即

$$A = r\angle\varphi \tag{2.6}$$

#### 2.2.1.1 复数相等

若两复数的实部和虚部分别相等,则这两复数相等。例如,若复数 $A_1 = a_1 + jb_1$,$A_2 = a_2 + jb_2$,且满足

$$a_1 = a_2, \quad b_1 = b_2$$

则

$$A_1 = A_2$$

当复数用极坐标表示时,若它们的模相等,辐角相等,则这两个复数相等。

#### 2.2.1.2 加减运算

两个复数相加或相减就是把它们的实部和虚部分别相加或相减。如

$$A_1 = a_1 + jb_1, \quad A_2 = a_2 + jb_2$$

则

$$A_1 \pm A_2 = (a_1 \pm a_2) + j(b_1 \pm b_2)$$

复数的加减运算用直角坐标形式比较方便。如果在复平面上作图表示,则可利用平行四边形法则进行。例如:

设复平面上 $A_1$、$A_2$ 分别表示复数 $A_1$、$A_2$,则以 $OA_1$、$OA_2$ 为邻边,作平行四边形,对角线 $OA$ 表示复数 $A = A_1 + A_2$,如图 2.6 所示。

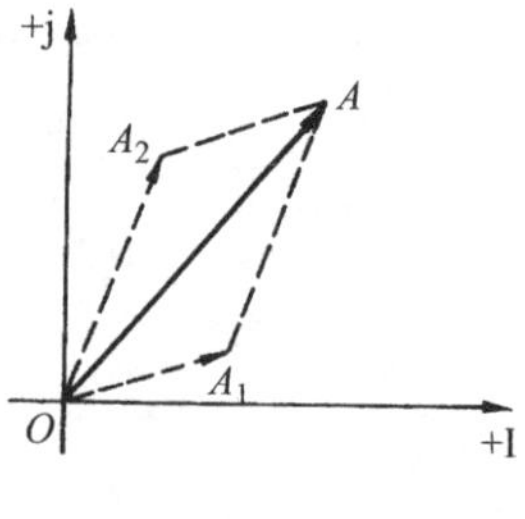

图 2.6 复数相加表示

#### 2.2.1.3 乘法运算

用复数的极坐标形式表示,乘法运算比较方便。例如:

$$A_1 = r_1\angle\theta_1, \quad A_2 = r_2\angle\theta_2$$

则

$$A_1 \cdot A_2 = r_1 \cdot r_2\angle(\theta_1 + \theta_2)$$

复数相乘时,其模相乘,辐角相加。

如果一个复数 $A = r\angle\theta$ 与虚数 $+j = 1\angle90°$ 相乘,则

$$j \cdot A = r\angle(\theta + 90°)$$

表示把原复数逆时针旋转 $90°$。

#### 2.2.1.4　除法运算

用复数的极坐标形式,除法运算比较方便。例如:

$$A_1 = r_1 \angle \theta_1, A_2 = r_2 \angle \theta_2 (r_2 \neq 0)$$

则

$$\frac{A_1}{A_2} = \frac{r_1}{r_2} \angle (\theta_1 - \theta_2)$$

复数相除时,其模相除,辐角相减。

[**例 2.2**]　(1) 把复数 $A = 3 - j4$ 化为极坐标形式;(2) 已知 $A_1 = 6 + j8, A_2 = 4 - j3$,求 $A_1 + A$、$\dfrac{A_1}{A_2}$。

**解**　(1) $r = \sqrt{3^2 + 4^2} = 5$

$$\theta = \arctan \frac{-4}{3} = -53.1°$$

$$A = 3 - j4 = 5 \angle -53.1°$$

注意:求辐角时,先看复数在哪个象限,这样定出 $\theta$ 的值不易出错。

(2) $A_1 + A_2 = (6 + j8) + (4 - j3) = 10 + j5$

$$\frac{A_1}{A_2} = \frac{6 + j8}{4 - j3} = \frac{10 \angle 53.1°}{5 \angle -36.9°}$$

$$= 2 \angle 90°$$

### 2.2.2　正弦量的相量表示法

用复数的模和辐角表示正弦交流电的有效值(或最大值)和初相位,称为正弦量的相量表示法。该复数称为正弦量的相量,在大写字母上标"·"表示。

正弦电流 $i = I_m \sin(\omega t + \varphi)$ 的相量表示为

$$\dot{I}_m = I_m \angle \varphi$$

或

$$\dot{I} = I \angle \varphi$$

式中 $\dot{I}_m$ 称为最大值相量;$\dot{I}$ 称为有效值相量。

正弦量用相量表示后,同频率正弦量的相加或相减的运算可以变换为相应相量的相加或相减的运算。

在复平面上用向量来表示正弦量的相量,向量的长短反映正弦量的大小,向量与正实轴的夹角反映正弦量的相位,这种表示正弦量相量的图称为相量图。相量图中也可以不画出复平面的坐标轴。

[**例 2.3**]　已知 $i_1(t) = 5 \sin(314t + 60°) \text{A}, i_2(t) = -10 \cos(314t + 30°) \text{A}$,试写出代表这两个正弦电流的相量,并绘相量图。

**解**　采用幅值相量,

$$\dot{I}_{1m} = 5 \angle 60° \text{A}$$

$$i_2(t) = -10 \cos(314t + 30°)$$

$$= 10 \cos(314t + 30° + 180°)$$

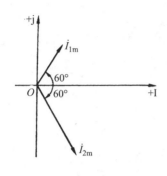

图 2.7

$$= 10\sin(314t + 30° + 180° + 90°)$$
$$= 10\sin(314t - 60°)\,\text{A}$$

$$\dot{I}_{2m} = 10\angle -60°\,\text{A} \quad 如图\ 2.7\ 所示。$$

以余弦函数表示的正弦电流都要把它化为正弦表达式,然后再写出相量。同一问题中,必须采用同一种函数表示方法。

# 2.3  电阻、电感和电容元件

在直流电路中,仅需考虑电阻元件这一参数,但在交流电路中,电压、电流和电动势的大小及方向是随时间而变化的,因此电容、电感元件储能也随时间变化。这些变化关系,要比直流电路复杂得多。本节讨论单一元件在正弦交流电作用下的电压、电流的关系及能量转换关系。

### 2.3.1  电阻元件

在电阻元件 $R$ 两端施加正弦交流电压

$$u = U_m\sin\omega t$$

在图 2.8(a)所示参考方向下,根据欧姆定律,则流过电阻元件 $R$ 的电流

$$i = \frac{u}{R} = \frac{U_m}{R}\sin\omega t = I_m\sin\omega t$$

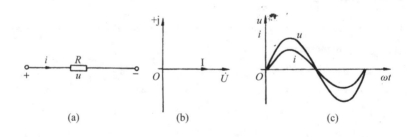

图 2.8  电阻元件的交流电路
(a) 电路图;(b) 相量图;(c) 波形图

式中

$$I_m = \frac{U_m}{R}$$

用相量表示:

$$\dot{U}_m = U_m\angle 0°, \quad \dot{I}_m = I_m\angle 0°, \quad \dot{I}_m = \frac{\dot{U}_m}{R}$$

或

$$\dot{U}_m = R\dot{I}_m \tag{2.7}$$

同理,有效值相量表示为

$$\dot{U} = R\dot{I} \tag{2.8}$$

式(2.8)表明,在正弦交流电路中,电压和电流之间,其瞬时值、幅值及有效值均符合欧姆定律,而且电压和电流同相位。用相量图表示,如图2.8(b)所示。

电阻元件的瞬时功率

$$p = ui = U_m I_m \sin^2 \omega t = \frac{U_m \cdot I_m}{2}(1 - \cos 2\omega t)$$
$$= UI(1 - \cos 2\omega t)$$

瞬时功率在一个周期内的平均值,称为平均功率,亦称有功功率,用大写字母 $P$ 表示。在电阻元件的正弦电路中,平均功率为

$$P = \frac{1}{T}\int_0^T p\mathrm{d}t = \frac{1}{T}\int_0^T UI(1 - \cos 2\omega t)\mathrm{d}t = UI \tag{2.9}$$

其计算公式在形式上与直流电路中功率计算公式完全相同。但这里的 $U$、$I$ 是有效值。

## 2.3.2　电感元件

电流流过电感元件要产生磁场,因此电感元件是储能元件。在交流电路中,电感元件中通以变化的电流,其两端的电压亦随之变化。

在图2.9(a)所示参考方向下,电感元件的伏安关系为

$$u = L\frac{\mathrm{d}i}{\mathrm{d}t}$$

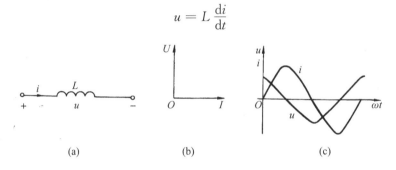

图 2.9　电感元件的交流电路

(a) 电路图;(b) 相量图;(c) 波形图

将上式两边乘以 $i$ 并积分,为电感元件在某一时刻 $t$ 具有的磁场能量,用 $W_L(t)$ 表示

$$W_L(t) = \int_0^t ui\mathrm{d}t = \int_0^i Li\,\mathrm{d}i = \frac{1}{2}Li^2 \tag{2.10}$$

设电感元件通以电流为

$$i = I_m \sin \omega t$$

在图示参考方向下,则有

$$u = L\frac{\mathrm{d}i}{\mathrm{d}t} = \omega L I_m \cos \omega t = \omega L I_m \sin(\omega t + 90°)$$
$$= U_m \sin(\omega t + 90°) \tag{2.11}$$

式中　$U_m = \omega L I_m$。

用相量表示,并利用 $1\angle 90° = +\mathrm{j}$,得

$$\dot{I}_m = I_m \angle 0° = I_m$$
$$\dot{U}_m = U_m \angle 90° = \omega L I_m \cdot (1\angle 90°)$$

$$= j\omega L \dot{I}_m$$

同理,有效值相量表示为

$$\dot{U} = j\omega L \dot{I} \tag{2.12}$$

式(2.12)称为电感元件伏安关系的相量形式。从该式可知,正弦电路中电感元件两端电压比电流相位上超前 $90°$,如图 2.9(b)所示。

由式(2.12)可得

$$\frac{\dot{U}}{\dot{I}} = j\omega L \tag{2.13}$$

式(2.13)表明,电压相量与电流相量的比值不仅与 $L$ 有关,而且与角频率 $\omega$ 有关。当 $U$ 一定时,$\omega L$ 越大,则电流 $I$ 越小,可见它具有对电流的阻碍作用,所以称为感抗,用 $X_L$ 表示,单位为欧姆,即

$$X_L = \omega L = 2\pi f L \tag{2.14}$$

感抗 $X_L$ 反映了电感元件对交流电流的阻碍能力。感抗与频率成正比,高频时感抗变大,而直流时 $\omega = 0$,$X_L = 0$,电感元件相当于短路。

电感元件的瞬时功率为

$$p_L = ui = U_m \cos\omega t I_m \sin\omega t$$
$$= \frac{U_m I_m}{2}\sin 2\omega t = UI \sin 2\omega t$$

其平均功率

$$P_L = \frac{1}{T}\int_0^T p\, dt = \frac{1}{T}\int_0^T UI\sin 2\omega t\, dt = 0$$

由此可见,电感元件不消耗能量,而只有与电源之间的能量交换,这种能量交换的规模,用无功功率 $Q_L$ 来衡量,并规定无功功率等于瞬时功率 $p_L$ 的幅值,即

$$Q_L = UI = I^2 X_L \tag{2.15}$$

无功功率的单位为乏(var)或千乏(kvar)。

[例 2.4]  2H 电感元件两端电压为 $u(t) = 16\sqrt{2}\sin(100t - 45°)$V,求流过电感的电流,电感元件的瞬时功率 $p_L$ 及 $Q_L$。

**解**  采用有效值相量。

$$\dot{U} = 16\angle -45° \text{ V}$$

由式(2.12)得

$$\dot{I} = \frac{\dot{U}}{j\omega L} = \frac{16\angle -45°}{j \times 100 \times 2}$$
$$= -j0.08\angle -45°$$
$$= 0.08\angle -135° \text{ (A)}$$
$$i(t) = 0.08\sqrt{2}\sin(100t - 135°) \text{ (A)}$$
$$p_L = ui = 16\sqrt{2} \times 0.08\sqrt{2}\sin(100t - 45°) \times \sin(100t - 135°)$$
$$= 1.28\cos 200t \text{ (W)}$$

$$Q_L = U \cdot I = 16 \times 0.08 = 1.28 \, (\text{var})$$

### 2.3.3 电容元件

电容元件两极板带上电荷,就产生电场,电场具有能量,因此电容元件能储存能量。在电容两端加上变化的电压,电容元件中就要产生变化的电流。

如图 2.10(a)所示,在图示参考方向下,电容元件的伏安关系为

$$i = C \frac{\mathrm{d}u}{\mathrm{d}t}$$

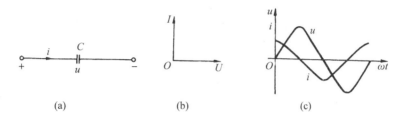

图 2.10  电容元件的交流电路

(a) 电路图;(b) 相量图;(c) 波形图

将上式两边乘以 $u$,并积分,为电容某一时刻 $t$ 具有的电场能量,用 $W_C(t)$ 表示

$$W_C(t) = \int_0^t ui\,\mathrm{d}t = \int_0^u Cu\,\mathrm{d}u = \frac{1}{2}Cu^2 \tag{2.16}$$

设电容元件两端加的电压为

$$u = U_m \sin\omega t$$

在图 2.10(a)参考方向下,电流为

$$i = C \frac{\mathrm{d}u}{\mathrm{d}t} = \omega C U_m \cos\omega t = \omega C U_m \sin(\omega t + 90°)$$

$$= I_m \sin(\omega t + 90°) \tag{2.17}$$

式中  $I_m = \omega C U_m$。

用相量表示,并利用 $1\angle 90° = +\mathrm{j}$,得

$$\dot{U}_m = U_m \angle 0°$$

$$\dot{I}_m = I_m \angle 90° = \omega C U_m \angle 90° = \mathrm{j}\omega C \dot{U}_m$$

同理,有效值相量表示为

$$\dot{I} = \mathrm{j}\omega C \dot{U} \tag{2.18}$$

式(2.18)称为电容元件伏安关系的相量形式。由该式可知,正弦电路中,电容元件中的电流比电压相位上超前 90°,如图 2.10(b)所示。

由式(2.18)可得

$$\frac{\dot{U}}{\dot{I}} = \frac{1}{\mathrm{j}\omega C} = -\frac{\mathrm{j}}{\omega C} \tag{2.19}$$

式(2.19)表明,电压相量与电流相量的比值不仅与 $C$ 有关,而且与角频率 $\omega$ 有关。当 $U$ 一定,$\frac{1}{\omega C}$ 越大则 $I$ 越小。可见它也具有对电流的阻碍作用。

我们把$\dfrac{1}{\omega C}$称为容抗,用$X_C$表示,单位为欧姆,即

$$X_C = \frac{1}{\omega C} = \frac{1}{2\pi f C} \tag{2.20}$$

容抗$X_C$反映了电容元件在正弦交流的情况下阻碍电流通过的能力。容抗与频率成反比,高频时容抗变小,直流时,即$\omega=0$,$X_C \to \infty$,电容元件相当于开路,这就是电容的隔直流作用。

电容元件的瞬时功率为

$$p_C = ui = U_m \sin\omega t \cdot I_m \sin(\omega t + 90°)$$
$$= -\frac{U_m I_m}{2}\sin 2\omega t = UI \sin 2\omega t$$

平均功率

$$P_C = \frac{1}{T}\int_0^T p\,\mathrm{d}t = \frac{1}{T}\int_0^T (UI)\sin 2\omega t\,\mathrm{d}t = 0$$

由此可知,电容元件不消耗能量,而只有与电源之间的能量交换,这种能量交换的规模用无功功率$Q_C$来衡量,并规定无功功率等于瞬时功率$p$的幅值,即

$$Q_C = UI = I^2 X_C \tag{2.21}$$

由上述可知,电感元件和电容元件都是储能元件,它们只与电源之间进行能量交换,而元件本身并不消耗能量。这种往返于电源与储能元件之间的功率称为无功功率,而平均功率称为有功功率。

[例 2.5] 流过 0.2F 电容元件的电流为$i(t) = 5\sqrt{2}\sin(100t - 60°)$A,求电容元件电压$u(t)$和电容元件的瞬时功率及$Q_C$。

**解** 采用有效值相量。

$$\dot{I} = 5\angle -60° \text{ A}$$

由式(2.18)得

$$\dot{U} = \frac{\dot{I}}{\mathrm{j}\omega C} = \frac{5\angle -60°}{\mathrm{j}100 \times 0.2}$$
$$= -\mathrm{j}0.25\angle -60° = 0.25\angle -150° \text{ (V)}$$

故
$$u(t) = 0.25\sqrt{2}\sin(100t - 150°)\text{V}$$

$$p_C = ui = 0.25\sqrt{2}\sin(100t - 150°) \cdot 5\sqrt{2}\sin(100t - 60°)$$
$$= 1.25\sin(200t - 120°)\text{(W)}$$
$$Q_C = U \cdot I = 5 \times 0.25 = 1.25\text{(var)}$$

## 2.4  正弦交流电路分析

在同一正弦电路中,电压与电流都为同频率正弦量,因此,都可以用相量来表示。所谓对正弦电路的分析,可从电路基本定律出发,运用相量概念,列出电路的相量方程,然后进行复数运算,最后把相量写为瞬时值表达式;或者在复平面上根据基本定律,用相量图分析,再求得结果。

### 2.4.1　基尔霍夫定律的相量形式

KCL 指出：在任一时刻，流出（或流入）电路节点的电流代数和为零。电路在频率为 $\omega$ 的正弦电源作用下各处的电压、电流仍为同频率的正弦量。

设与节点连接的有三条支路，如图 2.11 所示。

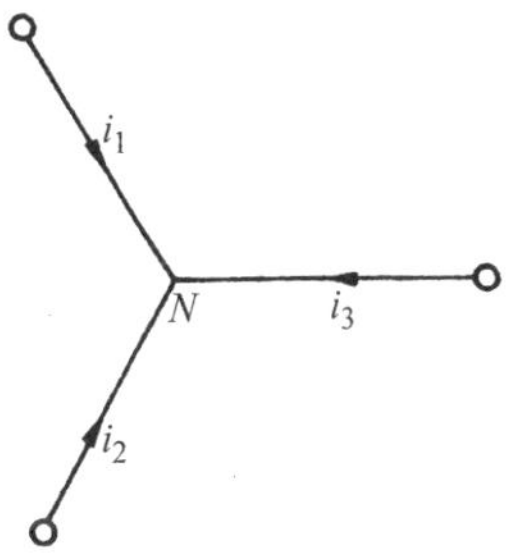


图 2.11　KCL 的相量形式

各支路电流表为

$$i_1 = I_{m1}\sin(\omega t + \theta_1)$$
$$i_2 = I_{m2}\sin(\omega t + \theta_2)$$
$$i_3 = I_{m3}\sin(\omega t + \theta_3)$$

根据基尔霍夫电流定律，在任一时刻

$$i_1 + i_2 + i_3 = 0$$

这样，得到

$$\dot{I}_{m1} + \dot{I}_{m2} + \dot{I}_{m3} = 0$$

把此式推广到一般形式，有

$$\sum \dot{I}_m = 0 \tag{2.22}$$

对于有效值相量，同样满足

$$\sum \dot{I} = 0 \tag{2.23}$$

式(2.23)就是 KCL 的相量形式。该式表示，在任一时刻，流出电路任一节点的电流相量的代数和为零。

同理，沿任一闭合回路，KVL 可表示为

$$\sum \dot{U} = 0 \tag{2.24}$$

式(2.24)就是 KVL 的相量形式。该式表示，在任一时刻，沿任一闭合回路的各支路电压相量（电压升或电压降）的代数和为零。

**[例 2.6]**　*RLC* 并联电路如图 2.12，求总电流 $i$。已知 $i_R = 8\sqrt{2}\sin(\omega t + 90°)$ A，$i_L = 4\sqrt{2}\sin\omega t$ A，$i_C = 10\sqrt{2}\sin(\omega t + 180°)$ A。

**解**　把各电流表示为相量，则有

$$\dot{I}_R = 8\angle 90°\ \text{A}$$
$$\dot{I}_L = 4\angle 0°\ \text{A}$$
$$\dot{I}_C = 10\angle 180°\ \text{A}$$

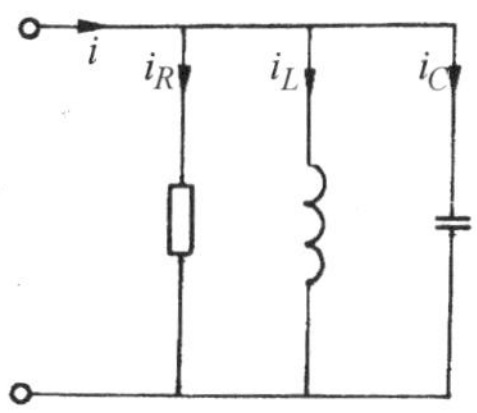


图 2.12　*RLC* 并联电路

根据 KCL，

$$\begin{aligned}\dot{I} &= \dot{I}_R + \dot{I}_L + \dot{I}_C \\ &= 8\angle 90° + 4\angle 0° + 10\angle 180° \\ &= 8j + 4 - 10 = -6 + 8j = 10\angle \arctan\frac{8}{-6}\end{aligned}$$

$$= 10\angle 126.9°\,(A)$$
$$i(t) = 10\sqrt{2}\sin(\omega t + 126.9°)\,A$$

### 2.4.2 欧姆定律的相量形式,阻抗和导纳

在电流、电压满足关联参考方向的情况下,电阻、电容和电感三种基本元件中与电流、电压之间的关系是

$$\dot{U}_R = R\dot{I}$$

$$\dot{U}_L = j\omega L\dot{I}$$

$$\dot{U}_C = \frac{1}{j\omega C}\dot{I}$$

我们把元件在正弦电路中电压相量与电流相量之比定义为该元件的阻抗,记为 $Z$,即

$$\frac{\dot{U}}{\dot{I}} = Z \tag{2.25}$$

式(2.25)中,$Z$ 是一个复数,具有电阻的量纲,称为复阻抗,单位为欧姆。

这样,三种元件的相量关系可写为

$$\dot{U} = Z\dot{I} \tag{2.26}$$

这一普遍形式。而电阻、电感、电容的阻抗分别为

$$Z_R = R \tag{2.27a}$$

$$Z_L = j\omega L \tag{2.27b}$$

$$Z_C = -j\frac{1}{\omega C} \tag{2.27c}$$

式(2.26)与直流电路欧姆定律形式相似,称为欧姆定律的相量形式。

同样,

$$Z = \frac{\dot{U}_m}{\dot{I}_m} = \frac{\dot{U}}{\dot{I}} = \frac{U}{I}\angle\varphi_Z$$

因此,元件的阻抗也可定义为电压相量与电流相量之比。

对于一般二端网络来说复阻抗可表示为

$$Z = R + jX \tag{2.28}$$

式中:$R$ 是电阻分量,$X$ 是电抗分量。

把复阻抗 $Z$ 化为极坐标形式,则有:

$$Z = |Z|\angle\varphi_Z$$
$$|Z| = \sqrt{R^2 + X^2} \tag{2.29}$$
$$\varphi_Z = \arctan\frac{X}{R}$$

其中,$|Z|$ 为复阻抗的模,称为电路的阻抗,它等于电压与电流的有效值(或幅值)之比,单位也是欧姆,也具有对电流的阻碍作用。

$\varphi_Z$ 称为阻抗角,又可表示为

$$\varphi_Z = \theta_u - \theta_i \tag{2.30}$$

即阻抗角 $\varphi_Z$ 等于元件(或二端网络)两端电压与电流的相位差。

阻抗的倒数定义为导纳,记作 $Y$,即

$$Y = \frac{1}{Z} \tag{2.31}$$

导纳的单位为西门子(S)。

电阻、电感和电容的导纳分别为

$$Y_R = \frac{1}{R} = G$$

$$Y_L = \frac{1}{j\omega L} = -\frac{j}{\omega L}$$

$$Y_C = \frac{1}{\frac{1}{j\omega C}} = j\omega C$$

交流电路中电阻、电感和电容元件的电压与电流关系及其阻抗,列入表 2.1 中,以供读者比较和总结。这里电压 $u$,电流 $i$ 满足关联参考方向。

表 2.1　三种元件在交流电路中电压与电流关系

| 元件 | 伏安关系 | 相量表示 | 相位关系 | 阻抗 |
|---|---|---|---|---|
| $R$ | $u = Ri$ | $\dot{U} = R\dot{I}$ | $\dot{U}\ \cdots\ \dot{I}$ | $Z_R = R$ |
| $L$ | $u = \dfrac{L\mathrm{d}i}{\mathrm{d}t}$ | $\dot{U} = j\omega L\dot{I}$ | | $Z_L = jX_L = j\omega L$ |
| $C$ | $i = \dfrac{C\mathrm{d}u}{\mathrm{d}t}$ | $\dot{I} = j\omega C\dot{U}$ | | $Z_C = -jX_C = -j\dfrac{1}{\omega C}$ |

### 2.4.3　*RLC* 串联电路及谐振

综上所述,用相量来表示正弦电路中的电压、电流时,这些相量必须服从基尔霍夫定律的相量形式和欧姆定律的相量形式。运用相量及阻抗的概念,正弦电路的计算可以参照直流电路的计算分析方法、基本定理等来进行。

下面分析电阻、电感和电容串联的交流电路。如图 2.13 所示。

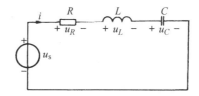

图 2.13　*RLC* 串联交流电路

在串联电路中,通过各元件的电流相同,电流与各元件电压的正方向如图 2.13 所示。这里先求电路总阻抗。

设正弦电源角频率 $\omega$,则总阻抗为

$$Z = R + \mathrm{j}\omega L - \frac{\mathrm{j}}{\omega C} = R + \mathrm{j}\left(\omega L - \frac{1}{\omega C}\right)$$

$$= R + \mathrm{j}(X_L - X_C)$$

$$= \sqrt{R^2 + (X_L - X_C)^2} \angle \arctan \frac{X_L - X_C}{R} \qquad (2.32)$$

设 $u_s(t) = \sqrt{2}U_s \sin(\omega t + \theta_u)$,$i(t) = \sqrt{2}I\sin(\omega t + \theta_i)$,利用上式

$$\dot{I} = I\angle\theta_i = \frac{\dot{U}_s}{Z} = \frac{U_s\angle\theta_u}{\sqrt{R^2 + (X_L - X_C)^2}\angle\arctan\dfrac{X_L - X_C}{R}}$$

$$= \frac{U_s}{\sqrt{R^2 + (X_L - X_C)^2}}\angle\theta_u - \arctan\frac{X_L - X_C}{R}$$

电流可表为

$$i(t) = \frac{\sqrt{2}U_s}{\sqrt{R^2 + (X_L - X_C)^2}}\sin\left(\omega t + \theta_u - \arctan\frac{X_L - X_C}{R}\right)$$

这样,电压与电流的相位差为

$$\varphi = \theta_u - \theta_i = \arctan\frac{X_L - X_C}{R} \qquad (2.33)$$

由前面可知,$\varphi$ 亦为该网络($RLC$ 串联电路)的阻抗角。根据阻抗角的正负可以判断总电流与总电压的相位关系。

当 $X_L > X_C$ 时,阻抗角 $\varphi$ 为正,$\theta_u > \theta_i$,电压超前于电流,电路为感性。

当 $X_L < X_C$ 时,阻抗角 $\varphi$ 为负,$\theta_u < \theta_i$,电压滞后于电流,电路为容性。

当 $X_L = X_C$ 时,阻抗角 $\varphi$ 为零,$\theta_u = \theta_i$,电压与电流同相,电路为电阻性,这时,电路发生串联谐振。

串联谐振电路具有下列特征:

(1) 电路的阻抗值最小,且 $Z = R$,具有纯电阻的性质,因此,在电源电压 $U_s$ 不变的情况下,电路中的电流在谐振时达到最大,即

$$I = I_0 = \frac{U_s}{R}$$

在图 2.14 中绘出了电流随频率变化的曲线。

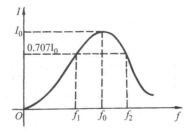

图 2.14 电流随频率变化曲线

(2) 由于总电压与电流同相,因此,电路对电源呈电阻性。电源供给电路的能量都被电阻所消耗,电源与电路间无能量交换。能量交换只发生在电感线圈和电容器之间。

(3) 谐振时感抗与容抗相等,所以 $U_L = U_C$。而 $\dot{U}_L$ 与 $\dot{U}_C$ 相位相反,互相抵消,对整个电路不起作用。因此总电压 $\dot{U}_s = \dot{U}_R$,如图 2.15 所示。

谐振时，

$$U_L = \omega_0 L I_0 = \frac{\omega_0 L}{R} U_s = Q U_s$$

$$U_C = \frac{1}{\omega_0 C} I_0 = \frac{1}{\omega_0 CR} U_s = Q U_s \quad (3.41)$$

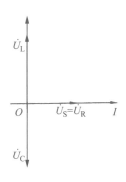

图 2.15　串联谐振
时相量图

当感抗和容抗大于电阻，即 $X_L = X_C > R$ 时，则 $U_L$ 和 $U_C$ 都高于电源电压，为电源电压的 $Q$ 倍。如果电压过高，可能击穿线圈和电容器的绝缘。因此，在电力工程上一般应避免发生串联谐振。但在无线电工程上则常用串联谐振以获得较高的电压，电容或电感元件上的电压常高于电源电压几十倍或上百倍，所以串联谐振亦称电压谐振。

图 2.14 中的曲线为电流随频率变化的曲线。曲线的形状反映了谐振电路的性能，因此，该曲线也称为谐振曲线。

从图上可以看到，当曲线比较尖锐时，稍有偏离谐振频率 $f_0$ 的信号，就大大减弱。也就是说，谐振曲线越尖锐，选择性越好。为了说明选择性的好坏，通常引入通频带概念。在电流 $I$ 值等于最大值 $I_0$ 的 $\frac{1}{\sqrt{2}}$ 处对应的上下限频率之差称为通频带。频带宽度表示为

$$\Delta f = f_2 - f_1 \tag{2.34}$$

很明显，通频带越窄，谐振曲线越尖锐，选择性越好。

[例 2.7]　在 $RLC$ 串联电路中，已知 $R = 40\,\Omega$，$L = 191\,\text{mH}$，$C = 106.2\,\mu\text{F}$，电源电压 $u = 220\sqrt{2}\sin(314t - 20°)\,\text{V}$，求(1)感抗 $X_L$、容抗 $X_C$ 及电路的复阻抗 $Z$；(2)电流的有效值 $I$ 及 $i$ 的瞬时值表达式；(3)各元件上电压的有效值 $U_R$、$U_L$、$U_C$ 及它们的瞬时表达式；(4)电路的有功功率 $P$ 和无功功率 $Q$；(5)画出电流与各元件上电压的相量图。

**解**　　　　　(1) $X_L = \omega L = (314 \times 191 \times 10^{-3})\,\Omega \approx 60\,\Omega$

$$X_C = \frac{1}{\omega C} = \frac{1}{314 \times 106.2 \times 10^{-6}}\,\Omega \approx 30\,\Omega$$

$$Z = R + \text{j}(X_L - X_C)$$
$$= 40 + \text{j}(60 - 30) = 40 + \text{j}30\,(\Omega)$$

$$|Z| = \sqrt{R^2 + (X_L - X_C)^2}$$
$$= \sqrt{40^2 + (60 - 30)^2} = 50\,(\Omega)$$

$$\varphi = \arctan\frac{X_L - X_C}{R} = \arctan\frac{60 - 30}{40} \approx 37°$$

(2)　　　　　$$I = \frac{U}{|Z|} = \frac{220}{50} = 4.4\,(\text{A})$$

$$i = 4.4\sqrt{2}\sin(314t - 20° - 37°)$$
$$= 4.4\sqrt{2}\sin(314t - 57°)\,(\text{A})$$

(3)　　　　　$$U_R = I \cdot R = 4.4 \times 40 = 176\,(\text{V})$$

$$u_R = 176\sqrt{2}\sin(314t - 57°)\,(\text{V})$$

$$U_L = I \cdot X_L = 4.4 \times 60 = 264\,(\text{V})$$

$$u_L = 264\sqrt{2}\sin(314t - 57° + 90°)$$

$$= 264\sqrt{2}\sin(314t + 33°)\,(\text{V})$$
$$U_C = I \cdot X_C = 4.4 \times 30 = 132\,(\text{V})$$
$$u_C = 132\sqrt{2}\sin(314t - 57° - 90°)$$
$$= 132\sqrt{2}\sin(314t - 147°)\,(\text{V})$$

(4)
$$P = U_R \cdot I = 176 \times 4.4 = 774.4\,(\text{W})$$
$$Q = (U_L - U_C) \cdot I = (X_L - X_C) \cdot I^2$$
$$= (60 - 30) \times 4.4^2 = 580.8\,(\text{var})$$

(5) 相量图如图 2.16 所示。

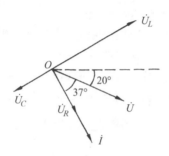

图 2.16　例 2.7 图

# 2.5　正弦交流电路功率

## 2.5.1　平均功率、无功功率和功率因数

设有一无源二端网络如图 2.17 所示。其电压、电流分别为
$$u = U_m\sin(\omega t + \varphi)$$
$$i = I_m\sin\omega t$$

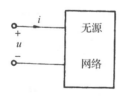

图 2.17　无源二端网络

则瞬时功率
$$p = ui = U_m I_m\sin(\omega t + \varphi)\sin\omega t$$
$$= \frac{1}{2}U_m I_m[\cos\varphi - \cos(2\omega t + \varphi)]$$
$$= UI[\cos\varphi - \cos(2\omega t + \varphi)] \tag{2.35}$$

由式(2.35)可知,$\varphi$ 为二端网络电压与电流的相位差。可见,瞬时功率由恒定分量和正弦分量两部分组成。正弦分量的频率是电源频率的两倍。

网络吸收的功率用平均功率(也称有功功率)表示,为
$$P = \frac{1}{T}\int_0^T p\,\mathrm{d}t = \frac{1}{T}\int_0^T UI[\cos\varphi - \cos(2\omega t + \varphi)]\mathrm{d}t$$
$$= UI\cos\varphi \tag{2.36}$$

式(2.36)表明,正弦电路的平均功率不仅决定于电压和电流的有效值,而且还与它们的相位差有关,其中 $\cos\varphi$ 称为电路的功率因数。$\varphi$ 称为功率因数角。

把式(2.35)改写为下列形式:

$$p = UI\cos\varphi(1-\cos 2\omega t) + UI\sin\varphi\sin 2\omega t \tag{2.37}$$

式中第一个分量的幅值为 $UI\cos\varphi$,也就是平均功率;第二个分量以角频率 $2\omega$ 在横轴上下波动,平均值为零,幅值为 $UI\sin\varphi$,表明电源与网络之间(电抗部分)存在能量交换。$UI\sin\varphi$ 定义为无功功率 $Q$,即

$$Q = UI\sin\varphi \tag{2.38}$$

虽然无功功率的量纲与有功功率相同,但为了区别,用无功伏安表示,简称乏(var)。对感性负载,电压超前电流 $\varphi>0$,$Q>0$;对容性负载,电压滞后电流,$\varphi<0$,$Q<0$。

在电工技术中,把 $UI$ 称为视在功率,记作 $S$,即

$$S = UI \tag{2.39}$$

为了与有功功率、无功功率区别,视在功率用伏·安(V·A)或千伏·安(kV·A)作为单位。

一般交流电气设备是按照规定的额定电压 $U_N$ 和额定电流 $I_N$ 来设计和使用的,变压器和一些交流发电机的容量就是以额定电压和额定电流的乘积,即所谓额定视在功率

$$S_N = U_N I_N$$

来表示的。

额定视在功率 $S_N$ 表明电源设备所能输出的最大平均功率。

在正弦交流电路中,平均功率 $P$ 一般大于视在功率。平均功率 $P$ 和视在功率 $S$ 的比值称为功率因数

$$\cos\varphi = \frac{P}{S} \tag{2.40}$$

[例 2.8]  图 2.18 为一测量电感线圈参数的装置。测量数据如下:电压表 Ⓥ 的读数 50 V,电流表 Ⓐ 的读数 1 A,瓦特表 Ⓦ 的读数 30 W。求参数 $R$ 和 $L$(电源频率 50 Hz)。

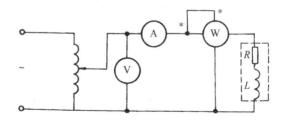

图 2.18

**解**  电感线圈可用电阻 $R$ 和电感 $L$ 的串联表示。由已知数据,线圈阻抗值为

$$|Z| = \frac{U}{I} = 50\ \Omega$$

$$R = \frac{P}{I^2} = 30\ \Omega$$

由式(2.40)

$$\cos\varphi = \frac{P}{S} = \frac{P}{UI} = \frac{30}{50\times 1} = 0.6$$

可得

$$\varphi = 53.1°$$

又
$$X_L = \omega L = Z\sin\varphi = 40\,\Omega$$

所以
$$L = \frac{X_L}{2\pi f} = \frac{40}{314} = 0.127\,(\mathrm{H})$$

### 2.5.2 功率因数的提高

在计算交流电路的平均功率时,要考虑电压与电流的相位差 $\varphi$,表示为
$$P = UI\cos\varphi$$

式中 $\cos\varphi$ 为电路的功率因数。当电路是电阻性负载(如白炽灯、电阻炉等)的情况下,电压与电流同相位,功率因数为1。当电路负载为其他负载时,功率因数介于0与1之间,电压与电流间有相位差,电源与负载之间发生能量交换,出现无功功率 $UI\sin\varphi$。

为了充分利用电气设备的容量,就要提高功率因数。如容量为 $1\,000\,\mathrm{kV \cdot A}$ 的发电机,负载功率因数 $\cos\varphi=1$,就能发出 $1\,000\,\mathrm{kW}$ 的有功功率。功率因数下降到 $\cos\varphi=0.7$,只能输出 $700\,\mathrm{kW}$ 功率。

其次,提高功率因数还能减少线路损失,从而提高输电效率。当负载有功功率 $P$ 和电压 $U$ 一定时,功率因数 $\cos\varphi$ 越大,输电线中电流 $I = \dfrac{P}{U\cos\varphi}$ 越小,消耗在输电线电阻上的功率越小。因此,提高电路的功率因数有很大的经济意义。

功率因数不高,主要是由于大量的电感性负载的存在。工厂生产中广泛使用的三相异步电动机就相当于电感性负载。在额定负载时,功率因数约为 $0.7\sim0.9$ 左右,轻载时功率因数更低。为了提高功率因数,常用方法就是在电感性负载的两端并联适当大小的电容器,其电路图和相量图如图2.19所示。

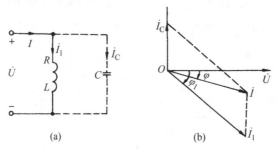

图2.19 感性负载并联电容以提高功率因数

(a) 电路图;(b) 相量图

[**例2.9**] 设有一 $220\,\mathrm{V}$, $50\,\mathrm{Hz}$, $50\,\mathrm{kW}$ 的感应电动机,功率因数为0.5。问:

(1) 使用时,电源供给的电流是多少? 无功功率 $Q$ 是多少?

(2) 并联电容器后,功率因数达到0.9,问所需电容值是多少? 这时电源供给的电流是多少?

**解** (1) $P = UI\cos\varphi$

$$I_1 = \frac{P}{U\cos\varphi_1} = \frac{50\times10^3}{220\times0.5} = 455\,(\mathrm{A})$$

$$Q = UI_1\sin\varphi_1 = UI_1\sqrt{1-\cos^2\varphi_1}$$
$$= 220\times455\times0.866 = 86.7\,(\mathrm{kvar})$$

计算结果表明,电源与负载之间能量交换规模较大。

（2）根据图 2.19 相量图可得：

$$I_C = I_1 \sin \varphi_1 - I \sin \varphi$$

$$= \left(\frac{P}{U \cos \varphi_1}\right) \sin \varphi_1 - \left(\frac{P}{U \cos \varphi}\right) \sin \varphi$$

$$= \frac{P}{U}(\tan \varphi_1 - \tan \varphi)。$$

又

$$I_C = \omega C U,$$

所以

$$C = \frac{P}{\omega U^2}(\tan \varphi_1 - \tan \varphi)。$$

代入数据：

$\cos \varphi_1 = 0.5 \quad \tan \varphi_1 = 1.732$

$\cos \varphi = 0.9 \quad \tan \varphi = 0.484$

$$C = \frac{50 \times 10^3}{314 \times 220^2}(1.732 - 0.484) = 4\,104\,(\mu\text{F})$$

并联电容后,线路电流

$$I = \frac{P}{U \cos \varphi} = \frac{50 \times 10^3}{220 \times 0.9} = 253\,(\text{A})$$

由此可见,并联电容以后,线路电流减小了,因而线路损耗也减小。

## 2.6　三相电路

目前,世界各国的电力系统所采用的供电方式,绝大多数属于三相制。三相制就是以三个频率相同而相位不同的电动势作为电源供电体系。

三相制之所以获得广泛应用,主要是它在发电、输电和用电方面有许多优点。前面已经提到单相交流电路瞬时功率随时间交变,而对称三相电路总的瞬时功率恒定,三相电动机比单相电动机性能平稳可靠;在输送电能时,在相同电气技术指标下,三相制比单相制可节约有色金属 25% 左右。

### 2.6.1　三相电压

图 2.20(a) 是三相发电机示意图。图中 $ax$、$by$、$cz$ 是完全相同而彼此相隔 $120°$ 的三个定子绕组,分别称为 $A$ 相、$B$ 相和 $C$ 相绕组,其中 $a$、$b$、$c$ 分别为始端,$x$、$y$、$z$ 分别为末端。当转子(磁铁)以角速度 $\omega$ 匀速旋转时,在三个定子绕组中都会感应出随时间按正弦变化的电压。这三个电压的振幅和频率相同,彼此间相位差 $120°$,波形如图 2.20(b) 所示。这三个绕组的电压分别为

$$\left. \begin{aligned} u_A &= \sqrt{2}U_p \sin \omega t \\ u_B &= \sqrt{2}U_p \sin(\omega t - 120°) \\ u_C &= \sqrt{2}U_p \sin(\omega t + 120°) \end{aligned} \right\} \tag{2.41}$$

下标 p 表示相,$U_p$ 表示一相电压有效值,其相量表示分别为、

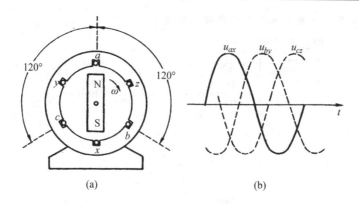

图 2.20 三相发电机示意图

(a) 三相发电机示意图;(b) 三相发电机电压波形图

$$\dot{U}_A = U_p \angle 0°,\ \dot{U}_B = U_p \angle -120°,\ \dot{U}_C = U_p \angle 120°$$

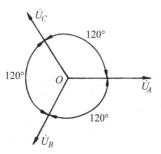

图 2.21 相量图

其相量图如图 2.21 所示。三个有效值(或幅值)、频率都相同,彼此间相位差相等且等于 $\dfrac{360°}{3} = 120°$,这样一组电压称为对称三相电压。这三个电压达到最大值的先后次序称为相序。当图 2.20(a) 所示发电机以角速度 $\omega$ 顺时针方向旋转时,相序为 $a-b-c$;以逆时针旋转时,相序为 $a-c-b$。

把上述三相发电机三个定子绕组的末端连在一公共点 N 上,就构成了一个对称 Y 形连接的三相发电机,如图 2.22 所示。公共点 N 称为中点或零点,A、B、C 三端与输电线相接,输送电能到负载,这三根输电线称为相线,俗称火线,从中点 N 引出的导线称为中线或零线。

图 2.22 中,相线与中线间的电压,称相电压,有效值用 $U_A$,$U_B$,$U_C$ 表示,一般用 $U_p$ 表示。任意两根相线之间的电压称为线电压,有效值用 $U_{AB}$、$U_{BC}$、$U_{CA}$ 表示,一般用 $U_1$ 表示。显然

$$\dot{U}_{AB} = \dot{U}_A - \dot{U}_B$$

$$\dot{U}_{BC} = \dot{U}_B - \dot{U}_C$$

$$\dot{U}_{CA} = \dot{U}_C - \dot{U}_A$$

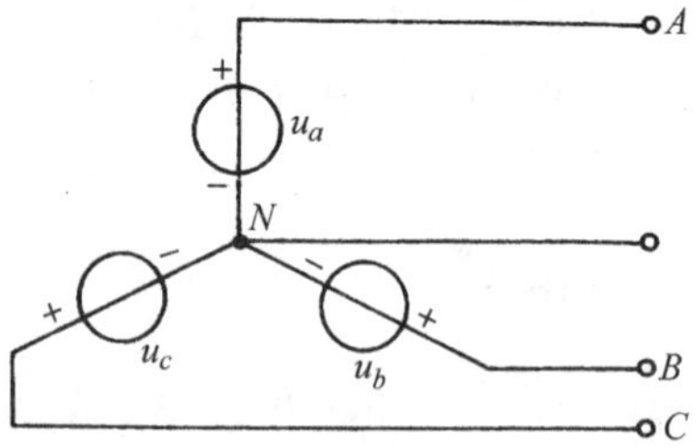

由各相电压、线电压绘的相量图如图 2.23 所示。由图可见,相电压是对称的,线电压也对称。

图 2.22 三相电源的 Y 形连接

由图可见:$\dfrac{1}{2}U_1 = U_p \cos 30°$

$$U_1 = \sqrt{3}U_p \qquad\qquad (2.42)$$

从上式可知,线电压有效值 $U_1$ 为相电压有效值的 $\sqrt{3}$ 倍。同样,由图 2.23 可得,线电压比相应的相电压超前 30°。

发电机(或变压器)的绕组接成 Y 形时,可引出四根导线(三相四线制),可能供给负载两种电压。通常在低压配电系统中相电压为 220 V,线电压为 380 V(=$\sqrt{3}\times$220 V)。

当发电机(或变压器)的绕组接成 Y 形时,不一定都引出中线。

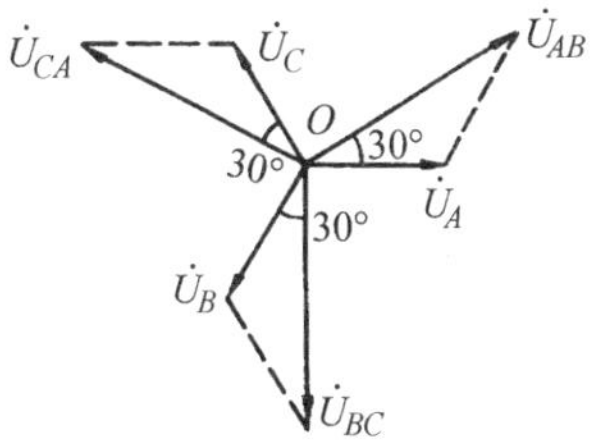

### 2.6.2 对称三相电路

电源和负载有两种基本连接方式,即 Y 形连接和△形连接。

图 2.23 相量图

前面已介绍电源的 Y 形连接,如果把负载也接成 Y 形,就组成了 Y-Y 形连接三相电路如图 2.24 所示。所谓对称三相负载就是由三个相同的负载组成的,即每相负载的电阻相等,电抗也相等。且性质相同,每一个负载构成三相负载的一相。设每相负载的阻抗为 $Z=|Z|$

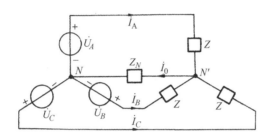

图 2.24 Y-Y 形连接三相电路

$\angle\varphi_Z$,电源中点 $N$ 与负载中点 $N'$ 连接的中线阻抗为 $Z_N$。由节点分析法可知:

$$\dot{U}_{N'N} = \cfrac{\cfrac{\dot{U}_A+\dot{U}_B+\dot{U}_C}{Z}}{\cfrac{3}{Z}+\cfrac{1}{Z_N}} \tag{2.43}$$

因三相电源对称,即 $\dot{U}_A+\dot{U}_B+\dot{U}_C=0$,所以

$$\dot{U}_{N'N} = 0 \tag{2.44}$$

即 $N$ 点和 $N'$ 是等电位点。各相电流分别为:

$$\dot{I}_A = \frac{\dot{U}_A}{Z} = \frac{U_p}{|Z|}\angle-\varphi_Z \tag{2.45a}$$

$$\dot{I}_B = \frac{\dot{U}_B}{Z} = \frac{U_p}{|Z|}\angle-\varphi_Z-120° \tag{2.45b}$$

$$\dot{I}_C = \frac{\dot{U}_C}{Z} = \frac{U_p}{|Z|}\angle-\varphi_Z+120° \tag{2.45c}$$

由上可见,三相电流也是对称的。

各相负载中的电流为相电流,相线(火线)的电流称为线电流,在 Y 形接法中,线电流也就是相电流。由相量图可知,三个相电流 $\dot{I}_A$、$\dot{I}_B$、$\dot{I}_C$ 之和为零,所以中线电流为零。这样,在对称三相电路中,取消中线对电路无影响,成为三相三线制。

各相负载功率为

$$P_p = U_p I_p \cos\varphi_Z = \frac{U_1}{\sqrt{3}} I_1 \cos\varphi_Z \tag{2.46}$$

三相总功率为

$$P = 3P_p = 3U_p I_p \cos\varphi_Z = \sqrt{3} U_1 I_1 \cos\varphi_Z \tag{2.47}$$

下面分析对称△形连接负载与对称三相电源组成的三相电路。

由图 2.25 可见,不论负载是否对称,各相负载的相电压均为电源的线电压,它们是对称的。在对称负载时,各相电流也是对称的,而线电流分别为

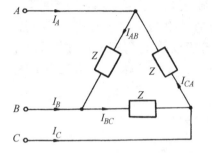

图 2.25 △形连接对称负载

$$\dot{I}_A = \dot{I}_{AB} - \dot{I}_{CA}$$

$$\dot{I}_B = \dot{I}_{BC} - \dot{I}_{AB}$$

$$\dot{I}_C = \dot{I}_{CA} - \dot{I}_{BC}$$

由图 2.25 可看出,线电流也是对称的,以 $I_1$ 表示线电流的有效值,$I_p$ 表示相电流的有效值,则满足下列关系

$$\frac{1}{2} I_1 = I_p \cos 30°$$

$$I_1 = \sqrt{3} I_p \tag{2.48}$$

由上式可知,在对称△接法中,线电流的有效值为相电流的 $\sqrt{3}$ 倍。

从图 2.26 还可以看出,在相位上,线电流比相应的相电流滞后 30°。

在对称△接法中,各相负载功率

$$P_p = U_p I_p \cos\varphi_Z$$

$$= U_1 \cdot \frac{I_1 \cos\varphi_Z}{\sqrt{3}}$$

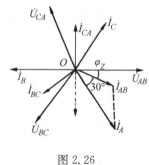

图 2.26

三相总功率

$$P = 3P_p = 3U_p I_p \cos\varphi_Z = \sqrt{3} U_1 I_1 \cos\varphi_Z \tag{2.49}$$

[例 2.10] 对称三相电源线电压 380 V,Y 形对称负载每相阻抗 $Z = 12 + j16\Omega$,试求各相电流和线电流。如把负载改成△形对称接法,求各相电流和线电流,分别计算 Y 形、△形接法时的三相总功率。

**解** 由 Y 形接法可知,相电压为线电压的 $\frac{1}{\sqrt{3}}$。$U_p = \frac{1}{\sqrt{3}} \times 380 = 220$ (V),

设 $\dot{U}_A = 220\angle 0°$V,则对应的线电压

$$\dot{U}_{AB} = 380\angle 30°\text{V}$$

各相电流

$$\dot{I}_A = \frac{\dot{U}_A}{Z} = \frac{220\angle 0°}{12 + j16} = \frac{220\angle 0°}{20\angle 53°} = 11\angle -53°\text{(A)}$$

$$i_A = 11\sqrt{2}\sin(\omega t - 53°)\,\text{A}$$

同理

$$i_B = 11\sqrt{2}\sin(\omega t - 173°)\,\text{A}$$

$$i_C = 11\sqrt{2}\sin(\omega t + 67°)\,\text{A}$$

Y 形接法中,线电流就是相电流,三相功率

$$P = \sqrt{3}U_1 I_1 \cos\varphi_Z$$

$$= \sqrt{3} \times 380 \times 11 \times \cos(-53°) = 4.344\,(\text{kW})$$

△形接法时,相电流

$$\dot{I}_{AB} = \frac{\dot{U}_{AB}}{Z} = \frac{380\angle 30°}{12 + j16} = \frac{380\angle 30°}{20\angle 53°} = 19\angle -23°\,(\text{A})$$

同理

$$\dot{I}_{BC} = 19\angle -143°\,\text{A}$$

$$\dot{I}_{CA} = 19\angle 97°\,\text{A}$$

线电流

$$\dot{I}_A = \dot{I}_{AB} - \dot{I}_{CA} = 32.9\angle -53°\,\text{A}$$

$$i_A = 32.9\sqrt{2}\sin(\omega t - 53°)\,\text{A}$$

同理

$$i_B = 32.9\sqrt{2}\sin(\omega t - 173°)\,\text{A}$$

$$i_C = 32.9\sqrt{2}\sin(\omega t + 67°)\,\text{A}$$

△形接法中,线电压就是相电压。三相功率

$$P = \sqrt{3}U_1 I_1 \cos\varphi_Z = \sqrt{3} \times 380 \times 32.9\cos -53°$$

$$= 13.032\,\text{kW}$$

把负载由 Y 形改成△形接法时,相电流增为$\sqrt{3}$倍,线电流增为 3 倍,功率增为 3 倍。

### *2.6.3  不对称三相电路举例

在三相电路中,当三相电源不对称或负载各相阻抗不等时,电路中的各相电流一般是不对称的,这种电路称为不对称三相电路。通常三相电源不对称程度很小,一般可近似认为是对称的。而在低压电力系统中,三相负载不对称则是常见的,如各相照明线路。下面通过具体例子说明不对称三相负载的特点及分析方法。

[例 2.11]  电路如图 2.24,若不对称 Y 形负载接于对称三相电源上,电源相电压为 220 V,A 相接一只220 V、100 W 灯泡,B 相、C 相各接入一只 220 V、200 W 灯泡,中线阻抗不计,求各相电流和中线电流。

**解**  因中线阻抗不计,$\dot{U}_{N'N} = 0$。各相电压对称,三相可以分别计算。

$$\dot{I}_A = \frac{\dot{U}_A}{R_A} = \frac{220\angle 0°}{484} = 0.455\angle 0°\,(\text{A})$$

$$\dot{I}_B = \frac{\dot{U}_B}{R_B} = \frac{220\angle-120°}{242} = 0.909\angle-120°(\text{A})$$

$$\dot{I}_C = \frac{\dot{U}_C}{R_C} = \frac{220\angle+120°}{242} = 0.909\angle120°(\text{A})$$

式中,$R_A$、$R_B$、$R_C$ 分别为三只灯泡的电阻值。

根据 KCL,中线电流

$$\dot{I}_0 = \dot{I}_A + \dot{I}_B + \dot{I}_C = 0.455 + [-0.455 - j0.455\sqrt{3}]$$
$$+ [-0.455 + j0.455\sqrt{3}]$$
$$= -0.455 = 0.455\angle180°(\text{A})$$

从本例看出,即使三相负载不对称,由于有中线,且中线电阻很小,各相负载两端电压仍然对称,但中线电流不为零。

[例 2.12] 接上例,如取消中线,求三相负载电压 $\dot{U}_{AN'}$,$\dot{U}_{BN'}$ 和 $\dot{U}_{CN'}$。

**解** 中线取消后,电路有两个节点 $N,N'$,按一般电路分析方法,列节点相量方程:

$$\dot{U}_{NN'} = \frac{\dfrac{\dot{U}_A}{484} + \dfrac{\dot{U}_B}{242} + \dfrac{\dot{U}_C}{242}}{\dfrac{1}{484} + \dfrac{1}{242} + \dfrac{1}{242}}$$

以 $\dot{U}_A,\dot{U}_B,\dot{U}_C$ 代入,得

$$\dot{U}_{NN'} = -44\angle0°\text{V}$$

$$\dot{U}_{AN'} = \dot{U}_A + \dot{U}_{NN'} = 220\angle0° + 44\angle0° = 264\angle0°(\text{V})$$

$$\dot{U}_{BN'} = \dot{U}_B + \dot{U}_{NN'} = 220\angle-120° + 44\angle0°$$
$$= 201.6\angle-109.1°(\text{V})$$

$$\dot{U}_{CN'} = \dot{U}_C + \dot{U}_{NN'} = 220\angle120° + 44\angle0°$$
$$= 201.6\angle109.1°(\text{V})$$

三相负载电压有效值分别为 264 V、201.6 V、201.6 V。

可见,在三相三线制中,若负载不对称,则各相负载电压就不相等。$A$ 相负载上所承受的电压将超过其额定电压而烧毁。而 $B$、$C$ 相负载上则因电压过低而影响正常工作。从以上两例可得出结论:

(1) 负载不对称而没有中线时,各相负载电压不对称。

(2) 中线的作用就是在 Y 形接法时,使不对称负载上的相电压对称。因此,中线(指干线)内不允许接入保险丝或开关。

### 2.6.4　三相电路功率

三相电路的瞬时功率、平均功率和无功功率分别等于各相负载的瞬时功率、平均功率和无功功率之和。

对称三相电路的平均功率,参见 2.6.2 节可表示为

$$P = 3U_{\mathrm{p}}I_{\mathrm{p}}\cos\varphi_Z$$
$$= \sqrt{3}U_{\mathrm{l}}I_{\mathrm{l}}\cos\varphi_Z$$

同理,对称三相电路的无功功率为

$$Q = 3U_{\mathrm{p}}I_{\mathrm{p}}\sin\varphi_Z = \sqrt{3}U_{\mathrm{l}}I_{\mathrm{l}}\sin\varphi_Z, \tag{2.50}$$

三相对称电路的视在功率为

$$S = 3U_{\mathrm{p}}I_{\mathrm{p}} = \sqrt{3}U_{\mathrm{l}}I_{\mathrm{l}} \tag{2.51}$$

下面讨论对称三相电路的瞬时功率。设

$$u_A = \sqrt{2}U_{\mathrm{p}}\sin\omega t$$
$$u_B = \sqrt{2}U_{\mathrm{p}}\sin(\omega t - 120°)$$
$$u_C = \sqrt{2}U_{\mathrm{p}}\sin(\omega t + 120°)$$
$$i_A = \sqrt{2}I_{\mathrm{p}}\sin(\omega t - \varphi_Z)$$
$$i_B = \sqrt{2}I_{\mathrm{p}}\sin(\omega t - \varphi_Z - 120°)$$
$$i_C = \sqrt{2}I_{\mathrm{p}}\sin(\omega t - \varphi_Z + 120°)$$

其中　$U_{\mathrm{p}}$、$I_{\mathrm{p}}$ 分别为各相电压、相电流的有效值;$\varphi_Z$ 为各相负载的阻抗角。

三相瞬时总功率为

$$p = p_A + p_B + p_C = u_A i_A + u_B i_B + u_C i_C$$
$$= 2U_{\mathrm{p}}I_{\mathrm{p}}[\sin\omega t \sin(\omega t - \varphi_Z) +$$
$$\sin(\omega t - 120°)\sin(\omega t - \varphi_Z - 120°) +$$
$$\sin(\omega t + 120°)\sin(\omega t - \varphi_Z + 120°)]$$

利用三角积化和差公式得

$$p = U_{\mathrm{p}}I_{\mathrm{p}}[\cos\varphi_Z - \cos(2\omega t - \varphi_Z) + \cos\varphi_Z -$$
$$\cos(2\omega t - \varphi_Z - 240°) + \cos\varphi_Z -$$
$$\cos(2\omega t - \varphi_Z + 240°)]$$
$$= 3U_{\mathrm{p}}I_{\mathrm{p}}\cos\varphi_Z \tag{2.52}$$

从以上分析可知,对称三相电路瞬时总功率是恒定的,且等于平均功率。这样,将使三相电机瞬时机械转矩也是恒定值,使三相电机运行平稳;而单相电机(如电扇)瞬时功率是变化的,转矩时大时小。

在三相三线制电路中,不论负载接成 Y 形还是△形,也不论负载对称与否,都广泛采用两瓦特计法测量三相功率。如图 2.27 所示。

三相功率为两瓦特计读数之和,具体原理可看有关书籍。

设瓦特计 $W_1$、$W_2$ 的读数分别为 $P_1$、$P_2$,则三相功率

$$P = P_1 + P_2$$

在测量过程中,如果 $W_2$ 表指针反偏,则必须把该表电流线圈两端对调,使指针正偏,如果此时读得 $P_2$,则三相功率为

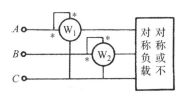

图 2.27　两瓦特计法

$$P = P_1 - P_2$$

**本章小结**

(1) 正弦电压、电流由三个要素描述,即有效值(或幅值)、频率和初相。相量是用复数来表示正弦量的数学模型,它把正弦量的有效值和初相两个要素统一表示出来,以便用相量法分析正弦电路。

(2) 电路基本定律的相量形式是

$$\sum \dot{I} = 0$$

$$\sum \dot{U} = 0$$

$$\dot{U} = Z\dot{I}$$

电阻、电感和电容元件伏安关系的相量形式是

$$\dot{U}_R = R\dot{I}_R$$

$$\dot{U}_L = j\omega L\dot{I}_L$$

$$\dot{I}_C = j\omega C\dot{U}_C$$

这是分析交流电路的基本依据。运用相量法,正弦电路的各类问题都可以用直流电路建立的定理、公式和方法来分析。

(3) 相位差是正弦电路的一个基本概念。无源二端网络电压与电流的相位差 $\varphi = \theta_u - \theta_i$,同样也是该网络阻抗的阻抗角 $\varphi_Z$。由于相位的差别,正弦电路的分析计算应避免单纯用有效值计算,结合相量图分析比较清晰。

(4) 平均功率(有功功率)表示负载消耗的功率,用 $P$ 表示;无功功率表示电路与电源互换能量的规模,用 $Q$ 表示;视在功率表示电源或设备的容量,用 $S$ 表示。公式为

$$P = UI\cos\varphi$$

$$Q = UI\sin\varphi$$

$$S = UI$$

这里 $\varphi$ 表示所讨论电路(或网络)的总电压与总电流的相位差。而功率因数为

$$\cos\varphi = \frac{P}{S}$$

(5) 对称三相负载接法分为 Y 形和△形接法两种。Y 形接法中,

电流:$I_1 = I_p$

电压:$\dot{U}_{AB} = \sqrt{3}\dot{U}_{AN}\angle 30°$

$$\dot{U}_{BC} = \sqrt{3}\dot{U}_{BN}\angle 30°$$

$$\dot{U}_{CA} = \sqrt{3}\dot{U}_{CN}\angle 30°$$

△形接法中,

电压:$U_1 = U_p$

电流:$\dot{I}_A = \sqrt{3}\dot{I}_{AB}\angle -30°$

$$\dot{I}_B = \sqrt{3}\dot{I}_{BC}\angle -30°$$

$$\dot{I}_C = \sqrt{3}\dot{I}_{CA}\angle -30°$$

（6）对称三相电路功率按下列各式计算：

$$P = 3U_p I_p \cos\varphi_Z = \sqrt{3}U_l I_l \cos\varphi_Z$$

$$Q = 3U_p I_p \sin\varphi_Z = \sqrt{3}U_l I_l \sin\varphi_Z$$

$$S = \sqrt{3}U_l I_l$$

这里 $\varphi_Z$ 为各相负载阻抗角。

**习题**

2.1 试计算下列正弦量的周期、频率和初相：

（1）$5\sin(314t+30°)$;

（2）$8\cos(\pi t+60°)$。

2.2 计算下列各正弦量间的相位差：

（1）$u=30\sin(\omega t+45°)$ V 和 $i=40\sin(\omega t-30°)$ A；

（2）$u_1=5\cos(20t+15°)$ V 和 $u_2=8\sin(10t-30°)$ V；

（3）$i_1=-6\sin 5t$ A 和 $i_2=-10\cos(5t+30°)$ A。

2.3 （1）已知 $i_1=10\sin(\omega t+36.9°)$ A，$i_2=5\cos\omega t$ A，求 $i=i_1+i_2$，绘出它们的相量图；

（2）已知 $u_1=80\sin(\omega t+36.9°)$ V，$u_2=120\sin(\omega t-53.1°)$ V，求 $u=u_1+u_2$，绘出它们的相量图。

2.4 试写出下列正弦量的相量表示式：

（1）$i=5\sqrt{2}\cos\omega t$ A；

（2）$u=125\sqrt{2}\cos(314t-45°)$ V；

（3）$i=-10\sin(5t-60°)$ A。

2.5 计算图 2.28 所示二端口输入阻抗，并说明端口正弦电压与电流的相位关系。

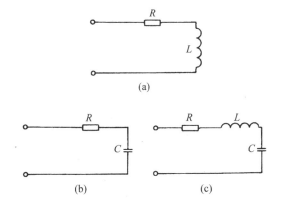

图 2.28 习题 2.5 图

数据如下：（1）$R=5\,\Omega$，$L=10^{-3}$ H，$\omega=10^4$ rad/s；（2）$R=100\,\Omega$，$C=100\,\mu$F，$\omega=500$ rad/s，（3）$R=1\,\Omega$，$L=1$ H，$C=0.05$ F，$\omega=4$ rad/s。

2.6　有一电路如图 2.29 所示,已知 $i = 3\cos(5\,000t - 60°)$ A,试用相量法求 $u$,已知 $R = 2$ Ω,$L = 1.6$ mH,$C = 20\,\mu$F。

2.7　试用相量法求图 2.30 中正弦电路 $u_2$ 与 $u_1$ 的相位差。

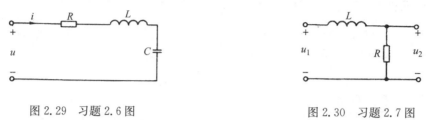

图 2.29　习题 2.6 图　　　　　　　　　　　图 2.30　习题 2.7 图

2.8　图 2.31 所示电路,除 $A_0$ 和 $V_0$ 外,其余安培计和伏特计的读数在图上已标出,试求安培计 $A_0$ 和伏特计 $V_0$ 的读数。

2.9　电压 $u(t) = 100\sin 10t$ V。施加于 10 H 电感两端。求(1)电感吸收的瞬时功率;(2)电感的无功功率;(3)电感瞬时储能。

2.10　电压 $u(t) = 100\sin 10t$ V,施加于 0.001 F 电容两端。求(1)电容吸收瞬时功率;(2)电容的无功功率;(3)电容瞬时储能。

2.11　无源二端网络如图 2.32 所示,输入端电压和电流为

$$u(t) = 50\sin\omega t \text{ V}$$

$$i(t) = 10\sin(\omega t + 45°) \text{ A}$$

求此网络的有功功率、无功功率和功率因数。

图 2.31　习题 2.8 图　　　　　　　　　　　图 2.32　习题 2.11 图

2.12　一只 40 W 日光灯,镇流器电感 1.85 H,接到 50 Hz、220 V 的交流电源上。已知功率因数为 0.6,求灯管的电流和电阻,要使 $\cos\varphi = 0.9$,须并联多大电容?

2.13　电路如图 2.33 外加电压 $U$ 为 100 V,频率 50 Hz,各支路电流有效值相等,电路消耗功率 866 W。如果电源电压不变,频率变为 25 Hz,求各支路的电流及电路消耗功率。

2.14　如图 2.34 是一种三相电路相序指示器。若 $\dfrac{1}{\omega C} = R$,试分析说明在三相电源电压对称情况下,如何根据灯泡所承受的电压不同来测定电源的相序。

2.15　有一台 380 V,50 Hz,3 kW 的 Y 形接法三相电动机,功率因数为 0.5。试求:

(1)使用时,各线电流是多少? 无功功率是多少?

(2)若并联电容器,使功率因数达到 0.9,问需并联电容总值是多少? 此时各线电流是多少?

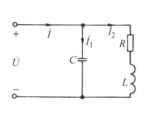

图 2.33　习题 2.13 图

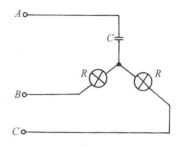

图 2.34　习题 2.14 图

2.16　已知一 $RLC$ 串联电路 $R=10\,\Omega, L=0.01\,H, C=1\,\mu F$，求谐振角频率和电路的品质因数。

2.17　测定一电感线圈的参数 $R$ 和 $L$。用一只电流表和一只 $R_1=1000\,\Omega$ 的电阻，将电阻和线圈并联，接在 50 Hz 的电源上，测得电阻和电感支路电流分别为 0.035 A、0.01 A，总电流为 0.04 A。试计算 $R$ 和 $L$ 的值。

2.18　一台功率 1.1 kW 的电动机接在 220 V、50 Hz 的电路中，电动机电流为 10 A。求：(1)电动机的功率因数；(2)当电动机两端并联 79.5 $\mu F$ 电容时，电路的功率因数为多少？

2.19　如图 2.35，已知 $R=4\,\Omega, X_L=8\,\Omega, X_C=4\,\Omega, U=50\,V$，求各支路的电流并作相量图。

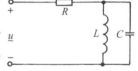

2.20　有一次某楼电灯发生故障：第二和第三层楼的所有电灯都暗淡下来，而第一层楼的电灯亮度未变，试问：(1)这是什么原因？(2)该楼的电灯是如何连接的？(3)同时又发现第三层楼的电灯比第二层楼的还要暗些，这又是什么原因？(4)画出电路图。

图 2.35　习题 2.19 图

2.21　对称三相电源线电压 220 V，各相负载 $Z=18+j24\,\Omega$。试求：

(1) Y 形连接对称负载时，线电流及总功率；

(2) △形连接对称负载时，线电流、相电流及总功率。

# 第3章 电路的过渡过程

**【内容提要】** 本章介绍过渡过程的产生与换路定律;$RC$ 串联电路的过渡过程;一阶电路过渡过程的三要素法;$RL$ 串联电路的过渡过程;微分电路和积分电路。

**【学习要求】** 掌握过渡过程的换路定律;掌握三要素分析一阶电路过渡过程;理解微分电路、积分电路的应用。

## 3.1 过渡过程的产生与换路定律

### 3.1.1 过渡过程的产生

自然界中物质的运动,在一定条件下具有一定的稳定状态。当条件发生变化时,就有可能过渡到另一种稳定状态。

例如,电动机从静止状态(一种稳定状态)起动后,它的转速从零逐渐上升,最后到达稳态值(新的稳定状态);当电动机停下来时,它的转速从某一稳态值逐渐下降,最后为零。由此可见,从一种稳定状态转到另一种新的稳定状态往往不能跃变,而是需要一定过程(时间)的,这个物理过程就称为过渡过程。

同样,在电路中也存在过渡过程。如果电路中含有 $LC$ 储能元件,当电路参数或电动势发生变化时,则电路中的电压和电流也将发生变化,从一种稳定值转换为另一种稳定值,它需要一段时间,但为时极为短暂。

电路的接通或关断、改接、电源或电路参数突然变化、各种故障等都会引起电路工作状态的改变,这些引起电路过渡过程的电路变化就称之为换路。

电路的换路是产生过渡过程的外部原因,而电路中含有储能元件,才可能发生过渡过程。众所周知,电感中储有磁能 $W_L(t) = \frac{1}{2} L i_L^2(t)$,电容中储有电场能 $W_C(t) = \frac{1}{2} C u_C^2(t)$,当换路时,电路的稳定状态发生了变化,伴随着储能元件的储能也要发生变化,这种变化需要经历一段时间(过程)。如果能量能够突变,则意味着功率为无穷大 $\left( p = \frac{\mathrm{d}w}{\mathrm{d}t} = \infty \right)$,而实际功率是有限的。因此,电路过渡过程的产生是由于储能元件的能量不能突变而引起的。

电路中的电流和电压在一定条件下达到某一稳态值时的稳定状态,称之为稳态;处于过渡过程中的电路工作状态,称之为暂态,因而过渡过程又称之为暂态过程。

过渡过程是一种自然现象,对它的研究很重要。过渡过程的存在有利有弊。有利的方面,如电子技术中常用它来产生各种特定的波形或改善波形;不利的方面,如在暂态过程发生的瞬间,可能出现过压或过电流,致使电气设备损坏,对此必须采取防范措施。

### 3.1.2　换路定律及电压、电流初始值的确定

电感及电容都是储能元件,换路时,储能不能突变,这就意味着电感中的电流和电容上的电压不能突变。

因此,不论过渡过程产生的原因如何,换路后的一瞬间,电感中电流和电容上的电压都应保持换路前一瞬间的原有值不能突变,换路以后就以这个数值为初始值而连续变化。这个规律称为换路定律。它是分析过渡过程的重要依据。

若以换路瞬间作为计时起点,令 $t=0$,以 $t=0_-$ 表示换路前终了瞬间,$t=0_+$ 表示换路后初始瞬间,在 $t=0_-$ 到 $t=0_+$ 的瞬间,电感中电流和电容电压不能突变,则换路定律用公式表示为

$$\left.\begin{array}{l} i_L(0_+) = i_L(0_-) \\ u_C(0_+) = u_C(0_-) \end{array}\right\} \tag{3.1}$$

应当注意,换路定律仅适用于换路瞬间,首先由 $t=0_-$ 时的电路求出 $i_L(0_-)$ 及 $u_C(0_-)$,然后根据换路定律求得 $t=0_+$ 时的 $i_L(0_+)$ 及 $u_C(0_+)$ 作为初始值,来确定在换路后瞬间($t=0_+$)电路中其他各电压电流的初始值。

另外,对于原来没有储能的电容来说,在换路瞬间由于 $u_C(0_-)=0$,故 $u_C(0_+)=0$,则 $t=0_+$ 瞬间电容可视为短路;同样,对于原来没有储能的电感来说,在换路瞬间,由于 $i_L(0_-)=0$,故 $i_L(0_+)=0$,则 $t=0_+$ 瞬间,电感可视为开路。

应该指出,换路定律只说明电容上电压和电感中的电流不能突变,而电容中的电流和电感上的电压以及电阻上的电压、电流均可突变。

根据换路定律求换路后瞬间初始值的步骤如下:

(1) 按换路前($t=0_-$)的电路求出 $u_C(0_-)$ 及 $i_L(0_-)$;

(2) 由换路定律确定 $u_C(0_+)$ 及 $i_L(0_+)$;

(3) 按换路后($t=0_+$)的电路,根据电路基本定律求出换路后($t=0_+$)各支路电流及各元件上电压的初始值。

[例 3.1]　如图 3.1 所示电路,$U_s=10\,\mathrm{V}$,$R_1=4\,\Omega$,$R_2=6\,\Omega$,$C_1=4\,\mu\mathrm{F}$,换路前电路已处于稳态,求换路后 $u_{C_1}$、$u_{R_1}$、$u_{R_2}$ 的初始值。

**解**　(1) 依题意,换路前电路已处于稳态,$i_C=0$,故电容可视为开路,作出 $t=0_-$ 时的等效电路,如图 3.2(a),由分压公式可得:

$$u_{C_1}(0_-) = U_s \frac{R_2}{R_1+R_2} = 10\,\frac{6}{4+6} = 6\,(\mathrm{V})$$

(2) 求 $t=0_+$ 时各元件上的电压。

由换路定律可得:

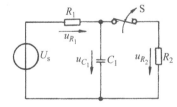

图 3.1　例 3.1 图

$$u_{C_1}(0_+) = u_{C_1}(0_-) = 6\,\mathrm{V}$$

作 $t=0_+$ 时的等效电路,$u_{C_1}(0_+)$ 当作电压源 $U_{s_1}$ 来处理,如图 3.2(b)所示,由图 3.2 可求得

$$u_{R_1}(0_+) = U_s - u_{C_1}(0_+) = 10 - 6 = 4\,(\mathrm{V})$$

$$u_{R_2}(0_+) = 0$$

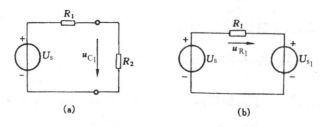

图 3.2 例 3.1 的等效电路

(a) $t=0_-$ 时的等效电路；(b) $t=0_+$ 时的等效电路

**[例 3.2]** 电路如图 3.3 所示，已知 $U_s=10\text{ V}$，$R_1=1.6\text{ k}\Omega$，$R_2=6\text{ k}\Omega$，$R_3=4\text{ k}\Omega$，$L=0.2$ H，换路前电路已处于稳态，求换路后 $i_L$，$u_L$ 的初始值。

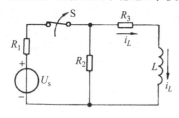

图 3.3 例 3.2 图

**解** （1）依题意，换路前电路已处于稳态，$u_L=0$，故电感相当于短路，作 $t=0_-$ 时的等效电路，如图 3.4(a) 所示。由分流公式可计算出 $i_L(0_-)$：

$$i_L(0_-)=\frac{U_s}{R_1+\dfrac{R_2 \cdot R_3}{R_2+R_3}} \cdot \frac{R_2}{R_2+R_3}$$

$$=\frac{10}{1.6+\dfrac{6\times4}{6+4}}\times\frac{6}{6+4}=1.5\,(\text{mA})$$

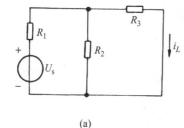 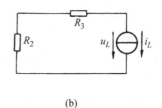

(a)　　　　　　　　　　(b)

图 3.4 例 3.2 的等效电路

(a) $t=0_-$ 时的等效电路；(b) $t=0_+$ 时的等效电路

（2）由换路定律得：$i_L(0_+)=i_L(0_-)=1.5\text{ mA}$

（3）求 $u_L(0_+)$，作 $t=0_+$ 时的等效电路，$i_L(0_+)$ 可用电流源来代替，如图 3.4(b) 所示。由欧姆定律及基尔霍夫定律，可得

$$u_L(0_+)=-i_L(0_+) \cdot (R_2+R_3)=-1.5\times(6+4)=-15\,(\text{V})$$

由上述例题可以看出：

（1）在换路前，$(t=0_-)$，电路已处于稳态，有 $i_C=C\dfrac{du_C}{dt}=0$，$u_L=L\dfrac{di_L}{dt}=0$。因 $i_C=0$，故电容视为开路；又因 $u_L=0$，故电感视为短路；

（2）由此可知，当 $t=\infty$，电路也处于稳态（新的稳定状态），电容亦视为开路，电感亦视为短路；

（3）在换路后瞬间 $(t=0_+)$，$u_C(0_+)$ 可用电压源来代替，$i_L(0_+)$ 可用电流源来代替。若，$u_C$

$(0_+)=0$,则电容视为短路;$i_L(0_+)=0$,则电感视为开路。

## 3.2　RC 串联电路的过渡过程

用经典法分析电路的过渡过程,就是根据激励(电源电压或电流),通过求解电路的微分方程以得出电路的响应(电压和电流)。由于电路的激励和响应都是时间的函数,所以这种分析也是时域分析。

如果电路中的储能元件只有一个或经化简后只剩下一个独立的储能元件,则相应的微分方程是一阶微分方程,这样的电路就称为一阶电路,它包括 RC 电路和 RL 电路。

### 3.2.1　RC 电路的放电过程

图 3.5RC 串联电路中,开关 S 原合于位置 1,RC 电路与直流电源联接,电源通过电阻 $R$ 对电容器充电至 $U_0$,此时电路已处于稳态。在 $t=0$ 时开关 S 由位置 1 扳向位置 2,这时 RC 电路脱离电源,电容器便通过电阻 $R$ 放电,电容上电压逐渐减小,放电电流也随之逐渐下降,电容储能通过放电电流逐渐消耗在电阻 $R$ 上,并转换为热能消耗,直到电容储能全部放完,电容电压下降到零为止,放电过程结束,电路达到新的稳定状态。

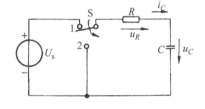

图 3.5　RC 电路的放电过程

按图 3.5 所示电压电流参考方向,根据基尔霍夫定律列出换路后电路的微分方程:

$$u_R + u_C = 0$$

由于 $u_R = i \cdot R$,以 $i_C = C\dfrac{\mathrm{d}u_C}{\mathrm{d}t}$ 代入上式得

$$RC\frac{\mathrm{d}u_C}{\mathrm{d}t} + u_C = 0 \tag{3.2}$$

式中　$R$ 及 $C$ 都是常量,故式(3.2)是一个一阶线性常系数齐次微分方程,其通解为

$$u_C = Ae^{Pt} \tag{3.3}$$

代入(3.2)式并消去公因子 $Ae^{Pt}$,得到该微分方程的特征方程

$$RCP + 1 = 0$$

其特征根为

$$P = -\frac{1}{RC}$$

因此,(3.2)式的通解为

$$u_C = Ae^{-\frac{t}{RC}} \tag{3.4}$$

式中　$A$ 为积分常数,由电路的初始条件确定。

由于换路前电路已处于稳态,即 $u_C(0_-)=U_0$,根据换路定律,有 $u_C(0_+)=u_C(0_-)=U_0$,代入(3.4)式得:

$$A = U_0$$

于是微分方程(3.2)的解为

$$u_C = U_0 e^{-\frac{t}{RC}} = U_0 e^{-\frac{t}{\tau}} \tag{3.5}$$

可见,电容器在放电时其电压随时间按指数规律衰减,初始值为 $U_0$,衰减终了为零。$u_C$ 随时间变化曲线如图 3.6 所示。

$RC$ 电路放电过程中的电容放电电流和电阻上的电压为

$$i = C\frac{\mathrm{d}u_C}{\mathrm{d}t} = -\frac{U_0}{R}\mathrm{e}^{-\frac{t}{RC}} \tag{3.6}$$

$$u_R = i \cdot R = -U_0\mathrm{e}^{-\frac{t}{RC}} \tag{3.7}$$

上两式中的负号表示放电电流的实际方向与图 3.5 中的参考方向相反。

图 3.7 中画出了 $i,u_R$ 随时间变化的曲线。式(3.5)中 $\tau = RC$,称为 $RC$ 电路的时间常数,它具有时间的量纲,单位是秒。电压及电流衰减的快慢取决于时间常数 $\tau$ 的大小。

从 $t=0$ 开始,经过 $\tau$ 时间后($t=\tau$ 秒),电容器上电压值为

$$u_C = U_0\mathrm{e}^{-\frac{t}{\tau}} = U_0\mathrm{e}^{-1} = 0.368U_0$$

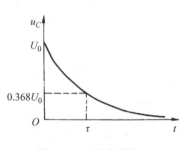

图 3.6    $u_C$ 变化曲线

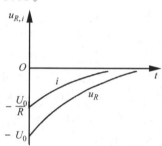

图 3.7    $i$、$u_R$ 变化曲线

可见,时间常数 $\tau$ 为电容电压衰减到初始值的 $36.8\%$ 时所需的时间。$\tau$ 越大,$u_C$ 下降到这一数值所需的时间越长,图 3.8 所示的是不同的 $\tau$ 值下电容电压变化曲线,其中,$\tau_1 < \tau_2 < \tau_3$。

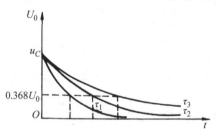

图 3.8    $\tau$ 值不同时 $u_C$ 变化曲线

从理论上讲,只有经过 $t=\infty$ 的时间电路才能达到稳定状态,过渡过程结束;实际上指数曲线开始部分变化较快,而后逐渐缓慢。表 3.1 列出 $RC$ 放电时,电容电压 $u_C$ 随时间的变化情况。

表 3.1    电压 $u_C$ 的过渡过程参数变化表

| $t$ | 0 | $\tau$ | $2\tau$ | $3\tau$ | $4\tau$ | $5\tau$ | — |
|---|---|---|---|---|---|---|---|
| $\mathrm{e}^{-\frac{t}{\tau}}$ | 1 | 0.368 | 0.135 | 0.050 | 0.018 | 0.007 | — |
| $u_C$ | $U_0$ | $0.368U_0$ | $0.135U_0$ | $0.050U_0$ | $0.018U_0$ | $0.007U_0$ | — |

可以看出,经过(3)$\tau$ 时间后,指数项衰减到 $5\%$ 以下,可以认为过渡过程已基本结束。

引用时间常数的概念,主要是为了反映电路中过渡过程进程的快慢,时间常数 $\tau$ 越大,$u_C$ 衰减(放电)越慢,过渡过程的时间也就越长。因此,时间常数 $\tau$ 是表示过渡过程中电压电流变化快慢的一个物理量,它与换路情况及外加电源无关,而仅与电路元件参数 $R$、$C$ 有关。电容 $C$ 越大,电容储能就越多;$R$ 越大,放电电流也就越小,这都促使放电过程变慢。所以,改变电路中 $R$ 和 $C$ 的数值,就可以改变电路的时间常数,以控制电路过渡过程的快慢。

[**例 3.3**] 图 3.9 中,开关 S 打开前电路已达稳定,已知 $U_s=12\,V$,$R_1=1\,k\Omega$,$R_2=3\,k\Omega$,$R_3=2\,k\Omega$,$C=4\,\mu F$,求 S 打开后的 $u_C$ 及 $i_C$。

**解** 开关 S 打开前电路已达稳定,电容器 C 可视为开路,故可求得:

$$u_C(0_-) = U_s \cdot \frac{R_2}{R_1+R_2} = 12 \cdot \frac{3}{1+3} = 9\,(V)$$

由换路定律得 $u_C(0_+)=u_C(0_-)=9\,V$

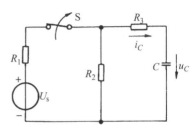

图 3.9 例 3.3 图

在 $t=0_+$ 换路后,$RC$ 电路脱离电源,电容 C 的初始储能将通过电阻放电,电容电压逐渐下降。

求电路的时间常数 $\tau$:

$$\tau = RC = (R_2+R_3) \cdot C = (3+2) \times 10^3 \times 4 \times 10^{-6}$$
$$= 2 \times 10^{-2}\,(s)$$

由式(3.5)可得

$$u_C = U_0 e^{-\frac{t}{\tau}} = 9 \times e^{-\frac{t}{2\times10^{-2}}} = 9e^{-50t}\,(V)$$

由式(3.6)可得

$$i = -\frac{U_0}{R} e^{-\frac{t}{\tau}} = -\frac{9}{(3+2)\times10^3} e^{-50t}$$
$$= -1.8e^{-50t}\,(mA)$$

### 3.2.2 *RC* 电路的充电过程

图 3.10 中,开关 S 闭合前,电路已达稳态,在 $t=0$ 开关 S 闭合,电路接通电压源 $U_s$,向电容 C 充电,电容上电压 $u_C$ 将从初始值逐渐过渡到某一稳态值。依图示电压电流参考方向,根据基尔霍夫定律列出换路后回路电压方程

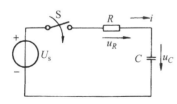

图 3.10 *RC* 电路充电过程

$$u_R + u_C = U_s$$

由于 $u_R = i \cdot R$,以 $i_C = C\dfrac{du_C}{dt}$ 代入上式得

$$RC\frac{du_C}{dt} + u_C = U_s \tag{3.8}$$

式中 $R$ 和 $C$ 为常量,故式(3.8)是一个常系数一阶线性非齐次微分方程,其解答由特解 $u'_C$ 及对应的齐次微分方程的通解 $u''_C$ 组成,特解 $u'_C=B$ 代入方程解得 $B=U_s$,所以 $u'_C=U_s$,为电路的稳态值。

齐次微分方程的通解为 $u''_C=Ae^{-\frac{t}{RC}}$ 为电路的暂态值。故微分方程(3.8)的全解为

$$u_C = u'_C + u''_C = U_s + Ae^{-\frac{t}{RC}} \tag{3.9}$$

式中 $A$ 为积分常数,它由电路的初始条件确定。

下面分两种情况来讨论：

#### 3.2.2.1 非零状态

如果开关 S 闭合前，电容已有储能，称为非零状态，设为 $u_C(0_-)=U_0$，在 $t=0$ 时换路，根据换路定律有

$$u_C(0_+)=u_C(0_-)=U_0$$

代入式(3.9)中，得

$$u_C(0_+)=U_s+A=U_0$$

故
$$A=U_0-U_s$$

从而式(3.9)的解为

$$u_C=U_s+(U_0-U_s)\mathrm{e}^{-\frac{t}{RC}} \tag{3.10}$$

它是由稳态分量和暂态分量组合而成。

电路中电流 $i=C\dfrac{\mathrm{d}u_C}{\mathrm{d}t}=\dfrac{U_s-U_0}{R}\mathrm{e}^{-\frac{t}{RC}}$ $\tag{3.11}$

图 3.11(a、b)给出了电压 $u_C$ 及电流 $i$ 随时间 $t$ 变化的曲线。

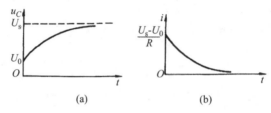

(a)　　　　　　(b)

图 3.11 $u_C$、$i$ 变化曲线($U_0<U_s$)

由图 3.11 曲线可以看出，当电容初始值 $U_0<U_s$ 时，则换路后，电源 $U_s$ 对电容器继续充电，使电容电压按指数规律从初始值 $U_0$ 升高到稳态值 $U_s$；换路后的瞬间，$i_C=\dfrac{U_s-U_0}{R}$ 为最大，随着 $u_C$ 的升高，$i$ 按指数规律下降。

但当电容器初始值 $U_0>U_s$，则换路后，电容器不再被充电而要放电，$u_C$ 按指数规律由初始值 $U_0$ 逐渐下降到 $U_s$ 为止，而放电的电流为负值，与充电电流方向相反。$u_C$，$i$ 变化曲线如图 3.12 所示。

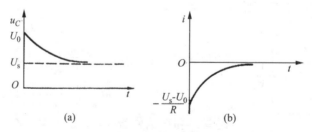

(a)　　　　　　(b)

图 3.12 $u_C$、$i$ 变化曲线($U_0>U_s$)

如果电容初始电压 $U_0=U_s$，这时 $i=0$，换路后电路立即进入稳态，不发生过渡过程。

#### 3.2.2.2 零状态

若换路前电容器没有储能，即 $u_C(0_-)=0$ 称为零状态，根据换路定律，有 $u_C(0_+)=u_C(0_-)=0$，代入(3.3)式中，得

$$u_C(0_+) = U_s + A = 0$$

故
$$A = -U_s$$

微分方程的解为

$$u_C = U_s - U_s e^{-\frac{t}{RC}} \tag{4.12}$$

电路中电流

$$i = C\frac{\mathrm{d}u_C}{\mathrm{d}t} = \frac{U_s}{R}e^{-\frac{t}{RC}}$$

图 3.13 给出 $u_C$, $i$ 随时间变化的曲线。

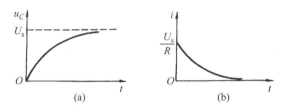

图 3.13　$u_C$、$i$ 变化曲线

这种情况实际上是直流电压 $U_s$ 通过电阻对电容器进行充电的物理过程。充电时,电容上的电压从零按指数规律增加,最后趋于电源电压 $U_s$,而电路中电流在换路后瞬间则从零跃变到 $\dfrac{U_s}{R}$,随即按指数规律衰减到零。电流衰减的快慢,也取决于时间常数 $\tau$ 的大小。

由此得出经典法步骤:

(1) 根据换路后的电路列写出微分方程;

(2) 求出特解(稳态分量)$U'_C$;

(3) 求齐次方程的通解(暂态分量)$U''_C$;

(4) 由电路的初始值确定积分常数。

另外,对于复杂一些的电路,可由戴维南定理将储能元件以外的电路化简为一个电动势和内阻串联的简单电路,然后利用经典法的步骤。

**[例3.4]** 图 3.14(a)中,$U=9\text{V}$,$R_1=6\text{k}\Omega$,$R_2=3\text{k}\Omega$,$C=1000\text{pF}$,$U_C(0_-)=0$,求 $S$ 闭合后的 $U_C$。

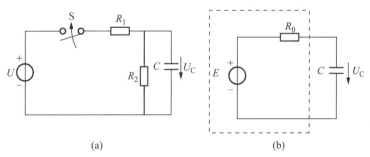

图 3-14　例 3.4 图

**解**　用戴维南定理将储能元件 $C$ 以外的电路等效化简为一个电动势 $E$ 和内阻 $R_0$ 串联的简单电路,如图(b)所示,然后利用经典法的步骤求 $U_C$。

等效电路中:

$$E = \frac{R_2 U}{R_1 + R_2} = 3\text{V}$$

$$R_0 = \frac{R_1 R_2}{R_1 + R_2} = 2\text{k}\Omega$$

电路的时间常数 $\tau$:

$$\tau = R_0 C = 2 \times 10^{-6}\,\text{s}$$

由式(3.12)得

$$U_C = E(1 - \text{e}^{-\frac{t}{\tau}})$$
$$= 3(1 - \text{e}^{-5 \times 10^5 t})(\text{V})$$

## 3.3　一阶电路过渡过程的三要素法

从上述 $RC$ 一阶电路过渡过程的分析可知,电路中的电流、电压都是随时间按指数规律变化的,从初始值逐渐增加或逐渐衰减到稳态值,而且同一电路中各支路的电压和电流都是以相同的时间常数 $\tau$ 变化的,因此在过渡过程中,电路中各部分的电压或电流均由初始值、稳态值和时间常数三个要素确定。若以 $f(0_+)$ 表示初始值,$f(\infty)$ 表示稳态值,电路的时间常数为 $\tau$,则 $t=0$ 换路后电压、电流便可按三要素公式来计算:

$$f(t) = f(\infty) + [f(0_+) - f(\infty)]\text{e}^{-\frac{t}{\tau}}, t \geqslant 0 \tag{3.13}$$

初始值及稳态值的计算,按前两节所述方法进行。

时间常数:　　　　　$\tau = RC$

这里,$R$ 是指换路后($t \geqslant 0$),从储能元件 $C$ 或 $L$ 两端看进去的电路其余部分的戴维南或诺顿等效电路的等效电阻。计算 $R$ 时,应将 $C$ 或 $L$ 断开,并将电路中所有的独立源为零(即电压源短路,电流源断路),求出输入电阻。

必须指出,三要素法只适用于一阶线性电路,且只适用于零输入、直流激励、正弦激励及阶跃激励;对于二阶电路则不适用。

下面举例说明三要素法的应用。

[**例 3.5**]　在图 3.15 所示电路中,$R_1 = 10\,\Omega$,$R_2 = 30\,\Omega$,$C = 4\,\mu\text{F}$,$U_s = 10\,\text{V}$,试求开关闭合后电容上电压及电流的变化规律,换路前电容初始储能为零。

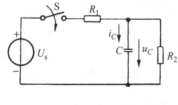

图 3.15　例 3.5 图

**解**　利用三要素法求电容上电压及电流的变化规律。

(1) 求 $u_C(0_+)$,$i_C(0_+)$。由换路定律得

$$u_C(0_+) = u_C(0_-) = 0$$

在 $t = 0_+$ 时换路,电容可视为短路,

故　　　　　$$i_C(0_+) = \frac{U_s}{R_1} = \frac{10}{10} = 1\,(\text{A})$$

(2) 求 $u_C(\infty)$,$i_C(\infty)$。达到稳态时电容相当于开路,

故

$$u_C(\infty) = U_s \frac{R_2}{R_1 + R_2} = 10 \times \frac{30}{10 + 30} = 7.5\,(\text{V})$$

$$i_C(\infty) = 0$$

（3）求 $\tau$。

$$\tau = RC = \frac{R_1 \cdot R_2}{R_1 + R_2} \cdot C = \frac{10 \times 30}{10 + 30} \times 4 \times 10^{-6} = 3 \times 10^{-5}\,(\text{s})$$

（4）由三要素公式（3.13）可写出：

$$u_C = u_C(\infty) + [u_C(0_+) - u_C(\infty)]\text{e}^{-\frac{t}{\tau}}$$
$$= 7.5 + [0 - 7.5]\text{e}^{-\frac{t}{3 \times 10^{-5}}}$$
$$= 7.5(1 - \text{e}^{-\frac{t}{3 \times 10^{-5}}})\,(\text{V})$$
$$i_C = i_C(\infty) + [i_C(0_+) - i_C(\infty)]\text{e}^{-\frac{t}{\tau}}$$
$$= 1 \cdot \text{e}^{-\frac{t}{3 \times 10^{-5}}}\,(\text{A})$$

电流 $i_C$ 亦可由 $i_C = C\dfrac{\text{d}u_C}{\text{d}t}$ 求得。

$u_C, i_C$ 变化曲线如图 3.16 所示。

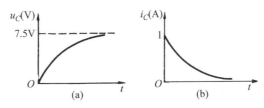

图 3.16　$u_C, i_C$ 变化曲线

[**例 3.6**]　如图 3.17 所示电路，换路前电路已处于稳态，在 $t = 0$ 时开关 S 由位置 1 扳到位置 2，已知 $U_{s_1} = 10\,\text{V}, U_{s_2} = 6\,\text{V}, R_1 = 3\,\text{k}\Omega, R_2 = 2\,\text{k}\Omega, C = 4\,\mu\text{F}$，求 $u_C$、$i_C$。

**解**　依题意，开关 S 原置于位置 1，电路已达稳态，则电容上电压 $u_C(0_-) = 10\,\text{V}$。

由换路定律

$$u_C(0_+) = u_C(0_-) = 10\,\text{V}$$

在 $t = 0$ 时开关 S 由位置 1 扳到位置 2，则电路处于非零状态，但由于 $u_C(0_+) > U_{s_2}$，故换路后，电容通过电阻 $R_2$ 放电，电容电压由初始值 $u_C(0_+)$ 下降到 $U_{s_2}$ 为止，达到新的稳定状态，

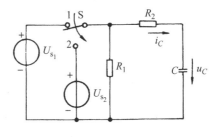

图 3.17　例 3.6 图

故　　　　　　　　　　　　　$u_C(\infty) = 6\,(\text{V})$

求 $\tau$，　　　　　$\tau = R_2 C = 2 \times 10^3 \times 4 \times 10^{-6} = 8 \times 10^{-3}\,(\text{s})$

由公式（3.13）可写出：

$$u_C = u_C(\infty) + [u_C(0_+) - u_C(\infty)]\text{e}^{-\frac{t}{\tau}}$$
$$= 6 + [10 - 6]\text{e}^{-\frac{t}{8 \times 10^{-3}}}$$
$$= 6 + 4\text{e}^{-125t}\,(\text{V})$$
$$i_C = C\frac{\text{d}u_C}{\text{d}t} = 4 \times 10^{-6} \times [4 \times (-125)\text{e}^{-125t}]$$
$$= -2 \times 10^{-3} \times \text{e}^{-125t}\,(\text{A})$$

式中负号表示放电电流方向与原参考方向相反。另外，$i_C$ 也可由三要素公式求出，这里不再

列出。

图 3.18 画出了 $u_C$, $i_C$ 的变化曲线。

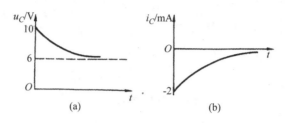

图 3.18    $u_C$、$i_C$ 的变化曲线

# 3.4    *RL* 串联电路的过渡过程

R 与 L 串联电路也是一阶电路,其过渡过程的分析方法及物理过程与 RC 串联电路相同,只不过电感元件中电流不能突变,而一阶电路的三要素法也完全适用于 RL 串联电路。

图 3.19 所示电路为 RL 串联电路。

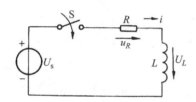

图 3.19    *RL* 电路过渡过程

在 $t=0$ 时换路,$RL$ 电路接到电压源 $U_s$ 上。根据基尔霍夫定律,可得换路后的电路方程:

$$u_R + u_L = U_s$$

而 $u_R = i \cdot R$,以 $u_L = L \dfrac{\mathrm{d}i}{\mathrm{d}t}$ 代入,可得

$$L\frac{\mathrm{d}i}{\mathrm{d}t} + i \cdot R = U_s \tag{3.14}$$

该方程也是一个一阶常系数非齐次微分方程,其方程结构与 RC 串联电路中的式(3.8)相同,其解答也由特解及对应的齐次方程的通解两部分组成,求解过程也相同。现在用三要素法求解,分三种情况讨论。

### 3.4.1    零状态

换路前,若电感初始没有储能,则 $t=0$ 时根据换路定律有 $i_L(0_+) = i_L(0_-) = 0$。

换路后,电路达到稳态时,电感对直流相当于短路,故

$$i_L(\infty) = \frac{U_s}{R}$$

电路的时间常数 $\tau = \dfrac{L}{R}$。

由三要素法可以写出通过电感的电流为

$$i_L = i_L(\infty) + [i_L(0_+) - i_L(\infty)]\mathrm{e}^{-\frac{t}{\tau}}$$

$$= \frac{U_s}{R}(1 - \mathrm{e}^{-\frac{t}{\tau}}) \tag{3.15}$$

电阻和电感上电压的变化规律分别为

$$u_R = i \cdot R = U_s(1 - \mathrm{e}^{-\frac{t}{\tau}}) \tag{3.16}$$

$$u_L = L \frac{\mathrm{d}i_L}{\mathrm{d}t} = U_s \mathrm{e}^{-\frac{t}{\tau}} \tag{3.17}$$

$i_L$、$u_R$、$u_L$ 变化曲线如图 3.20 所示。

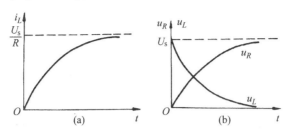

图 3.20　$i_L$、$u_L$、$u_R$ 随时间变化曲线

可见,电流 $i_L$ 由零按指数规律增加而最后趋于稳态值 $\dfrac{U_s}{R}$,电感电压 $u_L$ 则由零跃变到 $U_s$ 后立即按同一指数规律衰减而最后趋于零,电阻上电压 $U_R$ 由零也按同一指数规律增长而趋于 $U_s$,在任何时刻 $U_R$ 与 $U_L$ 之和始终等于 $U_s$。

$RL$ 电路的时间常数 $\tau = \dfrac{L}{R}$,它同样具有时间的量纲,它也表征 $RL$ 串联电路过渡过程的快慢。当 $i$ 及 $R$ 为常数时,$L$ 越大,电感中储存的磁场能量就越多,能量转换过程就越长,$\tau$ 就越大;$R$ 越小,则在同样的电流及 $L$ 条件下,电感储能不变则电阻耗能就越少,因而能量转换的时间就越长,$\tau$ 也越大,这都使过渡过程变慢。

[例 3.7]　图示电路中已知 $U_s = 18\,\mathrm{V}, R_1 = 6\,\Omega, R_2 = 4\,\Omega, R_3 = 1.2\,\Omega, L = 10\,\mathrm{H}$,开关 S 闭合前电路无储能,求开关闭合后的 $i_L$、$u_L$。

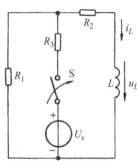

图 3.21　例 3.7 图

**解**　依题意,换路前电路中无储能,即

$$i_L(0_+) = i_L(0_-) = 0$$

换路后,电感中的电流按指数规律逐渐增加,最后达到稳态。

则

$$i_L(\infty) = \frac{U_s}{R_3 + \dfrac{R_1 \cdot R_2}{R_1 + R_2}} \cdot \frac{R_1}{R_1 + R_2}$$

$$= \frac{18}{1.2 + \dfrac{6 \times 4}{6 + 4}} \times \frac{6}{6 + 4} = 3\,(\mathrm{A})$$

求 $\tau$,

$$\tau = \frac{L}{R} = \frac{L}{R_2 + \dfrac{R_1 \cdot R_3}{R_1 + R_3}} = \frac{10}{4 + \dfrac{6 \times 1.2}{6 + 1.2}} = 2\,(\mathrm{s})$$

故

$$i_L = i_L(\infty) + [i_L(0_+) - i_L(\infty)]\mathrm{e}^{-\frac{t}{\tau}}$$

$$= 3(1 - \mathrm{e}^{-\frac{t}{2}})\,\mathrm{A}$$

$$u_L = L \frac{\mathrm{d}i_L}{\mathrm{d}t} = 10 \times 3 \times \frac{1}{2} \mathrm{e}^{-\frac{t}{2}} = 15\mathrm{e}^{-\frac{t}{2}}\,\mathrm{V}$$

### 3.4.2 非零状态

如图 3.22 所示,开关 S 原在打开位置,电路已处于稳态,这时电感中的电流

$$i(0_-) = \frac{U_s}{R_1 + R_2} = I_0$$

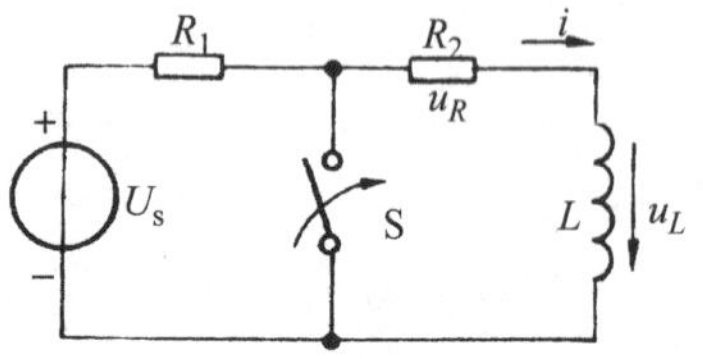

根据换路定律,换路后 $i(0_+) = i(0_-) = I_0$

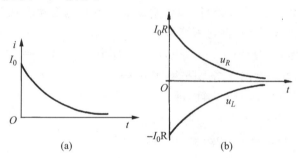

换路后,电感中的初始储能通过电阻 $R_2$ 释放,随着时间的增长,磁场能量越来越小,电流也逐渐衰减,最终电感储能全部被电阻消耗,这时电路中的电流,电感上的电压,电阻上的电压都为零。达稳态后,$i(\infty) = 0$。

图 3.22 $RL$ 电路过渡过程

由初始值、稳态值及时间常数 $\tau$ 按三要素法可以写出电感中的电流

$$i = i(\infty) + [i(0_+) - i(\infty)]e^{-\frac{t}{\tau}} = I_0 e^{-\frac{t}{\tau}} \tag{3.18}$$

电阻上的电压
$$u_R = iR = I_0 R e^{-\frac{t}{\tau}} \tag{3.19}$$

电感上的电压
$$u_L = L\frac{\mathrm{d}i}{\mathrm{d}t} = -I_0 R e^{-\frac{t}{\tau}} \tag{3.20}$$

$i$、$u_L$、$u_R$ 变化曲线如图 3.23 所示。

图 3.23 $i$、$u_R$、$u_L$ 变化曲线

**[例 3.8]** 如图 3.24 所示电路,$U_s = 10\,\mathrm{V}$,$R_1 = 2\,\mathrm{k\Omega}$,$R_2 = R_3 = 4\,\mathrm{k\Omega}$,$L = 200\,\mathrm{mH}$,开关 S 断开前电路已处于稳态,当 $t = 0$ 时将开关 S 打开,求 $i_L$、$u_L$。

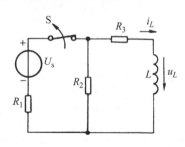

**解** 开关 S 换路前电路已达稳态,对直流,电感相当于短路,则

$$i_L(0_-) = \frac{U_s}{R_1 + \dfrac{R_2 \cdot R_3}{R_2 + R_3}} \cdot \frac{R_2}{R_2 + R_3}$$

$$= \frac{10}{2+2} \times \frac{1}{2} = 1.25\,(\mathrm{mA})$$

由换路定律有

图 3.24 例 3.8 图

$$i_L(0_+) = i_L(0_-) = 1.25\,\mathrm{mA}$$

换路后,电感的初始储能通过电阻 $R_2$、$R_3$ 释放,电感中的电流按指数规律衰减,达稳态后,储能全部释放完毕,电感电流降至零。

故
$$i_L(\infty) = 0$$

求时间常数：$\tau = \dfrac{L}{R} = \dfrac{L}{R_2 + R_3} = \dfrac{200 \times 10^{-3}}{(4+4) \times 10^3} = 2.5 \times 10^{-5}$ (s)

由 $i_L(0_+), i_L(\infty)$ 及 $\tau$ 按三要素法可以求出

$$i_L = i_L(\infty) + [i_L(0_+) - i_L(\infty)] e^{-\frac{t}{\tau}}$$

$$= 1.25 e^{-\frac{t}{2.5 \times 10^{-5}}} = 1.25 e^{-4 \times 10^4 t} \text{ (mA)}$$

$$u_L = L \frac{\mathrm{d}i_L}{\mathrm{d}t} = 200 \times 10^{-3} \times (-1.25 \times 4 \times 10^4) e^{-4 \times 10^4 t}$$

$$= -10 e^{-4 \times 10^4 t} \text{ (V)}$$

### 3.4.3　RL 串联电路的开断

如图 3.25 所示电路，S 打开前电路已处于稳态，流过电感的电流为 $\dfrac{U_s}{R_1}$。如果突然断开开

关 S，则这时电感中电流的变化率 $\dfrac{\mathrm{d}i}{\mathrm{d}t}$ 很大，将使线圈两端产生很大的自感电动势 $e_L = -L \dfrac{\mathrm{d}i}{\mathrm{d}t}$，

可能使开关触点被击穿而产生电弧放电，致使开关触点被烧坏，引起人身及设备事故。

为防止开断电感性电路时所产生的高压，常在电感线圈两端并联一个二极管，其接法如图 3.26 所示。开关 S 打开前，二极管处于反向截止状态不导通；开关断开时，电感线圈中电流通过二极管正向电阻放电，而按指数规律逐渐衰减到零，这样就避免了产生高压，这个二极管又称续流二极管。

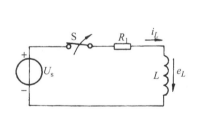

图 3.25　RL 电路的开断

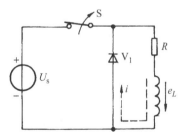

图 3.26　并联二级管的 RL 电路

图 3.27 为某一控制电路的输出级，J 为直流继电器线圈，$V_1$ 为续流二极管，三极管 $V_2$ 由饱和导通状态迅速截止时，将在线圈两端产生很高的自感电动势，但由于二极管的正向导通，使线圈中的磁能通过二级管释放，线圈中电流逐渐下降，避免了三极管 $V_2$ 承受过高的电压而击穿。

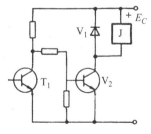

图 3.27

［例 3.9］　电感线圈两端并联一量程为 50 V 的电压表，内阻 $R_V$ 为 20 kΩ，已知电源电压 $U_s = 36$ V，$R = 10$ Ω，开关 S 打开前电路已处于稳态，求开关断开瞬间电压表两端所承受的电压。电路如图 3.28 所示。

**解**　开关 S 打开前电路已处于稳态，这时线圈中的电流

$$i_L(0_-) = \frac{U_s}{R} = \frac{36}{10} = 3.6 \text{ (A)}$$

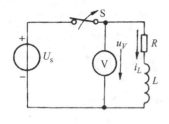

图 3.28　例 3.9 图

开关打开瞬间,由于电感线圈中的电流不能突变,故 $i_L(0_+)=3.6$ A。该电流要流过电压表,由于电压表内阻 $R_V$ 很大,故换路瞬间,电压表两端承受的电压

$$u_V=-i_L(0_+) \cdot R_V=-3.6 \times 20 \times 10^3$$
$$=-72 \text{(kV)}$$

将使电压表损坏。

# 3.5　微分电路和积分电路

$RC$ 电路的充放电基本规律在电子技术、自动控制系统、计算机技术等领域应用十分广泛。

在简单的 $RC$ 电路中,如果适当选择电路的参数及输出端,便可使输出电压与输入电压之间构成微分或积分的关系,相应的电路就称为微分电路或积分电路。

### 3.5.1　微分电路

图 3.29 所示的 $RC$ 电路,输入电压 $u_i$ 为一个幅度为 $U$、宽度为 $t_p$ 的矩形脉冲波,输出电压 $u_2$ 由电阻 $R$ 两端取出,且选择阻值 $R$ 很小,时间常数 $\tau=RC$ 也很小,$\tau \ll t_p$,电容充放电很快。

$t=0$ 时刻,输入矩形脉冲突然由零跃变为 $U$ 作用于 $RC$ 电路,由于电容没有初始储能,故 $u_C(0_+)=u_C(0_-)=0$,则这一瞬间电阻两端

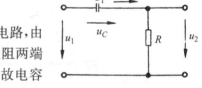

图 3.29　微分电路

电压 $u_2(0_+)=U$;由于 $\tau$ 很小,故电容迅速充电,电容电压 $u_C$ 按指数规律很快达到 $U$,相应地电阻端电压 $u_2$ 则由

初始值很快地衰减为 0,形成一个幅度为 $U$ 的正尖脉冲输出,如图 3.30 所示。

在 $t=t_1$ 时刻,输入脉冲 $u_i=0$,输入端相当于被短路,此时刻输出电压 $u_2=-u_C=-U$,而电容电压 $u_C$ 通过电阻 $R$ 迅速放电,由初始值 $U$ 按指数规律衰减,电阻端电压 $u_2$ 由 $|U|$ 亦迅速衰减,输出端得到幅度为 $U$ 的负尖脉冲。

若输入是周期性的矩形脉冲,则输出便得到周期性的正负尖脉冲。这常用于波形的变换。

从图 3.30 中还可以看出,当时间常数 $\tau$ 很小时,电容充放电很快,则电容上的电压基本上与输入电压相等,即

$$u_i = u_C + u_2 \approx u_C,$$

因而输出电压

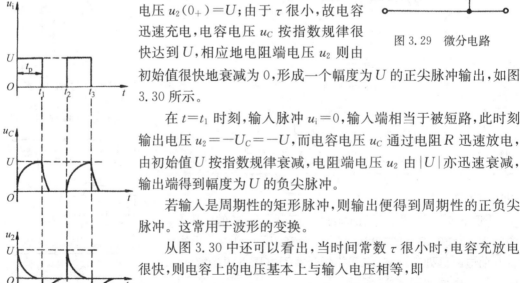

图 3.30　微分电路的波形

$$u_2 = u_R = i \cdot R = RC \frac{du_C}{dt}$$

$$\approx RC\,\frac{\mathrm{d}u_\mathrm{i}}{\mathrm{d}t}$$

上式表明,当 $\tau \ll t_\mathrm{p}$ 时,输出电压与输入电压之间为微分关系。

　　如果改变电路的参数,使时间常数增大,则由于充放电的快慢不同,则输出波形也相应地发生变化。当 $\tau \gg t_\mathrm{p}$ 时,电容充放电十分缓慢,输出波形就近似于输入波形,则电路已不是微分电路,而作为耦合电路使用了。

　　$RC$ 微分电路具有两个条件:①$\tau \ll t_\mathrm{p}$(一般 $\tau < 0.2t_\mathrm{p}$);②从电阻端输出。

　　在脉冲电路中,常应用微分电路把矩形脉冲变换为尖脉冲,作为触发信号。

### 3.5.2　积分电路

　　如果将图 3.29 电路中的输出由电容端取出,并选择电路的时间常数 $\tau = RC$ 很大($\tau \gg t_\mathrm{p}$),则构成了积分电路,如图 3.31 所示。

　　由于电路时间常数 $\tau \gg t_\mathrm{p}$,则在 $t = 0$ 时刻,输入矩形脉冲从零跃变到 $U$ 作用于 $RC$ 电路上,电容电压按指数规律缓慢上升,远未达到稳态值 $U$ 时,输入脉冲已消失,此后电容经电阻 $R$ 放电,过程十分缓慢,在放电还未放完时,第二个输入脉冲又到来,于是电容又继续充电,重复上述过程,而形成锯齿波输出。电路的时间常数越大,充放电过程也就越慢,锯齿波线性越好。

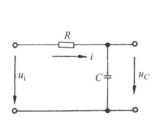

图 3.31　积分电路

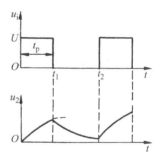

图 3.32　积分电路的波形

　　从图 3.32 中还可以看出,当时间常数 $\tau$ 很大时,电容的充放电十分缓慢,在输入脉冲作用期间,电容端电压较小且变化不大,可以近似认为电阻端的电压基本上就是输入电压,即

$$u_i = u_R + u_C \approx u_R = iR$$
$$= RC\,\frac{\mathrm{d}u_C}{\mathrm{d}t} = RC\,\frac{\mathrm{d}u_2}{\mathrm{d}t},$$

因而输出电压

$$u_2 = \frac{1}{RC}\int u_i \cdot \mathrm{d}t$$

　　可见,输出电压 $u_2$ 与输入电压 $u_i$ 之间近似积分关系。

　　在脉冲电路中,可应用积分电路把矩形脉冲电压变换为锯齿波电压,作扫描等用。

### 本章小结

　　(1) 由于能量不能突变,所以含有储能元件 $L$、$C$ 的电路换路时,便产生从一种稳定状态过渡到另一种稳定状态的变化过程,这个过程就是电路的过渡过程。

（2）换路定律的数学表达式：

$u_C(0_+)=u_C(0_-)$，表示电容上的电压不能突变；

$i_L(0_+)=i_L(0_-)$，表示电感中的电流不能突变；

而电容电流 $i_C$ 及电感电压 $u_L$ 却是可以突变的。

（3）过渡过程的快慢由电路的时间常数 $\tau$ 来决定，在 RC 电路中，$\tau=RC$；在 RL 电路中，$\tau=\dfrac{L}{R}$，单位为秒，它表示由初始值到稳态值达到总变化量的 36.8% 所需要的时间。当 $t=(3)$ $\tau$ 后即可认为电路已达到了稳态。

（4）含有一个储能元件的一阶电路的过渡过程，可用三要素法求解，即只要确定了初始值 $f(0_+)$、稳态值 $f(\infty)$ 和时间常数 $\tau$，便可用公式 $f(t)=f(\infty)+[f(0_+)-f(\infty)]e^{-\frac{t}{\tau}}$，求出待求量。

（5）微分电路、积分电路均为 RC 电路的应用，由于时间常数及输出电压端取出的位置不同，它们的输出波形也就不同。

微分电路从电阻两端输出，其电路参数满足 $\tau=RC\ll t_p$（脉冲宽度），它可将矩形脉冲转换为正负尖脉冲；积分电路从电容两端输出，电路参数满足 $\tau\gg t_p$，它的输出为锯齿波。

**习题**

3.1 图 3.33 电路中，已知 $U_s=100\text{ V}$，$R_1=20\ \Omega$，$R_2=30\ \Omega$，求开关闭合以后 $u_C(0_+)$，$i_C(0_+)$ 及 $u_C(\infty)$，$i_C(\infty)$。

3.2 图 3.34 电路中，已知 $U_s=20\text{ V}$，$R_1=2\text{ k}\Omega$，$R_2=8\text{ k}\Omega$，$R_3=3\text{ k}\Omega$，电路无初始储能，求开关闭合后 $i_1(0_+)$，$i_2(0_+)$，$i_3(0_+)$，$u_C(0_+)$，$u_L(0_+)$ 及 $i_1(\infty)$，$i_2(\infty)$，$i_3(\infty)$，$u_C(\infty)$，$u_L(\infty)$。

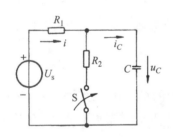

图 3.33 习题 3.1 图

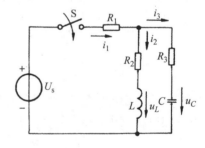

图 3.34 习题 3.2 图

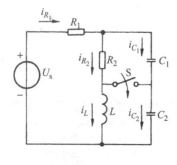

图 3.35 习题 3.3 图

3.3 图 3.35 电路，已知 $U_s=60\text{ V}$，$R_1=10\ \Omega$，$R_2=5\ \Omega$，$L=1\text{ H}$，$C_1=C_2=2\ \mu\text{F}$，开关 S 闭合前电路已处于稳态，求开关闭合后 $i_L(0_+)$，$i_{R_1}(0_+)$，$i_{R_2}(0_+)$，$i_{C_1}(0_+)$，$i_{C_2}(0_+)$。

3.4 图 3.36 电路中，已知 $U_s=10\text{ V}$，$R_1=2\ \Omega$，$R_2=8\ \Omega$，$L=1\text{ H}$，求开关 S 闭合后的 $i_L(0_+)$，$i(0_+)$，$u_L(0_+)$ 及 $i_L(\infty)$，$i(\infty)$，$u_L(\infty)$。

3.5 如图 3.37 所示电路中，已知 $U_s=12\text{ V}$，$R_1=2\ \Omega$，$R_2=4\ \Omega$，$L=10\text{ mH}$，开关闭合前电路已处于稳态，求开关闭合后的 $i(0_+)$，$i_L(0_+)$，$u_L(0_+)$ 及 $i(\infty)$，$i_L(\infty)$，$u_L(\infty)$。

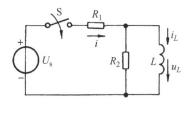

图 3.36 习题 3.4 图

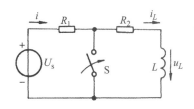

图 3.37 习题 3.5 图

3.6 求图 3.38 所示各电路中,换路后的时间常数。

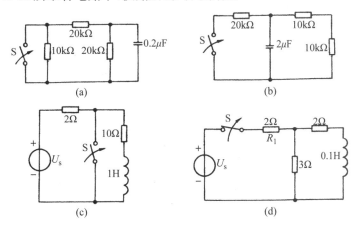

图 3.38 习题 3.6 图

3.7 如图 3.39 所示电路中,已知 $I_s = 2\,\text{A}, R_1 = 2\,\Omega, R_2 = 6\,\Omega, C = 4\,\mu\text{F}$, 开关 S 闭合前电路处于稳态,求开关闭合后的 $u_C, i_C$。

3.8 如图 3.40 电路中,已知 $U_s = 10\,\text{V}, R_1 = 2\,\text{k}\Omega, R_2 = 3\,\text{k}\Omega, C = 1\,\mu\text{F}$, 电路已处于稳态,在 $t = 0$ 时,开关 S 由"1"扳向"2",求换路后的 $u_C, i_C, u_{R_1}$。

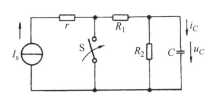

图 3.39 习题 3.7 图

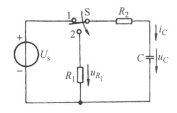

图 3.40 习题 3.8 图

3.9 图 3.41 电路中电容已被充电到 20 V, $R_1 = R_2 = 400\,\Omega, R_3 = 800\,\Omega, R_4 = 600\,\Omega, C = 50\,\mu\text{F}$, 求开关 S 闭合后经过多少时间,放电电流下降到 5 mA, 1 mA。

3.10 图 3.42 电路,已知 $I_s = 2\,\text{A}, R_1 = 6\,\Omega, R_2 = 8\,\Omega, R_3 = 2\,\Omega, C = 0.5\,\mu\text{F}$, 求换路后的 $u_C$。

3.11 图 3.43 电路中,已知 $U_s = 12\,\text{V}, R_1 = 10\,\text{k}\Omega, R_2 = 10\,\text{k}\Omega, R_3 = 10\,\text{k}\Omega, C = 2\,\mu\text{F}$, 换路前电容无初始储能,求换路后的 $u_C, i_C$。

3.12 图 3.44 所示电路原处于稳态,已知 $R_1 = 5\,\text{k}\Omega, R_2 = 10\,\text{k}\Omega, C = 0.1\,\mu\text{F}, U_s = 10\,\text{V}, t = 0$ 时,开关 $S_1$ 打开, $S_2$ 闭合,求 $u_C$。

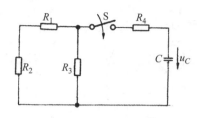

图 3.41 习题 3.9 图

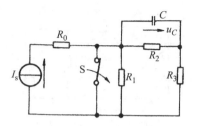

图 3.42 习题 3.10 图

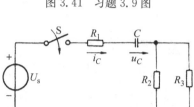

图 3.43 习题 3.11 图

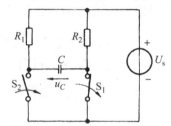

图 3.44 习题 3.12 图

3.13 图 3.45 所示电路中,已知 $U_s = 5\,\mathrm{V}, R_1 = 2\,\Omega, R_2 = 1\,\Omega, R_3 = 3\,\Omega, L = 1\,\mathrm{H}, C = 1\,\mathrm{F}$,开关 S 打开前电路处于稳态,求换路后 $u_C, i_1$。

3.14 图 3.46 电路中,已知 $I_s = 6\,\mathrm{A}, R_1 = 2\,\Omega, R_2 = 4\,\Omega, L = 2\,\mathrm{H}$,开关 S 换路前电路处于稳态,$t = 0$ 时刻开关 S 由位置"1"扳到"2",求 $i, u_L$。

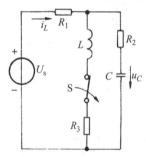

图 3.45 习题 3.13 图

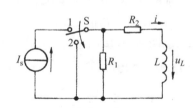

图 3.46 习题 3.14 图

3.15 图 3.47 电路中,已知 $U_s = 6\,\mathrm{V}, R_1 = R_2 = 6\,\mathrm{k}\Omega, L = 2\,\mathrm{mH}$,换路前电路处于稳态,$t = 0$ 时开关闭合,求 $i_L$。

3.16 图 3.48 电路中,已知 $U_s = 10\,\mathrm{V}, R_1 = 3\,\Omega, R_2 = 3\,\Omega, R_3 = 6\,\Omega, L = 2\,\mathrm{H}$,开关 S 闭合

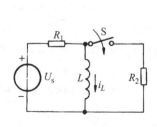

图 3.47 习题 3.15 图

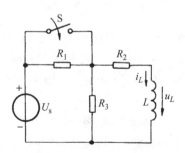

图 3.48 习题 3.16 图

前电路处于稳态,$t=0$ 时刻开关 S 闭合,求 $i_L$,$u_L$。

3.17 图 3.49 电路中,已知 $U_s=6\,\text{V}$,$R_1=1\,\text{k}\Omega$,$R_2=3\,\text{k}\Omega$,$R_3=2\,\text{k}\Omega$,$L=0.01\,\text{H}$,电路原已处于稳态,$t=0$ 时开关 S 闭合,求 $i_L$。

3.18 图 3.50 电路中,已知 $U_s=30\,\text{V}$,$C_1=0.2\,\mu\text{F}$,$R_1=100\,\Omega$,$C_2=\dfrac{1}{2}C_1$,$R_2=2R_1$,电路原已处于稳态,求开关 S 断开后的 $i$ 及 $u_C$,$u_{C_2}$。

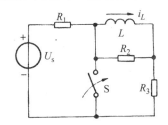

图 3.49 习题 3.17 图

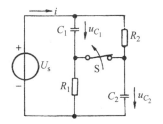

图 3.50 习题 3.18 图

3.19 图 3.51(a)电路中,输入波形如图 3.51(b)所示,试绘出输出电压 $u_2$ 的波形,并说明电路的性质。已知 $R=2\,\Omega$,$C=0.1\,\mu\text{F}$。

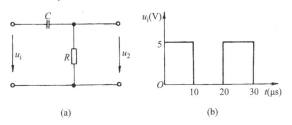

(a)                    (b)

图 3.51 习题 3.19、3.20 图

3.20 图 3.51(a)中,电容 $C$ 改为 $100\,\mu\text{F}$,输出电压从电容两端取出,试绘出输出电压的波形,并说明电路的性质。

# 第4章　磁路与变压器

**【内容提要】** 变压器利用电磁感应原理,将一种交流的电压和电流转换成相同频率的另一种交流的电压和电流。不仅可以变换电压和电流,而且还可以变换阻抗。本章主要叙述磁路的基本知识,单相和三相变压器的基本结构、工作原理、运行特性、铭牌等内容,简单介绍一些特殊用途的变压器。

**【学习要求】** 理解磁路的概念,掌握交流铁心线圈的电磁关系;了解变压器的结构,理解变压器的基本工作原理。理解变压器空载、负载的运行特性,掌握电压、电流和阻抗的变换原理。了解自耦变压器、电压互感器、电流互感器的工作原理及应用范围。

变压器和电动机是两种最常用的动力设备,就其原理而言,都是以电磁感应作为工作基础的。本章首先介绍磁路的基本知识,然后学习变压器的工作原理和基本特征。

## 4.1　磁路

常用的电工设备,例如变压器、电动机以及许多电器和电工仪表等都是以电磁感应为工作基础的。因此,在工作时都会产生磁场。为了把磁场聚集在一定的空间范围内,以便加以控制和利用,就必须用高磁导率的铁磁材料做成一定形状的铁芯,使之形成一个磁通的路径,使磁通的绝大部分通过这一路径而闭合。磁通经过的闭合路径称为磁路。

磁路和电路往往是相关联的,因此我们要研究磁路与电路的关系以及磁与电的关系。

本章中提到的磁场的基本物理量已在物理课中讲过,可以自学复习。

### 4.1.1　铁磁材料的磁性能

铁磁材料是指钢、铁、镍、钴及其合金等材料,它有广泛的用途,是制造变压器、电机和电器铁芯的主要材料。

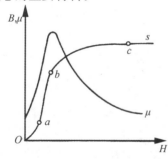

图 4.1　铁磁材料 **B-H**、$\mu$-H 曲线

#### 4.1.1.1　磁化曲线和磁滞回线

高导磁性能是铁磁材料的主要特点。除此之外,铁磁材料还具有磁饱和及磁滞的特点。铁磁材料被放入磁场强度为 $H$ 的磁场内,会受到强烈的磁化。当磁场强度 $H$ 由零逐渐增加时,磁感应强度 $B$ 随之变化的曲线称为磁化曲线,如图 4.1 所示。

由于 $\boldsymbol{B}=\mu\boldsymbol{H}$,根据 $\boldsymbol{B\text{-}H}$ 曲线,可知铁磁材料的磁导率 $\mu$ 不是常数,它随外磁场变化的曲线($\mu$-H 曲线)也画在图 4.1 上。由曲线可知,$\boldsymbol{B\text{-}H}$ 关系是非线性的,铁磁材料在

磁化起始的 $Oa$ 段和进入饱和后的 $cs$ 段的 $\mu$ 值变化均不大；但在 $ab$ 段的 $\mu$ 值很大，特别是在 $b$ 点附近，$\mu$ 可达最大值。这时，铁磁材料中的磁感应强度较真空或空气中大得多，表现出铁磁材料具有较高导磁性能的特点。这就是为什么在电气工程上广泛应用铁磁材料构成电机、变压器及各种电工仪表的磁路，并且使材料工作在 $ab$ 段范围内的原因。

所谓磁滞，就是在外磁场 $H$ 值作正负变化的反复磁化过程中，铁磁材料中磁感应强度 $B$（即磁化状态）的变化总是落后于外磁场的变化。铁磁材料经反复磁化后，可得到一个如图 4.2 所示，近似对称于原点的闭合曲线，称为磁滞回线。

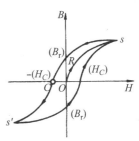

图 4.2　磁滞回线

当线圈中电流减小到零（即 $H=0$）时，铁芯中仍有一定的磁性 $B_r$ 称为剩磁。要去掉剩磁，应在反方向增加外磁场（$H$），通常是改变线圈中的电流方向，使 $B=0$ 所需的 $H_C$ 值，称为矫顽磁力，如图中 $C$ 点所示。

铁磁材料按其磁滞回线形状不同，可分成两类：一类称为软磁材料，如纯铁、铸铁、铸钢、硅钢及坡莫合金等，这类材料的磁滞回线狭窄，剩磁（$B_r$）和矫顽磁力（$H_C$）均较小，但导磁系数却较高，常用来做成电机、电器及变压器的铁芯；另一类叫硬磁材料，如碳钢、钨钢、钴钢及镍钴合金等，这类材料的磁滞回线较宽，剩磁（$B_r$）和矫顽磁力（$H_C$）都较大，被磁化后其剩磁不易消失，适宜做永久磁铁。

#### 4.1.1.2　磁滞损耗与涡流损耗

磁滞现象使铁磁材料在交变磁化的过程中产生磁滞损耗，它是铁磁物质内分子反复取向所产生的功率损耗。铁磁材料交变磁化一个循环在单位体积内的磁滞损耗与磁滞回线的面积成正比，因此软磁材料的磁滞损耗较小，常用在交变磁化的场合。

铁磁材料在交变磁化的过程中还有另一种损耗——涡流损耗。当整块铁芯中的磁通发生交变时，铁芯中会产生感应电动势，因而在垂直于磁感线的平面上产生感应电流，它围绕着磁感线成漩涡状流动，故称涡流，如图 4.3(a) 所示。涡流在铁芯的电阻上引起功率损耗称为涡流损耗。涡流损耗与铁芯厚度的平方成正比。如果像图 4.3(b) 所示那样，沿着垂直于涡流面的方向把整块铁芯分成许多薄片并彼此绝缘，这样就可以减少涡流损耗。因此交流电机和变压器的铁芯都用硅钢片叠成。此外，硅钢中因含有少量的硅，使铁芯中的电阻增大而涡流减小。

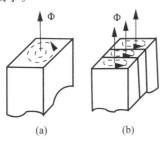

图 4.3　涡流

磁滞损耗和涡流损耗合称为铁损耗。它使铁芯发热，使交流电机、变压器及其他交流电器的功率损耗增加，温升增加，效率降低。但在某些场合，则可以利用涡流效应来加热或冶炼金属。

#### 4.1.2　磁路基本定律

为讨论方便起见，现以图 4.4 所示的无分支磁路为例加以说明。

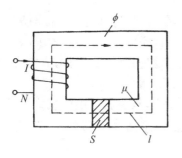

图 4.4　无分支磁路

设磁路由单一铁磁材料构成,其横截面为 $S$,$N$ 为匝数,磁路的平均长度为 $l$。利用全电流定律可以写出

$$IN = Hl = \frac{B}{\mu}l = \frac{\Phi}{\mu S}l$$

或

$$\Phi = \frac{IN}{\dfrac{l}{\mu S}} = \frac{F}{R_{\mathrm{m}}} \tag{4.1}$$

式(4.1)在形式上与电路的欧姆定律相似。磁路中的磁通 $\Phi$ 对应于电路中的电流 $I$;磁路中的磁动势 $F$ 对应于电路中的电动势 $E$;磁路中的磁阻 $R_{\mathrm{m}}$ 对应于电路中的电阻 $R$。式(4.1)称为磁路欧姆定律。

必须指出:虽然磁路与电路具有对照关系,但两者的物理本质是不同的。如电路开路时,有电动势存在但无电流,而在磁路中,即使磁路中存在空气隙,但只要有磁动势则必有磁通;在电路中,直流电流通过电阻时要消耗能量,而在磁路中,恒定磁通通过磁阻时并不消耗能量。

由于铁磁物质的导磁系数 $\mu$ 随励磁电流而变,则磁阻 $R_{\mathrm{m}}$ 是个变量,故本章所涉及的分析方法只对磁路作定性分析,不作定量计算。

## 4.2　变压器

### 4.2.1　变压器的用途、构造和分类

变压器是根据互感原理而制成的一种静止的电气设备,它的基本作用是变换交流电压,即把电压从某一数值的交流电变为同频率的、电压为另一数值的交流电。在输电方面,为了节省输电导线的用铜量和减少线路上的电压降及线路的功率损耗,通常利用变压器升高电压;在用电方面,为了用电安全,可利用变压器降低电压。此外,变压器还可用于变换电流大小(例如变流器、大电流发生器等),变换阻抗大小(例如电子线路中的输入变压器、输出变压器等)。

变压器的种类很多,根据其不同用途有:远距离输配电用的电力变压器;机床控制用的控制变压器;电子设备和仪器供电电源用的电源变压器;焊接用的焊接变压器;平滑调压用的自耦变压器;仪表用的互感器以及用于传递信号的耦合变压器等。

变压器虽然种类很多,用途各异,结构型式也很多,但其基本构造和工作原理是相同的,都由铁磁材料构成的铁芯和绕在铁芯上的线圈(亦称绕组)两部分组成。变压器常见的结构型式有两类:芯式变压器和壳式变压器。如图 4.5 所示,芯式变压器的特点是绕组包围铁芯,它的用铁量较少,构造简单,绕组的安装和绝缘处理比较容易,因此多用于容量较大的变压器中。壳式变压器如图 4.6 所示,其特点是铁芯包围绕组。这种变压器用铜量较少,多用于小容量的变压器。

铁芯是变压器的磁路部分,为了减少铁芯中的涡流损耗,铁芯通常用含硅量较高、厚度为 0.2～0.5mm 的硅钢片交叠而成,为了隔绝硅钢片相互之间的电的联系,每一硅钢片的两面都涂有绝缘清漆。

绕组是变压器的电路部分,用绝缘铜导线或铝导线绕制,绕制时多采用圆柱形绕组。通常,电压高的绕组称为高压绕组,电压低的绕组称为低压绕组。低压绕组一般靠近铁芯放置,

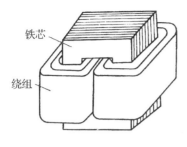

图 4.5　芯式变压器

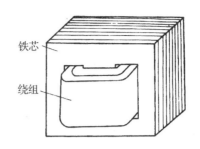

图 4.6　壳式变压器

而高压绕组则置于外层。为了防止变压器内部短路,在绕组和绕组之间,绕组和铁芯之间,以及每绕组的各层之间,都必须绝缘良好。

为了说明问题方便起见,把与电源连接的一侧称为原边(或称初级),原边各量均用下标"1"表示,如 $N_1$、$u_1$、$i_1$ 等;与负载连接的一侧称为副边(或称次级),副边各量均用下标"2"表示,如 $N_2$、$u_2$、$i_2$ 等。

原边绕组和副边绕组均可以由一个或几个线圈组成,使用时可根据需要把它们连接成不同的组态。

除了铁芯和绕组之外,变压器一般有一外壳,用来保护绕组免受机械损伤,并起散热和屏蔽作用。较大容量的还具有冷却系统、保护装置以及绝缘套管等。大容量变压器通常都是三相变压器。

### 4.2.2　变压器的基本原理

图 4.7 为变压器原理图。为了便于分析,图中将原绕组和副绕组分别画在两边。下面分空载和负载两种情况来分析它的工作原理。

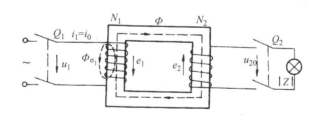

图 4.7　变压器空载运行

#### 4.2.2.1　变压器的电压变换使用

将开关 $Q_1$ 闭合,$Q_2$ 打开,此时,变压器的原绕组两端加上交流电压,副绕组不接负载,这种情况称为变压器空载运行。

在外加正弦交流电压 $u_1$ 作用下,原绕组内便有交变电流 $i_0$ 流过。由于副绕组开路,副绕组内没有电流,此时原绕组内的电流 $i_0$ 称为空载电流。该电流通过匝数为 $N_1$ 的原绕组产生磁动势 $i_0 N_1$,并建立交变磁场。由于铁芯的导磁系数比空气或油的导磁系数大得多,因而绝大部分磁通经过铁芯而闭合,并与原、副绕组交链,这部分磁通称为主磁通,用 $\Phi$ 表示。主磁通穿过原绕组和副绕组,而在其中感应出电动势 $e_1$ 和 $e_2$。另有一小部分漏磁通 $\Phi_{\sigma 1}$ 不经过铁芯而通过空气或油闭合,它仅与原绕组本身交链。漏磁通在变压器中感应的电动势仅起电压降的作用,不传递能量。为了突出主磁通与电压的关系,下面讨论问题时,均略去漏磁通及漏磁通产生的电压降。

上述的电磁关系可表示如下:

$$u_1 \rightarrow i_0 \rightarrow i_0 N_1 \rightarrow \Phi \begin{cases} e_1 = -N_1 \dfrac{\mathrm{d}\Phi}{\mathrm{d}t} \\ e_2 = -N_2 \dfrac{\mathrm{d}\Phi}{\mathrm{d}t} \rightarrow u_{20} \end{cases}$$

$u_{20}$ 为副绕组的空载端电压。

根据基尔霍夫电压定律,按图 4.7 所规定的电压、电流和电动势的正方向,可列出原、副绕组的瞬时电压平衡方程式,即

$$\begin{cases} u_1 = i_0 R_1 - e_1 = i_0 R_1 + N_1 \dfrac{\mathrm{d}\Phi}{\mathrm{d}t} \\ u_{20} = e_2 = -N_2 \dfrac{\mathrm{d}\Phi}{\mathrm{d}t} \end{cases} \tag{4.2}$$

式中 $R_1$ 为原绕组的电阻。若用相量形式表示,式(4.2)可写成

$$\begin{cases} \dot{U}_1 = \dot{I}_0 R_1 + (-\dot{E}_1) \\ \dot{U}_{20} = \dot{E}_2 \end{cases} \tag{4.3}$$

在一般变压器中,空载时励磁电流 $i_0$ 很小,通常为原绕组额定电流的 3%～8%,因而原绕组的电阻压降 $i_0 R_1$ 很小,仅占原绕组电压的 0.1% 以下,故可近似认为

$$u_1 \approx -e_1$$

或

$$\dot{U}_1 \approx -\dot{E}_1$$

因此

$$\frac{\dot{U}_1}{\dot{U}_{20}} \approx -\frac{\dot{E}_1}{\dot{E}_2} \tag{4.4}$$

其有效值之比为

$$\frac{U_1}{U_{20}} \approx \frac{E_1}{E_2} = \frac{N_1}{N_2} = K \tag{4.5}$$

式中 $K$ 称为变压器的变比,亦即原、副绕组的匝数比。当 $K>1$ 时,为降压变压器;反之,当 $K<1$ 时,为升压变压器。

需要指出,变压器空载时,若外加电压的有效值 $U_1$ 一定,主磁通的最大值 $\Phi_M$ 也基本不变,这个关系又称为恒磁通原理,它对分析变压器的负载工作状态很有好处。这是因为

若 $\Phi = \Phi_M \sin \omega t$,则可推出

$$\dot{U}_1 \approx -\dot{E}_1 = \mathrm{j}4.44 f N_1 \Phi_M \tag{4.6}$$

用有效值形式表示

$$U_1 \approx E_1 = 4.44 f N_1 \Phi_M \tag{4.7}$$

由式(4.7)可知:当 $f N_1$ 为定值时,主磁通最大值 $\Phi_M$ 的大小只取决于外加电压有效值 $U_1$ 的大小,而与是否接负载无关。

### 4.2.2.2 变压器的电流变换作用

将开关 $Q_1$、$Q_2$ 都闭合,此时,变压器的原绕组接上电源,副绕组接有负载,这种情况即为

变压器负载运行,如图 4.8 所示。

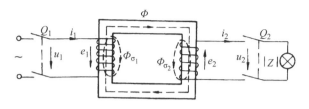

图 4.8 变压器负载运行

副绕组接上负载 $|Z|$ 后,在电动势 $e_2$ 的作用下,副边就有电流 $i_2$ 流过,即副边有电能输出。原绕组与副绕组之间没有电的直接联系,只有磁通与原、副绕组交链形成的磁耦合。它们是怎样通过磁耦合来实现能量传递的? 原、副绕组电流之间又存在什么关系呢?

变压器未接负载前其原边电流为 $i_0$,它在原边产生磁动势 $i_0 N_1$,在铁芯中产生磁通 $\Phi$。接上负载后,副边电流 $i_2$ 产生磁动势 $i_2 N_2$,根据楞次定律,$i_2 N_2$ 将阻碍铁芯中主磁通 $\Phi$ 的变化,企图改变主磁通的最大值 $\Phi_M$。但是,当电源电压有效值 $U_1$ 和频率 $f$ 一定时,由 $U_1 \approx E_1 = 4.44 f N_1 \Phi_M$ 可见,$E_1$ 和 $\Phi_M$ 近似恒定。就是说,随着负载电流 $i_2$ 的出现,通过原边的电流 $i_0$ 及其产生的磁动势 $i_0 N_1$ 必然也随之增大,至 $i_1 N_1$ 以维持主磁通最大值 $\Phi_M$ 基本不变,即与空载时的 $\Phi_M$ 大小接近相等。因此,有负载时产生主磁通的原、副绕组的合成磁动势 $(i_1 N_1 + i_2 N_2)$ 应该与空载时产生主磁通的原绕组的磁动势 $i_0 N_1$ 差不多相等,即

$$i_1 N_1 + i_2 N_2 \approx i_0 N_1$$

用相量表示

$$\dot{I}_1 N_1 + \dot{I}_2 N_2 \approx \dot{I}_0 N_1 \tag{4.8}$$

式(4.8)称为磁动势平衡方程式。在有载时,原边磁动势 $I_1 N_1$ 可视为两个部分:$I_0 N_1$ 用来产生主磁通 $\Phi$;$I_2 N_2$ 用来抵消副边电流 $i_2$ 所建立的磁动势 $i_2 N_2$ 以维持铁芯中的主磁通最大值 $\Phi_M$ 基本不变。

由式(4.8)得到

$$\dot{I}_1 \approx \dot{I}_0 + \left( -\frac{N_2}{N_1} \dot{I}_2 \right) \tag{4.9}$$

一般情况下,空载电流 $I_0$ 只占原绕组额定电流 $I_{1N}$ 的 10% 以下,可以略去不计。于是式(4.9)可写成

$$\dot{I}_1 \approx -\frac{N_2}{N_1} \dot{I}_2 \tag{4.10}$$

由式(4.10)可知,原、副绕组的电流关系为

$$\frac{I_1}{I_2} \approx \frac{N_2}{N_1} = \frac{1}{K} \tag{4.11}$$

式(4.11)表明变压器原、副绕组的电流之比近似与它们的匝数成反比。

必须注意,式(4.11)是在忽略空载电流的情况下获得的,若变压器在空载或轻载下运行,该式就不适用了。

变压器负载运行时的电磁关系如下:

### 4.2.2.3 变压器的阻抗变换作用

变压器除了变换电压和变换电流外,还可进行阻抗变换,以实现“匹配”。

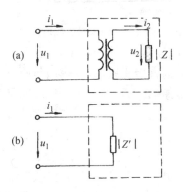

$$u_1 \rightarrow \quad i_1(i_1N_1) \rightarrow i_0N_1 \rightarrow \varPhi < \begin{array}{l} e_1=-N_1\dfrac{\mathrm{d}\varPhi}{\mathrm{d}t} \\ e_2=-N_2\dfrac{\mathrm{d}\varPhi}{\mathrm{d}t} \end{array} \rightarrow u_2 \rightarrow i_2(i_2N_2)$$

在图 4.9(a)中,负载阻抗 $|Z|$ 接在变压器副边,而图中的虚线框部分可用一个阻抗 $|Z'|$ 来等效代替,如图 4.9(b)所示。两者的关系可通过下面计算得出:

图 4.9 负载阻抗的等效变换

根据式(4.5)和式(4.11)可得出

$$\frac{U_1}{I_1}=\frac{\dfrac{N_1}{N_2}U_2}{\dfrac{N_2}{N_1}I_2}=\left(\frac{N_1}{N_2}\right)^2\frac{U_2}{I_2}=K^2\cdot\frac{U_2}{I_2} \tag{4.12}$$

由图 4.9(b)可知:$\dfrac{U_1}{I_1}=|Z'|$ $\tag{4.13}$

由图 4.9(a)可知:$\dfrac{U_2}{I_2}=|Z|$ $\tag{4.14}$

代入则得

$$|Z'|=K^2|Z| \tag{4.15}$$

式(4.15)表明,在忽略漏磁阻抗影响下,只须调整匝数比,就可把负载阻抗变换为所需要的、比较合适的数值,且负载性质不变。这种做法通常称为阻抗匹配。

[**例 4.1**] 有一信号源的电动势为 1.5 V,内阻抗为 300 Ω,负载阻抗为 75 Ω。欲使负载获得最大功率,必须在信号源和负载之间接一阻抗匹配变压器,使变压器的输入阻抗等于信号源的内阻抗,如图 4.10 所示。问变压器的变压比,原、副边的电流各为多少?

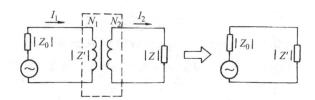

图 4.10 例 4.1 图

**解** 依题意:负载阻抗 $|Z|=75\,\Omega$,变压器的输入阻抗 $|Z'|=|Z_0|=300\,\Omega$。应用变压器的

阻抗变换公式,可求得变化为

$$K = \frac{N_1}{N_2} = \sqrt{\frac{|Z'|}{|Z|}} = \sqrt{\frac{300}{75}} = 2$$

因此,信号源和负载之间接一个变比为 2 的变压器就能达到阻抗匹配的目的。这时变压器的原边电流

$$I_1 = \frac{E}{|Z_0| + |Z'|} = \frac{1.5}{300 + 300} = 2.5 \, (\text{mA})$$

副边电流

$$I_2 = KI_1 = 2 \times 2.5 = 5 \, (\text{mA})$$

### 4.2.3 变压器的额定值和外特性

#### 4.2.3.1 变压器的额定值

变压器正常运行的状态和条件,称为变压器的额定工作情况,表征变压器额定工作情况的电压、电流和功率等数值,称为变压器的额定值,它标在变压器的铭牌上,称为铭牌值。

变压器的主要额定值如下:

(1) 额定容量 $S_N$  变压器的额定容量指它的额定视在功率,以伏安(V·A)或千伏安(kV·A)为单位。在单相变压器中,$S_N = U_{2N} I_{2N}$,在三相变压器中,$S_N = \sqrt{3} U_{2N} I_{2N}$。

(2) 额定电压 $U_{1N}$ 和 $U_{2N}$  原绕组的额定电压 $U_{1N}$ 是指原绕组上应加的电源电压或输入电压,副绕组的额定电压 $U_{2N}$ 是指原绕组加上额定电压时副绕组的空载电压 $U_{20}$。

在三相变压器铭牌上给出的额定电压 $U_{1N}$ 和 $U_{2N}$ 均为线电压。

(3) 额定电流 $I_{1N}$ 和 $I_{2N}$  变压器的额定电流 $I_{1N}$ 和 $I_{2N}$ 是根据绝缘材料所允许的温度而规定的原、副绕组中允许长期通过的最大电流值。在三相变压器中,$I_{1N}$ 和 $I_{2N}$ 均指线电流。

(4) 额定频率 $f_N$  我国规定标准工业频率为 50 Hz。

变压器的额定值决定于变压器的构造和所用的材料。使用变压器时一般不能超过其额定值,除此之外,还必须注意:工作温度不能过高;原、副绕组必须分清;防止变压器绕组短路,以免烧毁变压器。

#### 4.2.3.2 变压器的外特性

变压器的外特性是指电源电压 $U_1$ 为额定电压,额定频率,负载功率因数 $\cos\varphi_2$ 一定时,$U_2$ 随 $I_2$ 变化的关系曲线,即 $U_2 = f(I_2)$,如图 4.11 所示。

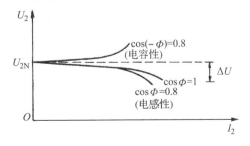

图 4.11 变压器的外特性曲线

从外特性曲线中可清楚地看出,负载变化时所引起的变压器副边电压 $U_2$ 的变化程度,既与原、副绕组的漏磁阻抗(包括原副绕组的电阻及漏磁感抗)有关,又与负载的大小及性质有

关。对于电阻性和电感性负载而言,$U_2$ 随负载电流 $I_2$ 的增加而下降,其下降程度还与负载的功率因数有关,功率因数越低,$U_2$ 下降越甚。对电容性负载来说,$U_2$ 可能高于 $U_{2N}$,外特性曲线是上翘的。由外特性曲线还可看到,电阻性负载时,$U_2$ 的变化较小,而当负载的感性或容性程度增加时,$U_2$ 的变化也随之增大。

变压器副边电压 $U_2$ 随 $I_2$ 变化的程度用电压变化率 $\Delta U$ 表示,它规定原边接额定电压,负载功率因数一定,空载与负载时副边电压之差 $(U_{20} - U_2)$ 用副边额定电压 $U_{2N}$ 的百分数来表示的数值,即

$$\Delta U = \frac{U_{20} - U_2}{U_{2N}} \times 100\% = \frac{U_{2N} - U_2}{U_{2N}} \times 100\% \tag{4.16}$$

在一般变压器中,由于其绕组电阻和漏磁感抗均甚小,电压变化率是不大的,约为 $4\% \sim 6\%$。

变压器的电压变化率表征了电网电压的稳定性,一定程度上反映了变压器供电的质量,是变压器的主要性能指标之一。为了改善电压稳定性,对电感性负载,可在负载两端并联适当容量的电容器,以提高功率因数和减小电压变化率。

### 4.2.4　变压器的功率与效率

#### 4.2.4.1　变压器的功率
变压器初级的输入功率为

$$P_1 = U_1 I_1 \cos\varphi_1 \tag{4.17}$$

式中　$\varphi_1$ 为原边电压与电流的相位差。

变压器次级的输出功率为

$$P_2 = U_2 I_2 \cos\varphi_2 \tag{4.18}$$

式中　$\varphi_2$ 为副边电压与电流的相位差。

输入功率与输出功率的差就是变压器所损耗的功率,即

$$\Delta P = P_1 - P_2 \tag{4.19}$$

变压器的功率损耗,包括铁损 $\Delta P_{Fe}$(磁滞损耗和涡流损耗)和铜损 $\Delta P_{Cu}$(线圈导线电阻的损耗)。即

$$\Delta P = \Delta P_{Fe} + \Delta P_{Cu} \tag{4.20}$$

铁损和铜损可以用试验方法测量或计算求出,铜损 $(I_1^2 r_1 + I_2^2 r_2)$ 与负载大小(正比于电流的平方)有关,是可变损耗;而铁损与负载大小无关,当外加电压和频率确定后,一般是常数。

#### 4.2.4.2　变压器的效率
与机械效率的意义相似,变压器的效率也就是变压器输出功率与输入功率之比的百分值,即

$$\eta = \frac{P_2}{P_1} \times 100\% \tag{4.21}$$

变压器的效率较高。大容量变压器在额定负载时的效率可达 $98\% \sim 99\%$,小型电源变压器的效率约为 $70\% \sim 80\%$。

变压器的效率还与负载有关,轻载时效率很低,因此应合理选用变压器的容量,避免长期轻载或空载运行。

**[例 4. 2]**　有一台额定容量 $50\,kV\cdot A$,额定电压为 $3\,300\,V/220\,V$ 的变压器,高压绕组为 $6\,000$ 匝。试求:(1) 低压绕组的匝数;(2) 高压边和低压边的额定电流;(3) 当原边保持额定电压不变,副边达到额定电流,输出有功功率为 $39\,kW$,功率因数 $\cos\varphi_2=0.8$ 时的副边端电压 $U_2$。

**解**　(1) 根据变换电压公式,并将已知数据代入则有

$$N_2 = \frac{U_{20}}{U_1}N_1 = \frac{220}{3\,300}\times 6\,000 = 400\,(匝)$$

(2) 变压器额定容量是指副边的额定电压与额定电流的乘积。依题意知 $U_{2N}=U_{20}=220\,V$,则副边额定电流

$$I_{2N} = \frac{S_N}{U_{2N}} = \frac{50\times 1\,000}{220} = 227\,(A)$$

根据变换电流公式,就可求出原边电流

$$I_{1N} = \frac{N_2}{N_1}I_{2N} = \frac{400}{6\,000}\times 227 = 15.1\,(A)$$

(3) 由公式 $P_2=U_2I_2\cos\varphi_2$ 求得副边端电压

$$U_2 = \frac{P_2}{I_2\cos\varphi_2} = \frac{39\times 1\,000}{227\times 0.8} = 215\,(V)$$

**[例 4. 3]**　一台额定容量为 $100\,kV\cdot A$,额定电压为 $6\,000\,V/400\,V$ 的单相工频变压器,接上额定电压为 $380\,V$、复阻抗为 $Z=(1.56+j1.16)\,\Omega$ 的负载。问:(1) 变压器原、副边的额定电流为多少?(2) 变压器的输出功率是多少?(3) 若变压器的效率为 $95\%$,变压器的输入功率是多少?

**解**　已知变压器的额定容量 $S_N$ 和额定电压 $6\,000\,V/400\,V$,可按公式 $S_N=U_NI_N$ 计算出原、副边的额定电流。

按公式 $P_2=U_{2N}I_{2N}\cos\varphi_2$ 就可以计算出变压器的输出功率。由变压器的效率 $\eta=95\%$ 可以计算变压器的输入功率 $P_1$。计算步骤如下:

(1) 计算变压器原、副边的额定电流

原边的额定电流为　$I_{1N}=\dfrac{S_N}{U_{1N}}=\dfrac{100\times 1\,000}{6\,000}=16.67\,(A)$

副边的额定电流为　$I_{2N}=\dfrac{S_N}{U_{2N}}=\dfrac{100\times 1\,000}{400}=250\,(A)$

(2) 计算负载的功率因数角 $\varphi_2$ 为

$$\varphi_2 = \arctan\frac{X}{R} = \arctan\frac{1.16}{1.56} = 36.87°$$

则负载的功率因数为

$$\cos\varphi_2 = \cos 36.87° = 0.8$$

(3) 计算变压器的输出功率为

$$P_2 = U_{2N}I_{2N}\cos\varphi_2 = 380\times 250\times 0.8 = 76\,(kW)$$

(4) 计算变压器的输入功率为

$$P_1 = \frac{P_2}{\eta} = \frac{76}{0.95} = 80\,(kW)$$

**[例 4. 4]**　今有一台额定容量为 $50\,kV\cdot A$,额定电压为 $3\,300\,V/220\,V$ 的照明变压器,铁损

耗为 470 W,满载时的铜损耗为 1720 W,其负载是白炽灯和日光灯的混合照明,功率因数经补偿后为 0.9(感性)。求每日全天满载工作时和每日满载工作 6h 变压器的效率。

**解** 本题首先可以按额定容量计算出变压器在满载时的输出功率 $P_2$,即 $P_2 = U_{2N} I_{2N} \cos \varphi_2 = S_N \cos \varphi_2$,然后计算变压器一天工作的效率,按一天(24h)中变压器输出的电能与输入的电能之比来计算。在输入电能中包含变压器的输出电能和本身的损耗。变压器的损耗中包括铁芯损耗 $\Delta P_{Fe}$ 和铜损耗 $\Delta P_{Cu}$。只要电源的频率和输入电压的有效值不变,铁芯损耗就是固定值,但铜损耗取决于负载电流的大小,当照明负载不工作时,该损耗等于零。这里所说的不工作,是指变压器原边施加电源而照明负载没有接通的情况。

计算步骤如下:

(1) 计算变压器在满载运行时的输出功率为

$$P_2 = S_N \cos \varphi_2 = 50 \times 0.9 = 45 \ (\text{kW})$$

(2) 计算变压器满载全天工作时的效率。

变压器满载工作时的输入功率为

$$P_1 = P_2 + \Delta P_{Fe} + \Delta P_{Cu} = 45 + 0.47 + 1.72 = 47.19 \ (\text{kW})$$

则变压器的效率

$$\eta = \frac{24 P_2}{24 P_1} \times 100\% = \frac{24 \times 45}{24 \times 47.19} \times 100\% = 95.34\%$$

(3) 变压器每天满载工作 6 小时的效率为

$$\eta' = \frac{6 P_2}{6 P_2 + 24 \Delta P_{Fe} + 6 \Delta P_{Cu}} \times 100\%$$

$$= \frac{6 \times 45}{6 \times 45 + 24 \times 0.47 + 6 \times 1.72} \times 100\% = 92.6\%$$

### 4.2.5 变压器绕组的极性

变压器在使用中有时需要把绕组串联以提高电压,或把绕组并联以增大电流,但必须注意绕组的正确连接。例如,一台变压器的原绕组有相同的两个绕组,如图 4.12(a) 中的 1—2 和 3—4。假定每个绕组的额定电压为 110 V,当接到 220 V 的电源上时,应把两绕组的异极性端串联[见图 4.12(b)];接到 110 V 的电源上时,应把两绕组的同极性端并联[见图 4.12(c)]。如果连接错误,譬如串联时将 2 和 4 两端连在一起,将 1 和 3 两端接电源,此时两个绕组的磁动势就互相抵消,铁芯中不产生磁通,绕组中也就没有感应电动势,绕组中将流过很大的电流,把变压器烧毁。

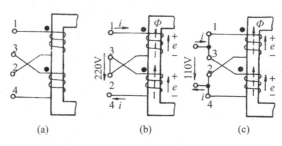

图 4.12 变压器原绕组的正确连接

为了正确连接,在线圈上标以记号"·"。标有"·"号的两端称为同极性端,图 4.12 中的 1 和 3 是同极性端,当然 2 和 4 也是同极性端。当电流从两个线圈的同极性端流入(或流出)时,产生的磁通方向相同;或者当磁通变化(增大或减小)时,在同极性端感应电动势的极性也相同。在图 4.12 中,绕组中的电流是增加的,故感应电动势 $e$ 的极性(或方向)如图 4.12 所示。

应该指出,只有额定电流相同的绕组才能串联,额定电压相同的绕组才能并联,否则,即使极性连接正确,也可能使其中某一绕组过载。

如果将其中一个线圈反绕,如图 4.13 所示,则 1 和 4 两端应为同极性端。串联时应将 2 和 4 两端连在一起。可见,同极性端的标定,还与绕圈的绕向有关。

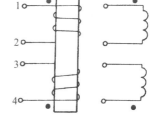

图 4.13　线圈反绕

对于一台已制成的变压器,如引出端未注明极性或标记脱落,或绕组经过浸漆及其他工艺处理,从外观上已看不清绕组的绕向,通常用下述两种实验方法,测定变压器的同极性端。

#### 4.2.5.1　交流法

用交流法测定绕组极性的电路如图 4.14(a)所示。将两个绕组 1—2 和 3—4 的任意两端(如 2 和 4)连接在一起,在其中一个绕组(如 1—2)的两端加一个比较低的便于测量的交流电压。用伏特计分别测量 1、3 两端的电压 $U_{13}$ 和两绕组的电压 $U_{12}$ 及 $U_{34}$。若 $U_{13}$ 的数值是两绕组电压之差,即 $U_{13}=U_{12}-U_{34}$,则 1 和 3 是同极性端;若 $U_{13}$ 是两绕组电压之和,即 $U_{13}=U_{12}+U_{34}$,则 1 和 4 为同极性端。

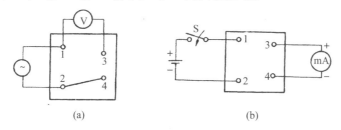

图 4.14　测定变压器绕组的极性
(a) 交流法;(b) 直流法

#### 4.2.5.2　直流法

用直流法测定绕组极性的电路如图 4.14(b)所示。当开关 $S$ 闭合瞬间,如果电流计的指针正向偏转,则 1 和 3 是同极性端,若反向偏转,则 1 和 4 是同极性端。

# 4.3　特殊变压器

### 4.3.1　自耦变压器

图 4.15 所示是一种自耦变压器或称调压器,其结构特点是副绕组为原绕组的一部分。因此原、副绕组之间不仅有磁的联系,而且还有电的联系。

自耦变压器的工作原理与普通的双绕组变压器相同。上述变压、变流、变阻抗关系都适用于自耦变压器,即原、副边电压之比和电流之比也是

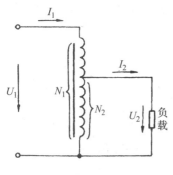

图 4.15　自耦变压器

$$\frac{U_1}{U_2} = \frac{N_1}{N_2} = K, \frac{I_1}{I_2} = \frac{N_2}{N_1} = \frac{1}{K}$$

实验室中常用的调压器就是一种利用滑动触头可改变副绕组匝数的自耦变压器,其外形和电路图如图 4.16 所示。其原边额定电压为 220 V,副边输出电压为 0～250 V。

应该注意,由于自耦变压器的原副边之间有电的直接联系,当高压一侧发生接地或副绕组出现断线等故障时,高压将直接加到低压边,易造成人身事故,故使用时应小心。其次,原边和副边不可接错,否则很容易造成电源被短路或烧坏变压器。另外,当自耦变压器绕组接地端误接到火线时,即使副边电压很低,但人触及到副边任一端均有触电的危险。因此,自耦变压器不允许作为安全变压器来使用。

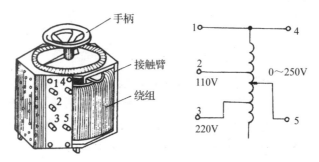

图 4.16　调压器的外形和电路

### 4.3.2　仪用互感器

用于测量用的变压器称为仪用互感器,简称互感器。采用互感器的主要目的是扩大测量仪表的量程,使测量仪表与大电流或高电压电路隔离。

按用途分,互感器分为电流互感器和电压互感器两种。

#### 4.3.2.1　电流互感器

电流互感器是一种将大电流变换为小电流的变压器,其工作原理与普通变压器的负载运行相同,如图 4.17 所示。

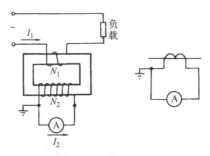

图 4.17　电流互感器的接线图及其符号

电流互感器的原绕组用粗导线绕成,匝数很少,与被测线路串联。副绕组导线细,匝数多,与测量仪表相连接,通常副边的额定电流设计成 5 A 或 1 A。

由于 $\dfrac{I_1}{I_2}=\dfrac{1}{K}=K_i$，所以 $I_1=K_iI_2$，通过被测导线的电流是测量仪表电流读数的 $K_i$ 倍。

为了工作安全，电流互感器的铁芯及副绕组的一端应该接地；电流互感器在正常运行时副边电路不允许开路。因为互感器不同于普通变压器，原边电流不取决于副边电流，而决定于被测主线路电流 $I_1$。所以当副边开路时，副边的电流和磁动势立即消失，原边电流 $I_1$ 成了励磁电流，使铁芯中的磁通密度猛增，铁芯严重饱和，且严重过热，同时将在副绕组上产生很高的感应电动势，绝缘可能被击穿，引起事故。

在实际工作中，经常使用钳形电流表（俗称卡表），如图 4.18 所示。它是电流互感器的另一种形式，由一个与电流表组成回路的副绕组和铁芯所构成，其铁芯像把钳子，可以开合。测量时，张开铁芯，纳入待测电流的一根导线后闭合铁芯，则待测导线成为电流互感器的原绕组，只有一匝，从电流表读出待测导线的电流数值。

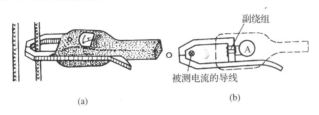

图 4.18　钳形电流表

#### 4.3.2.2　电压互感器

电压互感器一般是一个降压变压器，其工作原理与普通变压器空载运行相似，如图 4.19 所示。

电压互感器的原绕组匝数较多，与被测高压线路并联；副绕组匝数较少，并连接在高阻抗的测量仪表上。通常副边的额定电压规定为 100 V。

由于 $\dfrac{U_1}{U_{20}}=K$，所以 $U_1=KU_{20}$，被测线路的电压是测量仪表电压读数的 $K$ 倍。

使用电压互感器时，副边电路正常运行时不允许短路，否则将产生比额定电流大得多的短路电流，烧坏互感器。为了安全起见，必须将副绕组的一端与铁芯同时接地，以防止当绕组间的绝缘损坏时副绕组上有高压出现。

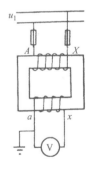

图 4.19　电压互感器的接线图

### 4.3.3　电焊变压器

交流弧焊机在工程技术上应用很广，其构造实际上是一台特殊的降压变压器即电焊变压器。不过，电焊变压器一般由 220 V/380 V 降低到约 $60\sim80$ V 的空载电压，以保证容易点火形成电弧。有载（即焊接）时，要求副边电压能急剧下降，这样当焊条与焊件接触时短路电流不会过大，而焊条提起后焊条与焊件之间所产生的电弧压降约为 30 V。为了适应不同焊件和不同规格的焊条，焊接电流的大小要能调节，因此在焊接变压器的副绕组中串联一个可调铁芯电抗器，改变电抗器空气隙的长度就可调节焊接电流的大小。图 4.20 为电焊变压器的原理图。

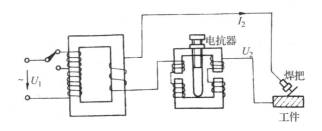

图 4.20 电焊变压器原理图

**本章小结**

（1）铁磁材料具有高导磁、磁饱和及磁滞性能，根据磁滞回线中剩磁和矫顽磁力的不同，铁磁材料可分为软磁材料和硬磁材料。

（2）由于磁路的非线性，磁导率 $\mu$ 不是常数，故磁路欧姆定律 $\Phi = \dfrac{IN}{R_m}\left(R_m = \dfrac{l}{\mu s}\right)$ 是定性分析磁路的基本定律，一般不宜进行定量计算。

（3）变压器是根据电磁感应原理制成的一种静止电器，具有变换电压、变换电流和变换阻抗的作用。不论变压器是空载运行还是负载运行，只要电源电压的有效值和电源频率不变，主磁通的最大值 $\Phi_M$ 就近似不变。

（4）变压器的工作过程可以用电磁关系来说明。空载时，

$$u_1 \rightarrow i_0(i_0 N_1) \rightarrow \Phi \begin{cases} e_1 = -N_1 \dfrac{d\Phi}{dt} \\ e_2 = -N_2 \dfrac{d\Phi}{dt} \rightarrow u_{20} \end{cases}$$

负载时，

$$u_1 \rightarrow i_1(i_1 N_1) \rightarrow i_0 N_1 \rightarrow \Phi \begin{cases} e_1 = -N_1 \dfrac{d\Phi}{dt} \\ e_2 = -N_2 \dfrac{d\Phi}{dt} \rightarrow u_2 \rightarrow i_2(i_2 N_2) \end{cases}$$

（5）近似分析和计算变压器的常用公式为

变换电压　$\dfrac{U_1}{U_{20}} \approx \dfrac{E_1}{E_2} = \dfrac{N_1}{N_2} = K$

变换电流　$\dfrac{I_1}{I_2} \approx \dfrac{N_2}{N_1} = \dfrac{1}{K}$

变换阻抗　$|Z'| = K^2 |Z|$

（6）变压器的电压变化率表征了电网电压的稳定性，是变压器的主要性能指标之一。

（7）由于自耦变压器的原、副绕线间有电的直接联系，使用时应注意：原、副边不可接反；火线与地线不能接颠倒；调压时从零位开始。

（8）严禁电流互感器的副边开路和电压互感器的副边短路运行。

**习题**

4.1　什么叫软磁材料和硬磁材料？各用于何处？

4.2　试根据磁动势平衡关系,说明电源的能量如何通过磁通的耦合作用传递给负载。

4.3　有一台电压为 220 V/110 V 的变压器,$N_1 = 2\,000$ 匝,$N_2 = 1\,000$ 匝。能否将其匝数减为 400 匝和 200 匝以节省铜线? 为什么?

4.4　若电源电压与频率都保持不变,试问变压器铁芯中的磁通密度在空载时大,还是有负载时大?

4.5　变压器能否变换直流电压? 若把一台电压为 220 V/110 V 的变压器接入 220 V 的直流电源,将发生什么后果? 为什么?

4.6　如果将一个 220 V/9 V 的变压器错接到 380 V 交流电源上,其空载电流是否为 220 V 时的 $\sqrt{3}$ 倍,其副边电压是否为 $9\sqrt{3}$ V? 为什么?

4.7　有一台单相变压器,容量为 10 kV·A,电压为 3 300 V/220 V,欲在它的副边接入 60 W、220 V 的白炽灯及 40 W、220 V、功率因素为 0.5(感性)的日光灯。试求:(1)变压器满载运行时,可接白炽灯和日光灯各多少盏? (2)原、副绕组的额定电流。

4.8　利用图 4.21 所示的变压器,使 8 Ω 和 16 Ω 的扬声器均能与内阻为 800 Ω 的信号源匹配。设变压器原边匝数 $N_1 = 500$,试求副边两绕组的匝数 $N_2$ 和 $N_3$。

4.9　如图 4.22 所示的变压器,两个原绕组的额定电压均为 110 V,副绕组的额定电压为 24 V。试问:(1)当电源电压为 220 V 时,原绕组的 4 个引出端应如何连接? (2)当电源电压为 110 V 时,原绕组的 4 个引出端又应如何连接? (3)若负载一定,在上述两种情况下,副绕组的端电压及其电流是否相同? 每个原边绕组的端电压及其电流是否相同? (4)当电源电压为 220 V 时,将 1 和 3 相连,2 和 4 接电源,此时会出现什么现象?

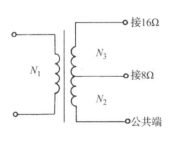

图 4.21　习题 4.8 图

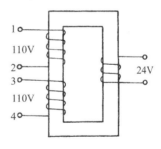

图 4.22　习题 4.9 图

4.10　如图 4.16 所示,(1)调压器用毕后为什么必须转到零位? (2)如果误将 4 和 5 两端接到 220 V 电源上,可能发生什么后果?

4.11　在单相电路中,如把接到负载的两根导线都套进钳形电流表的铁芯中,问其读数是否比套进一根时约增大 1 倍? 为什么?

# 第5章　电动机及控制

**【内容提要】**　本章主要介绍旋转磁场产生的原理,极对数、同步转速和转差率的关系;介绍三相异步电动机工作原理,介绍它的铭牌和参数;三相异步电动机的机械特性,计算额定转矩、最大转矩和启动转矩;三相异步电动机的启动要求和直接启动的条件;三相异步电动机常用的3种电气制动方法;三相异步电动机常用的3种调速方法;单相异步电动机的结构、启动特点及其应用;控制电机的特点简介;介绍常用低压电器及其基本控制电路。

**【学习要求】**　了解三相异步电动机的基本结构、工作原理;了解电动机的转动原理、电磁转矩公式、转矩特性;掌握机械特性及铭牌标记的含义;掌握三相异步电动机启动、制动和调整方法;了解单相异步电动机的结构、启动特点及其应用;了解控制电机的特点及其应用范围;了解常用低压电器及其基本控制电路。

利用电磁原理实现电能与机械能互相转换的电气机械,称为电机。从能量转换的关系来看,电机又分为电动机和发电机两大类,将电能转换为机械能的电机,称为电动机;将机械能转换为电能的电机称为发电机。

按用电性质的不同,电动机可分为交流电动机和直流电动机。交流电动机又分为异步电动机和同步电动机,工农业上都普遍使用三相异步电动机,而电冰箱、洗衣机、电扇等家用电器则使用单相异步电动机。

异步电动机与其他电动机相比,具有结构简单、运行可靠、维护方便、效率较高、价格低廉等优点,但异步电动机调速性能较差,功率因数较低。随着电力电子技术的发展,变频调速已广泛应用于工业控制,使异步电动机的应用得到进一步完善和发展。

除上述动力用电动机外,在自动控制系统和计算机装置中还用到各种控制电机。

对于各种电动机我们应该了解下列几个方面的问题:(1)基本结构;(2)工作原理;(3)表示转速与转矩之间关系的机械特性;(4)起动、反转、调速及制动的基本原理和基本方法;(5)应用场合和如何正确接用。

## 5.1　三相异步电动机

### 5.1.1　三相异步电动机的结构

三相异步电动机主要由固定不动的定子和旋转的转子两个基本部分组成。它的外形和结构如图 5.1 所示。

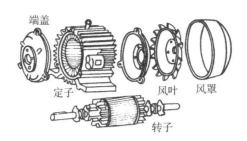

图 5.1 三相异步电动机的
外形和结构

#### 5.1.1.1 定子

定子一般由定子铁芯、定子绕组和机座三部分组成。

（1）定子铁芯 定子铁芯用 0.5mm 厚的环形硅钢片叠压而成，如图 5.2 所示。铁芯的内圆开有均匀分布的槽，用来安装定子绕组。

（2）定子绕组 定子绕组是电动机的电路部分，由嵌在铁芯槽内的线圈按一定规律绕制而成。三相异步电动机的三相绕组是对称的，即每相绕组的材料、匝数和尺寸必须完全一样，且在空间上相差 $120°$ 电角度。三相异步电动机的定子绕组的三个起端 $U_1$、$V_1$、$W_1$ 和三个末端 $U_2$、$V_2$、$W_2$ 都引出到电动机的接线盒中。根据需要三相定子绕组可接成星形或三角形，如图 5.3 所示。其中图 5.3(a) 连接成星形，图 5.3(b) 连接成三角形。

图 5.2 定子铁芯的
硅钢片

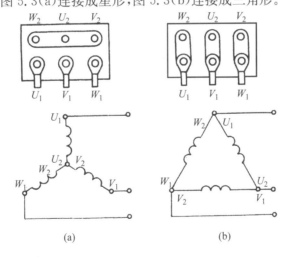

(a)        (b)

图 5.3 三相定子绕组的接法

（3）机座 机座的主要作用是固定和支撑定子铁芯，转子也通过轴承、端盖固定在机座上，所以它是电动机机械支撑结构的重要组成部分。

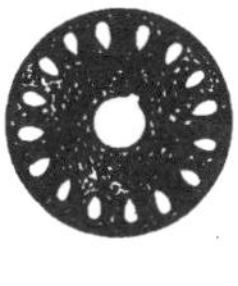

#### 5.1.1.2 转子

转子的基本组成部分是转子铁芯和转子绕组。转子铁芯是由硅钢片叠成的圆柱体，图 5.4 所示为转子铁芯的硅钢片，表面有冲槽，槽内安放转子绕组。根据转子绕组结构的不同，三相异步电动机有鼠笼式和绕线式两种型式。

图 5.4 转子
铁芯的硅钢片

鼠笼式的转子绕组像一个圆柱形的笼子,如图 5.5 所示。在转子铁芯槽中放置着铜条(或铸铝),两端用端环短接。额定功率在 100 kW 以下的鼠笼式异步电动机的转子绕组端环及作冷却用的叶片常用铝铸成一体,其外形如图 5.6 所示。由于鼠笼式转子构造简单,因此,这种电动机应用也最广泛。

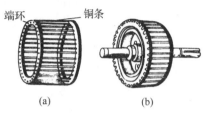

端环　铜条

(a)　(b)

图 5.5　鼠笼式转子
(a) 笼型绕组;(b) 转子外型

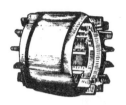

图 5.6　铸铝鼠笼式转子

绕线式转子绕组与定子绕组相似,在转子铁芯槽内嵌放着对称的三相绕组,接成星形。图 5.7 是绕线式转子的外形结构。转子绕组的三个首端分别接到装在转轴上的三个彼此绝缘的铜质滑环上(环与转轴互相绝缘),通过与滑环滑动接触的电刷,将转子绕组的三个首端与外电路的可变电阻相连接,用于起动和调速。

绕线式异步电动机的结构比鼠笼式复杂,价格较高,一般只用于要求具有较大起动转矩以及有一定调速范围的场合,如大型立式车床和起重设备等。

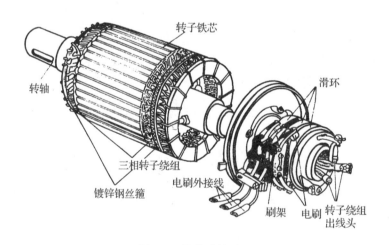

转子铁芯

转轴

滑环

三相转子绕组

电刷外接线

镀锌钢丝箍

刷架　电刷　转子绕组出线头

图 5.7　绕线式转子

鼠笼式电机与绕线式电机只是在转子的结构上的不同,它们的工作原理是一样的。

### 5.1.2　三相异步电动机的工作原理

当三相定子绕组接通三相交流电源后,就在定子内的空间建立起一个在空间连续旋转的磁场,旋转磁场与转子绕组内的感应电流相互作用,产生电磁转矩,从而使转子转动。

#### 5.1.2.1　旋转磁场

(1) 旋转磁场的产生　为了便于分析,如图 5.8 所示,把实际的定子绕组简化为在空间彼此相隔 120°的三个相同的绕组 $U_1U_2$、$V_1V_2$、$W_1W_2$,并作星形连接。

图 5.8 中同时标出了电流的参考方向。接上三相交流电源后,在定子绕组中便有三相对称电流:

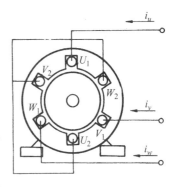

$$i_u = I_m \sin \omega t$$
$$i_v = I_m \sin(\omega t - 120°)$$
$$i_w = I_m \sin(\omega t + 120°)$$

其波形如图 5.9 所示。

由波形图可知,在 $t=0$ 的时刻,$i_u=0$。$i_v$ 为负,说明实际电流的方向与 $i_v$ 的参考方向相反,即 $V_2$ 端流进,$V_1$ 端流出;$i_w$ 为正,说明实际电流方向与 $i_w$ 参考方向一致,即 $W_1$ 端流进,$W_2$ 端流出。合成磁场的方向由右螺旋定则判断可知为自上而下,如图5.10(a)所示。

图 5.8　三相定子绕组的布置

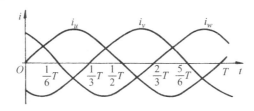

图 5.9　三相对称电流的波形

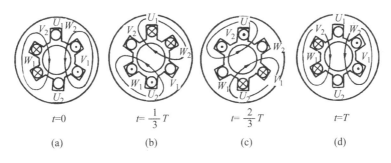

图 5.10　三相电流产生的旋转磁场($P=1$)

当时间到达 $t=\dfrac{1}{3}T$ 时,$i_u$ 变为正值,电流从 $U_1$ 端流进,$U_2$ 端流出;$i_v=0$;$i_w$ 为负值,电流从 $W_2$ 端流进,$W_1$ 端流出。此时合成磁场如图 5.10(b)所示。由图中可以看出,合成磁场在空间沿顺时针方向转过了 120°。

当时间到达 $t=\dfrac{2}{3}T$ 时,$i_u$ 为负值,电流从 $U_2$ 端流进,$U_1$ 端流出;$i_v$ 为正值,电流从 $V_1$ 端流进,$V_2$ 端流出;$i_w=0$。此时合成磁场如图 5.10(c)所示。由图中可以看出,合成磁场沿顺时针方向又转过了 120°。

当时间到达 $t=T$ 时,三相电流与 $t=0$ 的情况相同,合成磁场沿顺时针方向又转过 120°,回复到 $t=0$ 时的位置,如图 5.10(d)所示。

由此可见,当定子的三个在空间对称分布的绕组中通入对称的三相电流时,它们共同产生的合成磁场随时间在空间不断地旋转着,形成了旋转磁场。

(2) 旋转磁场的转速　上述旋转磁场具有一对磁极($P=1$)。此时,电流每变化一周期,磁场在空间也正好旋转一周。设电源频率为 $f_1$,则旋转磁场的转速为 $n_1=60f_1$ r/min。若把三相定子的每相绕组改由两个线圈串联,各线圈的始端(或末端)之间在空间彼此相隔 60°,然后通入三相交流电,就可以产生两对磁极($P=2$)的旋转磁场(具体分析从略),而旋转磁场比 $P=1$ 的情况时转速慢了一半,即

$$n_1 = \frac{60f_1}{2} \text{ r/min}$$

由此可以推知,对于 $P$ 对磁极的旋转磁场,其转速应为

$$n_1 = \frac{60f_1}{P} \text{ r/min}$$

旋转磁场的转速又称同步转速,它取决于定子电流的频率及磁场的磁极对数,而磁极对数又取决于三相绕组的布置和连接。

我国工业用电频率为 50 Hz。对于一台具体的电动机来说,磁极对数是确定的,因此,$n_1$ 也是确定的,如 $P=1$,则 $n_1=3\,000$ r/min;$P=2$,$n_1=1\,500$ r/min;$P=3$,$n=1\,000$ r/min,等等。

(3) 旋转磁场的旋转方向    由图 5.10 可知,当定子绕组中电流的相序是 $U-V-W$ 时,旋转磁场按顺时针方向旋转,若改变定子绕组中三相电流的相序,则仍按图 5.10 分析可知,旋转磁场将按逆时针方向旋转。

### 5.1.2.2　三相异步电动机的转动原理

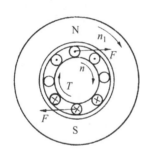

图 5.11　异步电动机转动原理

当在定子对称的三相绕组中通入对称的三相电流时,则可产生以同步转速 $n_1$ 旋转的磁场。如图 5.11 所示,它按顺时针方向转动,与静止的转子之间产生相对运动,这相当于转子导体沿逆时针方向切割磁力线而产生感应电动势,其方向可用右手定则判定。由于转子绕组电路通过短接环自行闭合,所以,在感应电动势作用下,将产生转子感应电流。

载流转子导体在旋转磁场中受到电磁力的作用,方向可由左手定则判断。这些电磁力对转轴形成电磁转矩 $T$,其方向与旋转磁场的转向一致。于是转子在电磁转矩作用下,沿着旋转磁场旋转的方向转动起来,转速为 $n$。但异步电动机转子的转速 $n$ 总是小于并接近于同步转速 $n_1$。如果 $n=n_1$,则转子与旋转磁场间无相对运动,转子导体将不再切割磁力线,因而其感应电动势、感应电流和电磁转矩均为零,转子便不可能继续以 $n_1$ 的转速转动。因此,转子转速与旋转磁场转速之间必须有差别,即 $n<n_1$,这就是"异步"电动机的含义。又因为转子电流是由电磁感应产生的,所以又称为感应电动机。

电动机的同步转速与转子的转速之差称为转差,转差与同步转速的比值称为转差率 $s$,即

$$s = \frac{n_1-n}{n_1} \times 100\% \tag{5.1}$$

它是分析异步电动机运行情况的一个重要参考。当 $n=0$ 时(起动瞬间),$s=1$,转差率最大;当 $n=n_1$(理想空载情况)时,$s=0$。一般 $s$ 在 $0\sim1$ 之间变化。稳定运行时工作转速与同步转速比较接近,因此,$s$ 较小。通常,异步电动机的额定转差率 $s_N=2\%\sim8\%$。

[**例 5.1**]　有一台三相异步电动机,其额定转速 $n=1460$ r/min。试求电动机在额定负载

时的转差率。(电源频率 $f_1 = 50\text{ Hz}$)

**解**　由于异步电动机的额定转速接近而略小于同步转速,而同步转速应对应于磁极对数 $P = 2$ 时的同步转速 $n_1 = \dfrac{60f_1}{P} = \dfrac{60 \times 50}{2} = 1\,500\text{ r/min}$。因此,额定负载时的转差率为

$$s = \frac{n_1 - n}{n_1} \times 100\% = \frac{1\,500 - 1\,460}{1\,500} \times 100\% \approx 2.7\%$$

### 5.1.3　三相异步电动机的电磁转矩和机械特性

三相异步电动机的最重要的物理量之一是电磁转矩 $T$,机械特性是它的主要特性。

#### 5.1.3.1　电磁转矩

异步电动机的电磁转矩 $T$ 是由转子电流与旋转磁场相互作用而产生的。根据理论分析,电磁转矩可用下面公式确定,即

$$T = K_T \Phi I_2 \cos\psi_2 \tag{5.2}$$

式中　$K_T$ 是与电动机结构有关的常数;$\Phi$ 为旋转磁场的每极磁通;$I_2$ 为转子电路电流;$\cos\psi_2$ 为转子电路的功率因数(感性)。

电磁转矩公式还可表示为(分析略)

$$T = KU_1^2 \frac{sR_2}{R_2^2 + (sX_{20})^2} \tag{5.3}$$

式中　$K$ 是一常数;$R_2$ 为转子每相绕组的电阻;$X_{20}$ 为转子静止时转子电路漏磁感抗,通常也是常数。

上式表明,当电源电压 $U_1$ 一定时,电磁转矩 $T$ 是转差率 $s$ 的函数,其关系曲线如图 5.12 所示,通常称 $T = f(s)$ 曲线为异步电动机的转矩特性。

由转矩特性可以看到,当 $s = 0$,即 $n = n_1$ 时,$T = 0$,这是理想空载运行;随着 $s$ 的增大,$T$ 也开始增大,但到达最大值 $T_m$ 以后,随着 $s$ 的增大,$T$ 反而减小,最大转矩 $T_m$ 称为临界转矩,对应于 $T_m$ 的 $s_m$ 称为临界转差率。

由上式还可见,电磁转矩 $T$ 与电源电压 $U_1^2$ 成正比;当电源电压波动时,对转矩的影响较大,从而影响电动机的运行和工作质量。

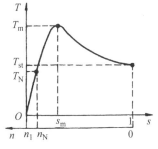

图 5.12　三相异步电动机的转矩特性

#### 5.1.3.2　机械特性

如果将转矩特性曲线($T = f(s)$ 曲线)沿顺时针方向旋转 $90°$,并将其纵坐标由 $s$ 改为 $n$,便得到表示电动机转速 $n$ 与电磁转矩 $T$ 之间的关系,即 $n = f(T)$ 曲线,称为电动机的机械特性曲线,如图 5.13 所示。在转矩特性曲线和机械特性曲线上都有值得注意的三个转矩值。

(1) 起动转矩 $T_{st}$　在电动机刚与电源接通,转子还未转动的瞬间,转速 $n = 0$,转差率 $s = 1$,对应的转矩 $T_{st}$ 称为起动转矩。将 $s = 1$ 代入式(5.3)得

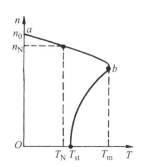

图 5.13　三相异步电动机机械特性

$$T_{st} = K' \frac{R_2 U_1^2}{R_2^2 + X_{20}^2} \tag{5.4}$$

可见 $T_{st}$ 与 $U_1^2$ 及 $R_2$ 有关。当电源电压 $U_1$ 降低时,起动转矩会减小(见图5.14);当转子电阻 $R_2$ 适当增大时,$T_{st}$ 将增大;如图5.15所示,当 $R_2 = X_{20}$ 时,$T_{st} = T_m$,$s_m = 1$,但继续增大 $R_2$ 时,$T_{st}$ 就要随着减小。

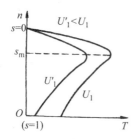

图5.14　对应于不同电源
电压 $U_1$ 的 $n = f(T)$ 曲线
($R_2$ =常数)

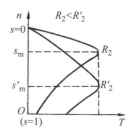

图5.15　对应于不同转子
电阻 $R_2$ 的 $n = f(T)$ 曲线
($U_1$ =常数)

(2) 额定转矩 $T_N$　电动机在额定电压下带上额定负载,以额定转速运行,输出额定功率时的转矩称为额定转矩。因电动机轴功率

$$P_2 = T\omega$$

式中:$\omega$ 为角速度,单位为 rad/s。

则

$$T_N = \frac{P_{2N}}{\omega_N} = \frac{P_{2N} \times 10^3}{\dfrac{2\pi n_N}{60}} = 9\,550\,\frac{P_{2N}}{n_N} \tag{5.5}$$

式中:$P_{2N}$ 为异步电动机的额定功率,单位为 kW;$n_N$ 为异步电动机的额定转速,单位为 r/min;$T_N$ 为异步电动机的额定转矩,单位为 N·m。

额定转矩是电动机在额定负载时的电磁转矩,可由电动机铭牌上的额定功率 $P_{2N}$ 和额定转速 $n_N$ 的数值求得。

(3) 最大转矩 $T_m$　最大转矩 $T_m$ 是表示电动机所能产生的最大电磁转矩值。它对应于机械特性上的 $b$ 点,又称为临界转矩,它对应于最大转矩的转差率称为临界转差率,用 $s_m$ 表示,由数学推导可得临界转差率为

$$s_m = \frac{R_2}{X_{20}} \tag{5.6}$$

代入式(5.4)得

$$T_m = K'_T \frac{U_1^2}{2X_{20}} \tag{5.7}$$

由此可见,$T_m$ 与 $R_2$ 无关,而与 $U_1^2$ 成正比,如图5.14所示;$s_m$ 与 $R_2$ 有关,$R_2$ 愈大,$s_m$ 也愈大。

电动机正常运行时最大负载转矩不可超过最大转矩,否则电动机将带不动,转速越来越低,发生所谓"闷车"现象。此时电动机电流马上升高6～7倍,使电动机过热,甚至烧毁。一旦发生"闷车",应立即切断电源,并卸去过重的负载。

电动机短时容许的过载能力,通常用最大转矩 $T_m$ 与额定转矩 $T_N$ 的比值来表示,称为过载系数,即

$$\lambda = \frac{T_m}{T_N}$$

一般三相异步电动机的过载系数为 1.8～2.2。

### 5.1.4  三相异步电动机的使用

#### 5.1.4.1  铭牌数据

三相异步电动机的机座上都有一块铭牌,上面标有电动机的型号、规格和有关技术数据。现以 Y180M-4 型电动机为例来说明铭牌上各个数据的含义。

表 5.1  异步电动机的铭牌

| 三 相 异 步 电 动 机 | | | | | |
|---|---|---|---|---|---|
| 型　号 | Y180M-4 | 功　率 | 18.5 kW | 电　压 | 380 V |
| 电　流 | 35.9 A | 频　率 | 50 Hz | 转　速 | 1 470 r/min |
| 接　法 | △ | 工作方式 | 连　续 | 绝缘等级 | IP04 |
| 产品编号 | ××××× | 重　量 | 180 kg | | |
| ××电机厂 | | | | | ×年×月 |

(1) 型号　Y 系列电动机是全封闭自冷式鼠笼型三相异步电动机,是我国统一设计的新的基本系列。

型号说明如下:

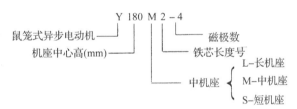

(2) 额定频率　指电动机定子绕组所加交流电源的频率,我国工业用交流电标准频率为 50 Hz。

(3) 额定电压 $U_N$　指电动机在额定运行时加到定子绕组上的线电压值;Y 系列三相异步电动机的额定电压统一为 380 V。

有的电动机铭牌上标有两种电压值,如 220 V/380 V,表示当电源线电压为 220 V 时,电动机应连成三角形;当电源线电压为 380 V 时,电动机应连成星形。

(4) 额定功率　指在额定电压、额定频率下、额定负载运行时电动机轴上输出的机械功率,也称容量。

(5) 额定电流 $I_N$　电动机在额定运行时,定子绕组线电流值称为额定电流。有时铭牌上标有两个额定电流值,例如 10.6 A/6.2 A,表示当定子绕组作 △ 连接时,其额定电流为 10.6 A,而作 Y 形连接时,其额定电流为 6.2 A。

(6) 额定转速 $n_N$　指电动机在额定状态下运行时的转速。

(7) 接法　指电动机在额定电压下三相定子绕组的连接方式。Y 系列三相异步电动机规定额定功率在 3 kW 及以下的为 Y 形接法,4 kW 及以上的 △ 形接法。

三相定子绕组的接线方法参见图 5.3。

(8) 绝缘等级　指电动机定子绕组所用的绝缘材料允许的最高温度的等级,有 A、E、B、

F、H 五级,目前一般电动机采用较多的是 E 级绝缘和 B 级绝缘。

(9) 功率因数　三相异步电动机的功率因数较低,在额定负载时约为 0.7～0.9,而轻载和空载时更低,空载时只有 0.2～0.3,因此,必须正确选择电动机的容量。

### 5.1.4.2　三相异步电动机的起动

电动机接通电源,转速由零上升到稳定值的过程称为起动过程。起动开始时 $n=0, s=1$,旋转磁场和静止转子间的相对转速最大,因此转子中的感应电动势和电流也很大,定子从电源吸取的电流也必然很大,这时的定子电流(指线电流)称为起动电流。对中小型笼式异步电动机,起动电流可达到额定电流的 4～7 倍。但因起动过程很短,如果不是频繁起动,则电动机内部发热的问题不会很大,不足为虑。况且一经起动,电动机的转速很快升高,电流很快下降了。但是,过大的起动电流在输电线路上造成的压降较大,影响同一电网上的其他用电设备的正常

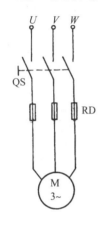

图 5.16　异步
电动机直接起动

运行,例如,会使其他电动机因电压降落,电磁转矩变小,转速下降,甚至导致停转。由此可知,三相异步电动机起动时的起动电流较大、起动转矩并不大,为了减小起动电流,同时又要有足够大的起动转矩,必须采用适当的起动方法。

(1) 直接起动　用开关将额定电压直接加到定子绕组上使电动机直接起动,又称全压起动。这种起动方法设备简单,操作方便,起动迅速,但起动电流较大,参见图 5.16。

一台电动机能否直接起动,电力管理部门有一定的规定,如果用户由独立的变压器供电,对频繁起动的电动机,其容量不超过变压器容量的 20% 时,允许直接起动;对于不经常起动的电动机,其容量不超过变压器容量的 30% 时,可以直接起动。如果用户没有独立的变压器供电,电动机直接起动时引起的电压降不应超过 5%。

(2) 降压起动　如果电动机容量较大或起动频繁,为了限制起动电流,通常采用降压起动。也就是在起动时降低加在定子绕组上的电压,待电动机转速升高到接近稳定时,再加上额定电压运行。

由于起动时电压降低,减小了起动电流,但起动转矩也大大减小,所以这种方法只能在轻载或空载下起动,起动完毕再加上机械负载。

常用的降压起动方法有两种:

① Y-△换接起动　Y-△换接起动就是把正常工作时作三角形连接的定子绕组,在起动时接成 Y 形,待转速上升到接近额定转速时再换接成△形。其电路如图 5.17 所示,起动时将转换开关 $QS_2$ 投向下方,使定子绕组连接成星形;起动完毕,再将 $QS_2$ 投向上方,使定子绕组连接成三角形。

图 5.18 是定子绕组的两种连接法,定子绕组每相的阻抗大小为 $|Z|$,电源线电压为 $U_1$。

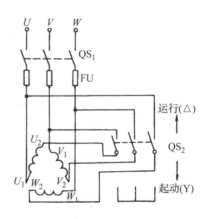

图 5.17　Y-△换接起动

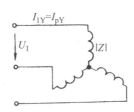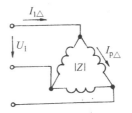

图 5.18 比较星形连接和三角形连接时的起动电流

当定子绕组连成△形,降压起动时,其线电流

$$I_{1Y} = I_{pY} = \frac{\dfrac{U_1}{\sqrt{3}}}{|Z|} \tag{5.8}$$

当定子绕组连成△形,即直接起动时,

$$I_{1\triangle} = \sqrt{3} I_{p\triangle} = \sqrt{3}\,\frac{U_1}{|Z|} \tag{5.9}$$

比较式(5.8)、式(5.9)可得

$$\frac{l_{1Y}}{I_{1\triangle}} = \frac{1}{3} \tag{5.10}$$

可见用 Y-△换接起动时的起动电流为直接起动时的 1/3。但由于起动时每相定子绕组的电压为额定电压的 $1/\sqrt{3}$,而电动机的转矩与每相定子绕组电压的平方成正比,所以起动转矩也减小到直接起动时的 1/3。因此,这种方法只适合于电动机正常运行时定子绕组为△连接的空载或轻载时起动。

② 自耦变压器降压起动 这种方法利用三相自耦变压器来降低起动时加在定子绕组上的电压,如图 5.19 所示。起动前,先将 $Q_2$ 投向"起动"位置,电网电压经自耦变压器降压后送到电动机定子绕组上。起动完毕,将 $Q_2$ 接至"工作"位置,自耦变压器被切除,三相电源直接接在电动机定子绕组上,在额定电压下正常运行。自耦

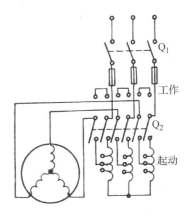

图 5.19 自耦变压器降压起动接线图

变压器常备有 3 个抽头,其输出电压分别为电源电压的 80%、60% 和 40%,可以根据对起动转矩的不同要求选用不同的输出电压。自耦降压起动的优点是可根据需要选择起动电压,但设

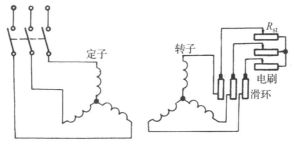

图 5.20 绕线式电动机的起动线路图

备较笨重,成本较高,因此只适用于容量较大的电动机,或正常运行时连接成星形不能采用 Y-△换接起动的笼型异步电动机。

③ 绕线式电动机的起动 绕线式异步电动机可以在转子电路中串接电阻起动,图 5.20 为原理接线图。起动时,转子绕组电路中接入外接电阻,在起动过程中逐步切除起动电阻,起动完毕时将外接电阻全部短接,电动机进入正常运行。

转子电路接入电阻以后,减小了起动电流,同时由于转子电路电阻的增加,可使起动转矩增大。可见,其起动性能优于鼠笼式电动机,故常用于起动频繁及起动转矩要求较大的生产机械上(如起重机械等)。

**[例 5.2]** 一台 Y225M-4 型三相异步电动机,其额定功率为 45 kW,转速为 1 480 r/min,额定电压为 380 V,效率为 92.3%,$\cos \varphi_N=0.88$,$I_{st}/I_N=7$,$T_{st}/T_N=1.9$,$T_m/T_N=2.2$,定子绕组是△接法。求:①额定电流;②额定转矩 $T_N$、起动转矩 $T_{st}$、最大转矩 $T_m$;③如果负载转矩为 274.4 N·m,问在 $U=U_N$ 及 $U=0.7U_N$ 两种情况下,电动机能否起动? ④采用 Y-△起动时的起动电流和起动转矩;⑤当负载转矩为额定转矩的 70% 和 50% 时,电动机能否起动?

**解** ① $I_N = \dfrac{P_N}{\sqrt{3}U_N \cos \varphi_N \eta_N} = \dfrac{45 \times 10^3}{(\sqrt{3} \times 380 \times 0.923 \times 0.88)}$

$= 84.18$ A

② $T_N = \dfrac{9550 P_N}{n_N} = \dfrac{9550 \times 45}{1480} = 290.37$ (N·m)

$T_{st} = 1.9 T_N = 1.9 \times 290.37 = 551.71$ (N·m)

$T_m = 2.2 T_N = 2.2 \times 290.37 = 638.81$ (N·m)

③ 在 $U=U_N$ 时,$T_{st}=551.71$ N·m,大于负载转矩 $T_2=274.7$ N·m,所以能起动。在 $U=0.7U_N$ 时,$T_{st}=(0.7)^2 \times 551.71 = 270.33$ (N·m),小于 $T_2$,所以不能起动。

④ 起动电流

$I_{st\triangle} = 7I_N = 7 \times 84.18 = 589.26$ (A)

$I_{stY} = \dfrac{I_{st\triangle}}{3} = \dfrac{589.26}{3} = 196.42$ (A)

起动转矩

$$T_{stY} = \frac{T_{st\triangle}}{3} = \frac{551.71}{3} = 183.9 \, (\text{N·m})$$

⑤ 当负载为 70% 额定转矩时,即 $T_2=0.7 \times 290.37=203.2$ (N·m)。因 $T_{stY}=183.9$ (N·m),小于 $T_2$,故不能起动。

当负载转矩为 50% 额定转矩时,$T_2=0.5 \times 290.37=145.18$ (N·m),这时 $T_{stY}>T_2$,所以能起动。

(3) 调速 指在负载一定的情况下,人为地改变电动机的转速,以满足各种生产机械的需求。调速的方法很多,可以采用机械调速,也可以采用电气方法。采用电气调速可大大简化机械变速机构,并获得较好的调速效果。

由公式 $n=(1-s)n_1=(1-s)\dfrac{60 f_1}{P}$,可见异步电动机可以通过改变电源频率 $f_1$、磁极对数 $P$ 和转差率 $s$ 三种方法来实现调速。

① 变极调速 改变定子绕组的接法,可以改变磁极对数,从而得到不同的转速,由于磁极

对数 $P$ 只能成倍地变化,所以这种调速方法不能实现无级变速。

如图 5.21 所示为定子绕组的两种接法。把 $U$ 相绕组分成两半:线圈 $U_1U_2$ 和 $U'_1U'_2$,如图 5.21(a)为两个线圈顺向串联,得出 $P=2$。在图 5.21(b)中两个线圈的反接并联(头尾相接)得 $P=1$。在换极时,一个线圈中的电流方向不变,而另一个线圈中电流方向必须改变。

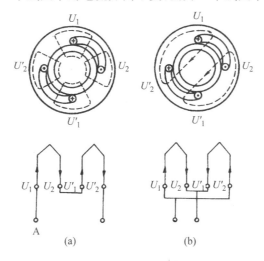

图 5.21 改变极对数 $P$ 的调速方法

这种方法只适用于定子绕组的磁极对数可以改变的鼠笼式异步电动机。此外,在变极的同时必须改变电源的相序,以维持电动机的转动方向不变。

这种调速方法显然会使定子绕组的连接和引线变得十分复杂,因此,变极调速是有限的,最多不超过 4 速,双速电动机用得较多。

② 变频调速 异步电动机的同步转速和电源的频率成正比。随着电力电子技术的发展,很容易实现大范围且平滑地改变电源频率 $f_1$,因而可以得到平滑的无级调速,且调速范围较广,有较硬的机械特性。因此,这是一种比较理想的调速方法,是交流调速的发展方向。目前国内外都大力研究,新的变频调速技术不断出现。

空调风机采用变频调速技术,既可以满足空调使用的要求,又可节约用电,延长空调机的使用寿命,在大型中央空调及家用空调设备中得到广泛应用。

数控机床的主轴驱动、立式车床与自动车床的主轴和传动调速系统、磨床的主拖动系统与传动系统采用变频调速技术,在不同程度上提高了加工精度、机器运转效率,并使操作更为简便。

变频洗衣机主要解决了电动机的可调速问题,实现了对不同衣服的不同洗涤,并有效地实现了节能、节水、静音、环保的综合效应。

工频电源频率是固定的 50 Hz,所以要改变电源频率 $f_1$ 来调速,需要一套变频装置,目前变频装置有两种:

ⅰ)交-直-交变频装置(简称 VVVF 变频器)。如图 5.22 所示,先用可控硅整流装置将交流转换成直流,再采用逆变器将直流变换成频率可调、电压值可调的交流电供给交流电动机。目前,大功率晶体管(QTR)和微机控制

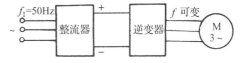

图 5.22 逆变器变频调速

技术的引入,使 VVVF 变频器的变频范围、调速精度、保护功能,可靠性等性能大大提高。

ⅱ)交—交变频装置。利用两套极性相反的晶闸管整流电路向三相异步电机每相绕组供电,交替地以低于电源频率切换正、反两组整流电路的工作状态,使电机绕组得到相应频率的交变电压。

③ 变转差率调速　在绕线式电动机的转子电路中接入一个调速电阻(和起动电阻一样接入),改变电阻的大小,就可以调速。在同一负载转矩下,增大调速电阻,转差率 $s$ 上升,而转速 $n$ 下降。这种调速方法的优点是设备简单、调速平滑,但能量消耗大。它广泛应用于起重设备等恒转矩负载中。

(4)制动　就是刹车。当电动机断电后,由于电动机及生产机械的惯性,总是需要较长的时间电动机才能停转。为了提高生产率及安全起见,必须对电动机制动。

制动的方法有机械制动和电气制动。所谓电气制动,就是在电动机转子导体内产生一个与转动方向相反的电磁转矩,迫使电动机停止转动。可见,电动机制动状态的特点是电磁转矩与转动方向相反,此时的电磁转矩就成为一种制动转矩。常用的电气制动方法有反接制动、能耗制动、发电反馈制动等,下面对电气制动的方法分别加以说明。

① 反接制动　在要求电动机停车时,可将接到电源的三根相线中的任意两根对调位置,此时旋转磁场反转,而转子由于惯性仍沿原方向转动,因而产生的电磁转矩方向与电动机转动方向相反,如图 5.23 所示,使电动机因制动而迅速减速。当转速接近于零时,利用控制电器将电源自动切断,否则电动机将反转。

反接制动的优点是制动比较简单,制动力矩较大,停车迅速;但制动瞬间电流较大,消耗也较大,在制动过程中机械冲击强烈,易损坏传动部件。反接制动一般用于不经常起动和制动的场合。

② 能耗制动　如图 5.24 所示,在切断三相电源的同时给定子绕组通入直流电,在定子与转子之间形成一个固定的磁场,由于转子因机械惯性仍按原方向转动,而切割固定磁场,根据右手定则可知在转子电路中将产生与原来方向相反的感应电动势和电流,转子电流和固定磁场相互作用,产生一个与转子旋转方向相反的电磁转矩,使电动机迅速停止。制动转矩的大小与通入的直流电流的大小有关,直流电流的大小一般为电动机额定电流的 $50\%\sim100\%$。图中的可变电阻 $R$ 用来调节直流电流以改变制动的效果。

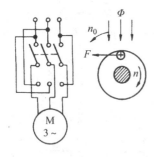

图 5.23　反接制动

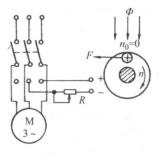

图 5.24　能耗制动

因为这种方法是把转子的动能转换为电能,在转子电路中以热能迅速消耗掉的制动方法,故称为能耗制动。其优点是制动能量消耗小,制动平稳,但需要直流电源。能耗制动一般用于制动要求准确、平稳的场合。

③ 发电反馈制动　异步电动机的发电反馈制动主要用于起重机械。当重物快速下放时，由于受重物拖动，转子转速 $n$ 将会超过同步转速 $n_1$。转子导体切割旋转磁场的磁力线所产生的感应电动势、感应电流和电磁转矩的方向与原来相反，如图 5.25 所示。也就是说是电磁转矩变为制动转矩，使重物不至于下降过快。

此时，重物的位能转换为电能反馈到电网中去。电动机已转入发电状态运行，因此，这种制动方式称为发电反馈制动。

(5) 三相异步电动机的选择　在生产上，三相异步电动机应用最为广泛，选择得是否合理，对运行安全和良好的经济、技术指标有很大影响。在选择电动机时，应根据实际需要和从经济、安全出发合理选择其功率、种类、型号等。

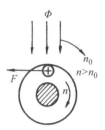

图 5.25　发电反馈制动

① 功率（即容量）的选择　电动机功率的选择，是由生产机械决定的。如果功率选得过大，虽然能保证正常运行，但不经济，而且由于电动机常是轻载运行，其运行效率和功率因数都较低。如果电动机功率选得太小，长期的过载运行将使电动机烧毁而造成严重事故。

根据电动机运行情况的不同，电动机容量选择方法有所区别。

ⅰ）连续运行电动机功率的选择。当电动机在连续运行时，选择电动机功率的原则是：电动机的额定功率等于或稍大于拖动生产机械所需要的功率，即

$$P_N \geqslant \frac{P_{M_o}}{\eta_M \eta_t} \tag{5.11}$$

式中：$P_{M_o}$ 是生产机械的功率；$\eta_M$ 是生产机械本身的效率；$\eta_t$ 是电动机与生产机械之间的传动效率。

ⅱ）短时运行电动机功率的选择。当电动机在恒定负载下按给定的时间运行而未达到热稳定状态时即行停机，称为短时工作，此时电动机允许适当过载。电动机在短时运行时，通常根据过载系数 $\lambda$ 来选择电动机的功率。电动机的额定功率可以是生产机械所要求功率的 $1/\lambda$。

② 电动机类型的选择　选择电动机的类型可根据电源类型、机械特性、调速与起动特性、维护及价格等方面来考虑。

ⅰ）因三相电源为最普通的动力电源，如果没有特殊要求，交流电动机优于直流电动机。

ⅱ）选择交流电动机时，鼠笼式的结构、价格、可靠性、维护等优于绕线式。

ⅲ）起动、制动频繁且具有较大起动、制动转矩和小范围调速要求的，可选用绕线式。

ⅳ）要求转速恒定或改善功率因数且容量较大时，选用同步电动机。

③ 电动机电压等级的选择　电动机电压等级的选择，要根据电动机类型、功率以及使用地点的电源电压来决定。大容量的电动机（大于 100 kW）在允许条件下一般选用如 3 000 V 或 6 000 V 高压电动机，小容量的 Y 系列笼型电动机的额定电压只有 380 V 一个等级。

④ 电动机额定转速的选择　电动机的额定转速取决于生产机械的要求和传动机构的变速比。额定功率一定时，转速愈高，则体积越小，价格愈低，但需要的变速比大的传动减速机构就愈复杂。因此，必须综合考虑电动机和机械传动等方面的因素。

# *5.2 单相异步电动机

单相异步电动机运行时,由单相交流电源供电,具有结构简单,成本低廉、噪声小等优点,因此广泛用于工业、农业、医疗和家用电器等方面,最常见的如风扇、洗衣机、电冰箱、空调器等。与同容量的三相异步电动机相比较,单相异步电动机的体积较大,运行性能较差。

单相异步电动机的工作原理与三相异步电动机相似,其转子一般都是鼠笼式,同样,由定子绕组通入交流电产生旋转磁场,切割转子导体产生感应电动势和电流,而产生电磁转矩使转子转动。但单相异步电动机的定子绕组内通入的是单相交流电,因而它的定子结构及旋转磁场的产生与三相异步电动机有所不同。

## 5.2.1 单相异步电动机工作原理

当单相正弦交流电通入定子单相绕组时(如图 5.26 所示),就在绕组轴线方向上产生一个交变的脉动磁场,在空间保持固定的位置,空气隙中各点的磁感应强度在时间上随交变电流按正弦规律变化,而在某一瞬间,空气隙中的磁感应强度又按正弦规律分布,如图 5.27 所示。

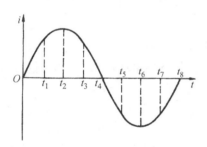

图 5.26 单相定子电流

可见,单相异步电动机中的磁场是一个静止的脉动磁场,不同于三相异步电动机中的旋转磁场。

为了便于分析,这个静止的交变脉动磁场可以分解为幅值相等、以同一转速 $n_1$ 在相反方向旋转的两个旋转磁场,分别在转子中感应出大小相等,方向相反的电动势和电流,因此,产生的电磁转矩 $T'$,$T''$ 也必然大小相等,方向相反,合成转矩 $T$ 为零。即单相异步电动机没有起动转矩,它不能自行起动。如果经外力推动一下转子,就会在电磁转矩作用下不停地旋转起来。

脉动磁场在转子上产生的电磁转矩特性如图 5.28 所示;它具有两个特点:

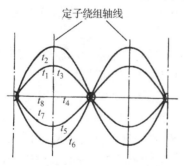

图 5.27 不同瞬间空气隙中磁感应强度的分布

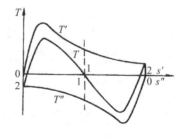

图 5.28 单相异步电动机的转矩特性

(1)起动转矩等于零,不能自行起动($s=1$ 时,$T'=T''$)。

(2)起动方向不是固定的,完全决定于起动时外加力矩的方向。并且只要转动以后(即

$s \ne 1$),就能产生转矩。

由于单相异步电动机没有起动转矩,若依靠外力起动,实际上不可取,因此,首先解决它能自行产生起动转矩,必须设法在单相异步电动机内部建立一个旋转磁场。

由前可知,在多相绕组中通入多相电流时,就能产生一个旋转磁场。例如,两个在空间相隔 90°电角度的绕组,分别通入有 90°相位差的两相交流电,就能产生一个旋转磁场。

单相异步电动机根据起动方法的不同,可分为不同的类型。

### 5.2.2 电容分相式异步电动机

这种电动机的定子有两套绕组,一套是主绕组 $L_1$(也称工作绕组),一套是副绕组 $L_2$(也称起动绕组),且它们在空间相隔 90°,起动绕组 $L_2$ 经离心开关 S 与电容器 C 串联后再并接于单相交流电源上,如图 5.29 所示。只要电容选择适当,就可使通过它的电流在相位上超前于工作绕组中的电流接近 90°,即把单相交流电变为两相交流电,这两相交流电分别通入两个在空间互差 90°的绕组,就能产生一个旋转磁场(其分析过程与三相电流产生旋转磁场相似)。在这旋转磁场的作用下,转子就会顺着同一方向转动起来。在接近额定转速时,借助离心力的作用把开关 S 断开(在起动时是靠弹簧使其闭合的),以切断起动绕组,电动机成为单相运行。

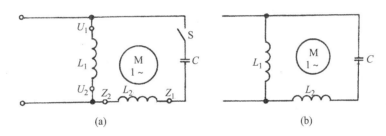

图 5.29 电容分相式异步电动机原理图

(a) 电容起动式;(b) 电容运转式

电容起动式异步电动机的转动方向是由起动绕组和工作绕组的接法所决定的。若要改变其转向,只要换接任意一相绕组的电源接线端即可。

还有一种叫电容运转式异步电动机的起动绕组,它不仅在起动时发挥作用,而且在电动机运行时长期处于工作状态。所以运行时可产生较强的旋转磁场,以提高运行性能。它的功率因数、效率、过载能力均比电容起动式电动机要好。这种电动机应用广泛,家用电器中的电风扇、洗衣机电动机都是这种类型。

图 5.30 为洗衣机电机正反转控制原理图。洗衣时要求能实现正反转,而且两个转向性能要一致,为了简化控制电路,可认为两个绕组完全相同,即当定时器开关 S 转换时,两个绕组可以互换。当 S 置"1"时,则 A 为工作绕组,电容 C 与起动绕组 B 串联,电动机为正转;当 S 置"2"时,B 为工作绕组,电容与起动绕组 A 串联,电动机反转。

除用电容分相外,也可与起动绕组串联适当的电阻(或起动绕组本身电阻比工作绕组大得多),这样,工作绕组中的电流比起动绕组中的电流滞后,但不可能达到 90°,因此,起动转矩比电容

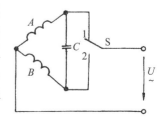

图 5.30 电容运转式
异步电动机正反转控制

分相式要小。

### 5.2.3 罩极式异步电动机

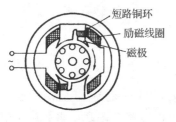

图 5.31 罩极式异步电动机

该类型电动机的结构如图5.31所示。在定子上有凸出的磁极,主绕组(定子绕组)就套装在这个磁极上,在极面上开有一凹槽,在极面小的那部分上嵌入短路铜环。它相当于一个副绕组,这部分磁极称为被罩部分,其余则称为未罩部分。

当定子绕组通入交流电时,产生的交变磁通在极面上被分为两部分。由于短路铜环的作用,使得穿过短路铜环的磁通所产生的感应电流阻碍主磁通的变化。因此,被罩部分的磁通在时间上滞后于未罩部分的磁通一个电角度,即磁通在空间被分成相位不同的两束,这也会产生一个移动磁场。在这个移动磁场作用下,转子便转动起来,旋转方向是由磁极的未罩部分向被罩部分转动。

罩极式单相异步电动机的起动转矩小,效率功率因数和过载能力等都较差,但制造简单,维修方便,故常用于小功率的电风扇和电唱机。

## 5.3 控制电机

为了使我国全面实现工业、农业、国防和科学技术的现代化,我们必须采用先进技术,其中包括各种类型的自动控制系统和计算装置。而控制电机在自动控制系统中是必不可少的,其应用不胜枚举。例如,火炮和雷达的自动定位,舰船方向舵的自动操纵,飞机的自动驾驶,机床加工过程的自动控制,炉温的自动调节,以及各种控制装置中的自动记录、检测和解算等等,都要用到各种控制电机。

控制电机的类型很多,在本节中只讨论步进电机。

步进电(动)机是一种利用电磁铁的作用原理将电脉冲信号转换为线位移或角位移的电机,近年来在数字控制装置中的应用日益广泛。例如,在数控机床中,将加工零件的图形、尺寸及工艺要求编制成一定符号的加工指令,打在穿孔纸带上,输入数字计算机。计算机根据给定的数据和要求进行运算,而后发出电脉冲信号。计算机每发一个脉冲,步进电动机便转过一定的角度,由步进电动机通过传动装置所带动的工作台或刀架就移动一个很小距离(或转动一个很小角度)。脉冲一个接着一个发出,步进电动机便一步一步地转动,达到自动加工零件的目的。

图 5.32 是反应式步进电动机的结构示意图。它的定子具有均匀分布的 6 个磁极,磁极上绕有绕组。两个相对的磁极组成一相,绕组的连法如图所示。假定转子具有均匀分布的 4 个齿。

有单三拍、六拍及双三拍三种工作方式,下面介绍单三拍工作方式的基本原理。

设 $A$ 相首先通电($B$、$C$ 两相不通电),产生 $A-A'$ 轴线方向的磁通,并通过转子形成闭合回路。这时 $A$、$A'$ 极就成为电磁铁的 N、S 极。在磁场的作用下,转子总是力图转到磁阻最小的位置,也就是要转到转子的齿对齐 $A$、$A'$ 极的位置(如图 5.33(a)所示)接着 $B$ 相通电($A$、$C$ 两相不通电),转子便顺时针方向转过 30°,它的齿和 $B$、$B'$ 极对齐(如图 5.33(b)所示)。随后 $C$

相通电（$A$、$B$ 两相不通电），转子又顺时针方向转过 30°，它的齿和
$C$、$C'$ 极对齐（如图 5.33（c）所示）。不难理解，当脉冲信号一个一个
发出，如果按 $A \rightarrow B \rightarrow C \rightarrow A \cdots$ 的顺序轮流通电，则电机转子便顺时
针方向一步一步地转动。每一步的转角为 30°（称为步距角）。电
流换接三次，磁场旋转一周，转子前进了一个齿距角（转子 4 个齿
时为 90°）。如果按 $A \rightarrow C \rightarrow B \rightarrow A \rightarrow \cdots$ 的顺序通电，则电机转子便
逆时针方向转动。这种通电方式称为单三拍方式。

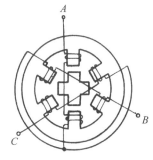

图 5.32　反应式步进电动机的结构示意图

　　由上面介绍可以看出，步进电动机具有结构简单、维护方便、
精确度高、起动灵敏、停车准确等性能。此外，步进电动机的转速
决定于电脉冲频率，并与频率同步。

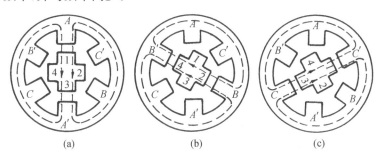

图 5.33　单三拍通电方式时转子的位置
（a）$A$ 相通电；（b）$B$ 相通电；（c）$C$ 相通电

# 5.4　常用低压电器及基本控制电路

　　现代工农业生产中所使用的生产机械大多是由电动机来带动
的。因此，电力拖动装置是现代生产机械中的一个重要部分，它由电动机、传动机构和控制电
动机的电气设备等环节所组成。为了使电动机能按照生产机械所需的要求进行工作，通常可
以采用继电器、接触器及按钮等控制电器来实现生产过程的自动控制。这种控制系统结构简
单，维修方便，但体积大，触点较多时易出故障。不能适应于较复杂的自控系统。随着电力电
子技术的发展，无触点控制系统已广泛应用，如数控技术、可编程控制技术等。本节仍以三相
异步电动机为控制对象，主要介绍继电器接触控制系统中常用的低压电器及其基本控制线路，
其控制原理等也适用于无触点控制系统。

### 5.4.1　常用低压电器

#### 5.4.1.1　开关

　　开关的种类很多，常用的有闸刀开关和组合开关等。闸刀开关的结构简单，主要由刀片
（动触头）和刀座（静触头）组成，如图 5.34 所示为三极胶盖瓷底闸刀的外形图和图形符号。

　　闸刀开关按照刀片的数目可分为单极、双极和三极等三种；按投向又可分为单投开关和双
投开关。

　　闸刀开关常作为电源引入开关，而不用它接通或断开较大的负载，其额定电压为 250 V 和
500 V，额定电流的范围为 10～100 A。应当注意，电源进线应接在刀座上（上端），而负载则接在

刀片下熔丝的另一端。

组合开关又称为转换开关,其结构较紧凑。组合开关的结构如图 5.35 所示,它有三对静触片,每个触片的一端固定在绝缘垫板上,另一端伸出盒外,连在接线柱上。三个动触片套在装有手柄的绝缘轴上,转动手柄就可以使三个动触片同时接通或断开。

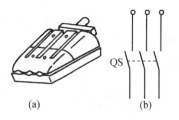

图 5.34
(a) 闸刀开关外形;(b) 符号

组合开关常作为生产机械电源的引入开关,也可以用于小容量电动机的不频繁起动,及控制局部照明电

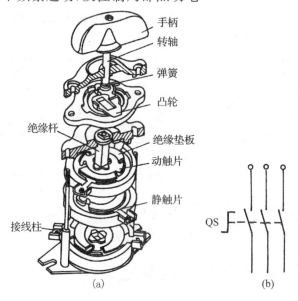

图 5.35　组合开关结构图及符号

路等。

### 5.4.1.2　按钮

按钮也是一种简单的手动控制电器。内部结构如图 5.36 所示,它的动触头和静触头都是桥式双断点式的,上面一对组成常闭触头,而下面一对则为常开触头。

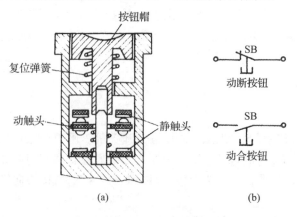

图 5.36　按钮结构和图形符号

当按下按钮帽时,动触头下移,此时上面的常闭触头断开,下面的常开触头接通。当手松开按钮帽时,由于复位弹簧的作用,使动触头复位,同时常开和常闭触头也都恢复到原来的状态位置。

按钮的种类很多,如把两个按钮组成"起动"和"停止"的双联按钮,其中一个按钮用其常开触头用于电动机的起动;另一个用其常闭触头用于电动机的停止。把三个按扭组成"正转","反转"和"停止"的三联按钮,最多可组成六对触头的按钮站。信号灯按钮的按钮帽中装有信号灯,按钮帽兼作信号灯的灯罩。

按钮通常用来接通或断开低压交流 500 V,直流 400 V(一般5～15 A)小电流的控制电路,例如控制接触器线圈的通电或断电。

### 5.4.1.3  交流接触器

交流接触器是利用电磁吸力而工作的自动电器,常用于接通和断开电动机(或其他用电设备)的主电路。它主要由电磁铁和触头两部分组成,图 5.37 为它的结构示意图。

当吸引线圈加上额定电压时,产生电磁吸力,将衔铁吸合,同时带动动触头和静触头接通。当吸引线圈断电或电压降低较多时,由于弹簧的作用,将衔铁释放,触头断开,即恢复到原来的位置。因此,只要控制吸引线圈的通电或断电,就可以使其触头接通或断开,从而控制电路的通断。

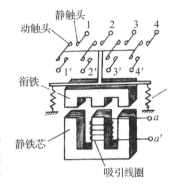

接触器的触头按功能不同,分为主触头和辅助触头两种。主触头接触面较大,允许通过的电流较大,通常有 3 对常开触头,串接在电动机的主电路中;辅助触头通过的电流较小,一般为 5 A,常接在电动机的控制电路中,通常有 4 对触头(两对常开、两对常闭)。

图 5.38 是交流接触器的图形符号。

图 5.37  交流接触器结构示意图

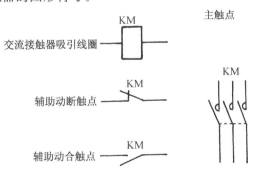

图 5.38  交流接触器图形符号

交流接触器的额定电压是指吸引线圈的额定电压:常有380 V、220 V,也有 36 V 低压线圈。接触器的额定电流是指主触头的额定电流:常有 5 A、10 A、20 A、40 A、75 A、120 A等。在选用时,应注意它的额定电流(应大于或等于电动机的额定电流)、线圈电压及触头数量等。

### 5.4.1.4  中间继电器

中间继电器在控制电路中有广泛的应用,主要特点是触点较多而结构尺寸较小,常用来传递信号和同时接通多个控制电路,也可以直接控制小容量电动机或其他电气执行元件。

选用中间继电器时,主要考虑电压等级及触头的数量等。

图 5.39 是中间继电器的外形图及符号。

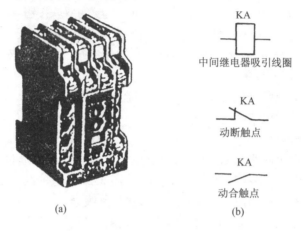

图 5.39 中间继电器

(a) 外型图;(b) 符号

### 5.4.1.5 时间继电器

时间继电器是利用电磁、机械或电子电路的方法实现触点延时接通或断开的控制电器。时间继电器的种类很多,有电磁式、空气式、电动式、电子式等等。

空气式时间继电器是利用空气阻尼作用,从而达到触点延时闭合或断开的目的,它由电磁系统、延时机构和触点三部分组成。按其功能可分为"通电延时型"和"断电延时型"两种。通电延时型的结构原理图如图 5.40 所示。

当吸引线圈通电后产生的电磁吸力将动铁芯吸下,带动托板向下运动,托板撞击下面的一个微动开关(也称为瞬动开关),使瞬动动断触点断开、动合触点闭合,导致托板与活塞杆之间有一段距离。在释放弹簧的作用下,活塞杆缓慢下移。在伞形活塞的表面固定一层橡皮膜,当活塞向下移动时,由于膜面上空间的空气比较稀薄,而活塞下面的空气密度较大,活塞不能迅速下移;当空气从进气孔进入时,橡皮膜表面的空气密度逐渐增加,活塞杆才慢慢下移。当活塞杆移动到最后位置时,杠杆的一头向上撞击上面的微动开关(称为延时开关),使其动作(延时动断触点断开、延时动合触点闭合),延时时间为从吸引线圈通电起到延时微动开关动作为止的这段时间。通过调节螺钉可以调节进气孔的大小,即调节延时时间。吸引线圈失电,依靠恢复弹簧触点来恢复原状,这种时间继电器称为通电型时间继电器。它具有一对瞬动触点和一对延时触点。

断电延时型时间继电器与通电延时型时间继电器的原理与结构均相同,只是将其电磁机构翻转 180°安装,即为断电延时型。如图 5.41 所示。

### 5.4.1.6 固态继电器(SSR)

随着现代化科学技术的发展,在各个领域,已广泛通过微机来实现自动控制。而微机与外界的接口装置,用交流固态继电器是最为理想的。

固态继电器是一种新型的无触点继电器。它没有机械触点,避免了大电流在频繁通过触点后造成触点烧坏,故其使用寿命、工作频率、耐冲击能力、可靠性、噪声等技术指标均优于电

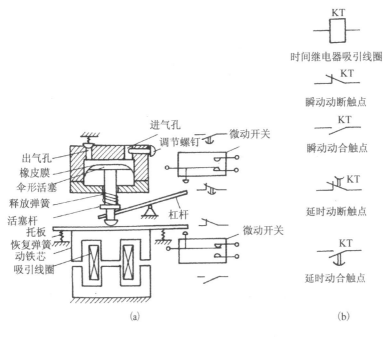

图 5.40 通电延时型空气式继电器

(a) 示意图；(b) 符号

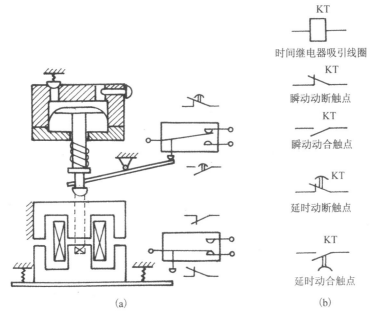

图 5.41 断电延时型空气式时间继电器

(a) 示意图；(b) 符号

磁式继电器。

固态继电器有多种类型，以负载的电源类型可分为交流型和直流型。交流型固态继电器以双向晶闸管作为输出端的功率器件，实现交流开关的功能。而直流型固态继电器是以功率晶体管作为输出端的功率器件,实现直流开关的功能。

图 5.42 所示为交流固态继电器的内部电路图及符号,它由光耦器件、集成触发电路、双向晶闸管组成。当输入端施加直流信号时,发光二极管发光,光敏三极管导通使集成触发电路产生一个触发信号、晶闸管被触发而导通、输出端负载与电源被接通。由于输出端接有 RC 吸收回路,故提高了可靠性。

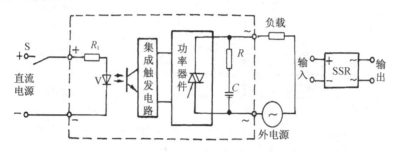

图 5.42　交流固态继电器及其符号

交流固态继电器的应用:

(1) 对炉温的控制　目前,许多加热炉、电烤箱的温度大多通过双金属片或热敏电阻等元器件的电加热时间来实现控制。若将炉内温度变化通过温度控制器取得一个控制信号,送至固态继电器的输入端,从而可不断地调节炉内温度,如图 5.43 所示。

(2) 单相交流异步电机的控制　如图 5.44 所示,依靠控制信号使固态继电器不断导通与切断来控制电机的正常工作。

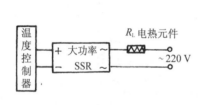

图 5.43　炉温控制电路

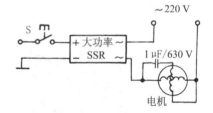

图 5.44　控制驱动电机电路

#### 5.4.1.7　熔断器

熔断器俗称保险丝,它是电路中最常用的短路保护电器。熔断器中的熔丝或熔片用电阻率较高的易熔合金制成,如铅锡合金。线路正常工作时,流过熔体的电流小于或等于它的额定电流,熔断器的熔体不应熔断。一旦发生短路或严重过载时熔体应立即熔断,切断电源。

熔断器的结构型式有管式、插入式、螺旋式等几种,如图 5.45 所示。

选用熔断器主要是确定熔体的额定电流。对于如照明线路等平稳电流的负载,可选熔体的额定电流等于或稍大于被保护设备的额定电流。

若负载是一台电动机,为防止电动机起动时电流过大而将熔体熔断,这时不能按电动机的额定电流来选择熔体,应当适当地将熔体的额定电流选大一些。通常可按下式计算:

$$熔体额定电流 \geqslant \frac{电动机的起动电流}{2.5}$$

若电动机起动频繁,则

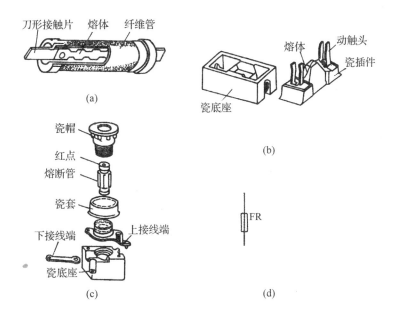

图 5.45 熔断器

(a) 管式；(b) 插入式；(c) 螺旋式；(d) 符号

$$则熔体额定电流 \geqslant \frac{电动机的起动电流}{1.6 \sim 2}.$$

对于多台电动机合用的熔断器，其熔体的额定电流可按下式估算：

熔体额定电流 ＝(1.5~2.5)×最大容量的电动机的额定电流＋其余电动机的额定电流。

#### 5.4.1.8 热继电器

热继电器是利用电流的热效应而动作的，通常用来保护电动机免受长期过载，是一种过载保护的自动电器。图 5.46 是热继电器的结构原理示意图。发热元件是一段电阻不大的电阻丝，串接在电动机的主电路中，常闭触头串联在控制电路中，即与接触器的吸引线圈串联。当主电路中的电流正常时，热继电器不动作，常闭触头仍闭合；当电动机过载时，流过发热元件的电流超过容许值一段时间而使双金属片受热(由两层热膨胀系数不同的金属压轧而成。上层金属的热膨胀系数小，下层的大)，双金属片向上弯曲，因而脱扣，扣板在弹簧的作用下将常闭

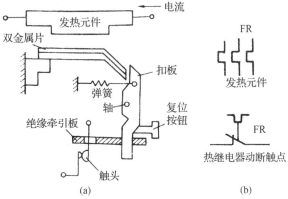

图 5.46 热继电器结构及符号

触头断开,而使接触器的吸引线圈断电,从而断开电动机的主电路。经过一段时间双金属片冷却恢复原状后,按下复位按钮,使常闭触头重新闭合,即复位。

由于热继电器中双金属片热惯性较大,即使通过发热元件的电流超过它的额定电流几倍,它也不会立即动作,只有这样,在电动机起动或短时间过载时才不会因电流大而动作,造成不必要的停车。

热继电器和熔断器的保护作用各有不同。熔断器只能作短路保护,而不能用于过载保护;热继电器只能作过载保护,而不能作短路保护。因此,在一个较完善的控制电路中,特别是较大容量的电动机控制电路中,这两种保护电器都应具备。

### 5.4.2 鼠笼式异步电动机的基本控制电路

#### 5.4.2.1 点动控制电路

点动控制电路如图 5.47 所示,它由起动按钮 $SB_2$、热继电器 FR 和接触器 KM 组成。当电动机需要点动时,先合上电源开关 QS,再按下按钮 $SB_2$,使接触器 KM 吸引线圈通电,动铁芯吸合,其三对常开主触头 KM 闭合,电动机接通电源开始运转;松开按钮 $SB_2$ 后,接触器吸引线圈断电,动铁芯在弹簧力作用下与静铁芯分离,主触头断开,电动机断电停转。

点动控制电路主要用于电动机短时运行的控制,如调整机床的主轴,快速进给,镗床和铣床的对刀、试车等均需要点动控制。

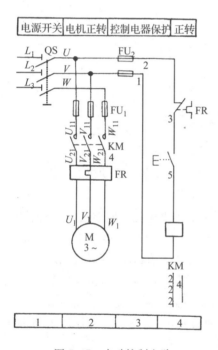

图 5.47　点动控制电路

#### 5.4.2.2 长动控制电路

长动控制电路如图 5.48 所示,这种电路在电动机起动后,如果没有停止信号,电动机将连续工作下去,在图中接触器 KM 线圈下面竖线的左边有 3 个"2",表示在 2 号位置上有它的 3 个主触头;第 2 条竖线的左边有一个"4",则表示在 4 号位置上有一个常开辅助触头;在触头 KM 的下面有个"4",表明它的线圈也在 4 号位置上。

在辅助控制电路中,接触器 KM 有一个辅助常开触头 KM 与起动按钮 $SB_2$ 并联。

当按下起动按钮 $SB_2$ 后,接触器 KM 的吸引线圈通电,电动机接通三相电源而直接启动。同时,在控制电路中与起动按钮 $SB_2$ 并联的接触器辅助常开触头 KM 也同时闭合。当松开按钮 $SB_2$ 时,虽然按钮的常开触头在弹簧作用下已恢复到断开位置,但接触器 KM 的吸引线圈仍保持通电状态,接触器通过自己的辅助常开触头使其继续保持通电动作的状态,称为接触器的自锁或自保。这个辅助常开触头称为自锁触头。图 5.48 也称为接触器自锁控制电路。

要使电机停止运转,只须按下停止按钮 $SB_1$。

在图 5.48 所示的电路中,还可以实现短路保护、过载保护、零压和欠压保护。

熔断器 FU 起短路保护作用,一旦发生短路事故,熔丝立即熔断,切断电源。

热继电器 FR 起过载保护作用,当过载时,它的热元件发热,使常闭触头断开,使交流接触器吸引线圈 KM 断电,则其主触头断开,电动机停止转动。

上述电路还具有零压和欠压保护,即当电源电压过低或暂时停电时,交流接触器的电磁吸力不足或消失,而使主触头断开,切断电动机的电源,同时也使自锁触头断开,而当电源电压恢复正常时必须重按起动按钮 $SB_2$,电动机方能起动。这样就防止电动机自动起动而造成事故。

#### 5.4.2.3　正、反转控制电路

在生产上许多设备需要正反两个方向的运动,这就要求拖动它们的电动机能够正转和反转。鼠笼三相异步电动机的正转和反转,可通过换接定子绕组的任意两根电源进线来加以实现。为此,使用了两个交流接触器 $KM_1$ 和 $KM_2$ 及 3 个按钮组成正反转控制电路,如图 5.49 所示。

$KM_1$ 为正转接触器,$KM_2$ 为反转接触器,$SB_2$ 为正转起动按钮,$SB_3$ 为反转起动按钮,$SB_1$ 为停止按钮。

正转接触器 $KM_1$ 主触头闭合时,电动机正

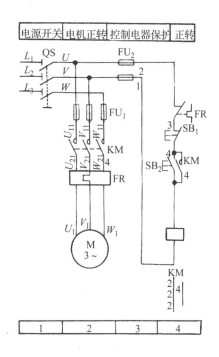

图 5.48　长动控制电路

转;而反转接触器 $KM_2$ 主触头闭合时,将电动机电源 3 根相线中的两根对调,即 $U_{21}$ 与 $W_{11}$、$W_{21}$ 与 $U_{11}$ 相接,电动机反转。

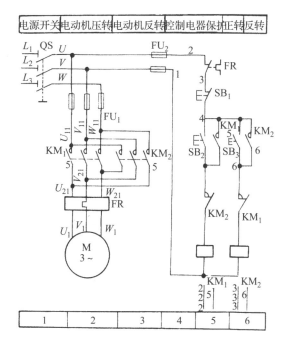

图 5.49　正、反转控制电路

从电路中可以看出,接触器 $KM_1$ 和 $KM_2$ 是不允许同时得电,否则通过主触头会将两相电源短路。为保证不发生这种情况,采用了互锁或联锁的控制,在各自的控制电路中分别串接入对方的常闭辅助触头,即在接触器 $KM_1$ 的线圈电路中串接了接触器 $KM_2$ 的常闭辅助触头 $KM_2$,而在接触器 $KM_2$ 的线圈电路中串接入接触器 $KM_1$ 的常闭辅助触头 $KM_1$。这样,正转接触器 $KM_1$ 工作时,其常闭触头 $KM_1$ 断开,即使按下 $SB_3$,也不可能使反转接触器 $KM_2$ 线圈通电;同理,当 $KM_2$ 通电工作时,正转接触器 $KM_1$ 也不可能工作。这两个接触器在同一时间内利用各自的触头锁住对方的控制电路,只允许一个工作,这种控制作用称为互锁或联锁,这两个常闭触头称为"互锁触头"。

动作过程:

正转起动:

合上开关 QS→按下 $SB_2$→$KM_1$ 线圈通电→

$KM_1$(4-5)触头闭合自锁

$KM_1$ 主触头闭合,电动机正转

$KM_1$ 常闭辅助触头(联锁)打开

按下 $SB_1$,电动机正向停转,所有触头复位。

反转起动:

$KM_2$(4~6)触头闭合自锁

按下 $SB_3$→$KM_2$ 线圈通电→$KM_2$ 主触头闭合→电动机反转

$KM_2$ 常闭辅助触头(联锁)打开

上述电路中,若正转时,如要令其反转,必须先按停止按钮 $SB_1$,使 $KM_1$ 失电,常闭触头 $KM_1$ 闭合,然后按 $SB_3$ 才能使 $KM_2$ 通电,电动机反转;反之,由反转改为正转也要先按停止按钮,这会使操作不甚方便,为此可采用复式按钮互锁控制电路。

表 5.2 控制电路图中的常用文字符号

| 名　称 | 文字符号 | 名　称 | 文字符号 |
|---|---|---|---|
| 变压器 | T | 控制开关 | SA |
| 电力变压机 | TM | 行程开关 | ST |
| 控制变压器 | TC | 正转按钮 | $SB_F$ |
| 电流互感器 | TA | 反转按钮 | $SB_R$ |
| 电压互感器 | TV | 断电器 | K |
| 发电机 | G | 交流继电器 | KA |
| 同步发电机 | GS | 热继电器 | FR |
| 测速发电机 | GT | 时间继电器 | KT |
| 电动机 | M | 接触器 | KM |
| 同步电动机 | MS | 正转接触器 | $KM_F$ |
| 力矩电动机 | MT | 反转接触器 | $KM_R$ |
| 伺服电动机 | SM | 电磁铁 | YA |

（续表）

| 名　称 | 文字符号 | 名　称 | 文字符号 |
|---|---|---|---|
| 刀开关 | Q | 电磁制动器 | YB |
| 断路器 | QF | 电磁吸盘 | YH |
| 电动机保护开关 | QM | 电动阀 | YM |
| 隔离开关 | QS | 电磁阀 | YV |
| 熔断器 | FU | 电阻器 | R |
| 按钮开关 | SB | 电位器 | RP |

表 5.3　常用电机、电器的图形符号

| 名　称 | 符　号 | 名　称 | | 符　号 |
|---|---|---|---|---|
| 三相鼠笼式 异步电动机 | 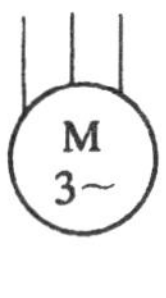 | 按钮触头 | 常开 |  |
| | | | 常闭 |  |
| 三相绕线式 异步电动机 |  | 接触器吸引线圈 继电器吸引线圈 | | 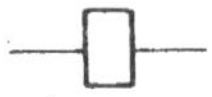 |
| 直流电动机 | 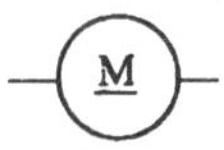 | 接触器触点 | 常开 |  |
| | | | 常闭 |  |
| 单相变压器 | 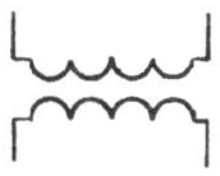 | 时间继电器触点 | 常开延时闭合 |  |
| | | | 常闭延时断开 |  |
| 三极开关 |  | | 常开延时断开 |  |
| | | | 常闭延时闭合 |  |

（续表）

| 名　称 | 符　号 | 名　称 | | 符　号 |
|---|---|---|---|---|
| 熔断器 | ▭ | 行程开关触点 | 常开 | ⌐⁄ |
| | | | 常闭 | ⌐ |
| 信号灯 | ⊗ | 热继电器 | 常闭触点 | ⅄ |
| | | | 热元件 | ⌐ |

**本章小结**

（1）电动机由定子、转子等部件组成。三相异步电动机的定子铁芯槽中嵌放着对称三相绕组，绕组根据电源电压的不同，有星形和三角形两种连接方法；转子有鼠笼式和绕线式两种结构。鼠笼式异步电动机的构造简单，使用维护方便，应用很广。

（2）三相异步电动机的转动是电与磁的相互转换和相互作用的结果，旋转磁场的存在是异步电动机工作的必要条件，而转子电流与旋转磁场的相互作用是异步电动机工作的充分条件。对称三相电流通入定子三相绕组，便产生旋转磁场。旋转磁场的转速也叫同步转速 $n_1$，$n_1 = \dfrac{60f_1}{P}$r/min。

转子转速 $n < n_1$，转差率 $s = \dfrac{n_1 - n}{n_1}$，是异步电动机的一个重要参数。

转子的转向由旋转磁场的转向决定，而旋转磁场的转向由三相定子电流的相序来决定。

（3）电动机的 $T = f(s)$ 或 $n = f(T)$ 曲线称为机械特性曲线。最大转矩表示电动机所能提供的极限值，而起动转矩反映了电动机的起动能力；额定转矩表示在额定电压 $U_N$ 下，电动机输出功率为额定值 $P_N$ 时，轴上输出的转矩。额定转矩可由 $T_N = 9550\dfrac{P_N}{n_N}$ 求出。

异步电动机的转矩 $T$ 与外加电压 $U_1^2$ 成正比，因此，电源电压的变化将影响电动机的运行质量。

（4）鼠笼式异步电动机可采用变频和变极的方法调速。变频调速是无级调速，是调速的发展趋势。

（5）三相异步电动机常用的制动方法有能耗制动和反接制动。

（6）三相异步电动机的起动电流很大，为了减小对输电线路的影响，对容量较大的或起动频繁的鼠笼电动机可采用 Y－△或自耦变压器降压起动。起动时，减小了起动电流，但起动转矩也要下降。

（7）单相异步电动机的结构、原理与三相异步电动机相似，只是定子绕组产生旋转磁场的方法不相同。单相异步电动机依起动方法有电容分相式和罩极式两种。

（8）各种控制电机有各自的控制任务，伺服电动机将电压信号转换成转矩和转速以驱动控制对象;步进电动机将脉冲信号转换成角位移或线位移。对控制电机要求具有动作灵敏、准确度高、重量轻、体积小、耗电少及运行可靠等特点。

(9) 继电接触器控制是一种有触点控制系统。它可以实现对电动机的起动、停止、正、反转等控制。

(10) 控制线路中,通常把整个线路分为主电路和控制电路两部分。控制电路具有短路保护、过载保护和失压保护功能。其中,起短路保护作用的是熔断器;起过载保护作用的是热继电器;起失压保护作用的是接触器电磁系统和自锁触头。

**习题**

5.1 将两对磁极的三相异步电动机接入 380 V、50 Hz 的电网中,求其同步转速。

5.2 某三相异步电动机有 4 个磁极,求它在 $s=1\%$、$2\%$ 和 $3.5\%$ 时的转速各等于多少?

5.3 三相异步电动机有 $n\downarrow\rightarrow s\uparrow\rightarrow I_2\uparrow\rightarrow T\uparrow$,这种说法是否正确?为什么?

5.4 某 4.5 kW 三相异步电动机的额定电压 $U_N=380$ V,额定转速 $n_N=950$ r/min,过载系数 $\lambda=1.6$,求(1)$T_N$,$T_m$;(2)当 $U$ 下降至 300 V 时,它能否带额定负载运行?为什么?

5.5 说明电源电压 $U$ 增加时三相异步电动机的转矩平衡过程。

5.6 异步电动机的转速与哪些因素有关?对转速影响最大和最经常的因素是哪些?

5.7 同一台三相异步电动机起动时,若负载不同(如空载和满载),与起动有关的哪些量不改变?哪些量要改变?为什么?

5.8 某 10 kW 的三相鼠笼式异步电动机的额定电压为380 V/220 V,电源电压为 380 V,它能否用 Y/△起动法起动?为什么?

5.9 某三相异步电动机正常为 Y 接线,$U_N=380$ V,$T_{st}/T_N=1.0$,试问:(1)它能否满载起动?为什么?(2) 当电源电压因故障降为 300 V 时,它能否带一半的负载起动?为什么?

5.10 为什么一根电源线断了,三相就成为单相而不是两相?说明在运转中的三相异步电动机有一根电源线断掉时能继续转动的原因。如果负载不变,则在一根电源线断掉时,电动机将有哪些变化?为什么?

5.11 试画出三相异步电动机 $P=1$,定子绕组三角形连接在 $\omega t=-30°$ 和 $\omega t=60°$时定子旋转磁场的图形,三相绕组电流的波形如图 5.9 所示,即设 $i_A=I_m\sin\omega t$ 为参考量。如对调 $B$ 和 $C$ 两根电源线,则又如何?

5.12 异步电动机轴上输出的机械功率增大时,定子输入的有功功率和视在功率将如何变化?

5.13 试证明利用自耦变压器 60% 电压抽头降压起动时,起动电流(电源线电流)仅为直接起动时的 36%。

5.14 为什么用接触器控制电动机时,控制电路就具有欠压和失压保护功能。

5.15 将单相异步电动机的两根电源进线对调,其转子能否反转?为什么?

# 第6章　晶体管及其应用

【内容提要】　本章主要介绍半导体的基本知识,PN结的形成及其单向导电性;二极管结构、伏安特性及主要参数;稳压管的工作原理及主要参数;三极管的基本结构和类型;极管的电流放大作用及三极管的输入/输出特性及主要参数;分压式偏置放大电路的静态工作点计算和分析方法,计算放大电路的电压放大倍数、输入电阻和输出电阻;放大电路中负反馈的作用及对电路参数的影响;集成运算放大器的应用。

【学习要求】　了解半导体的基本知识,了解PN结的形成及其单向导电性;了解三极管的基本结构和类型;理解三极管的电流放大作用、输入/输出特性及主要参数;了解其他常用晶体管;掌握分压式偏置放大电路的静态工作点分析方法,会计算单管放大电路的电压放大倍数、输入电阴和输出电阻;理解理想集成运算放大器的条件,理解集成运算放大器的线性应用电路(即加法、减法、积分和微分电路)的组成、输入和输出的关系;了解集成运算放大器的非线性应用。

电子电路中广泛使用了各种电子器件。电子器件种类较多,目前最常用的是半导体器件,主要有二极管、三极管、场效应管、晶闸管等。本章主要介绍这些器件的基本特性及应用电路。

## 6.1　PN结及其单向导电性

半导体器件一般是用硅(Si)和锗(Ge)材料制成的。就导电能力来看,半导体介于导体和绝缘体之间,同时,人们发现外界的某些条件改变以后,其导电性能可以有很大的变化,正是利用半导体的结构和特有的导电机理,人们制成了各种各样的电子器件。

如果在纯净的四价半导体晶体材料硅或锗中掺入微量的五价元素(例如磷)或三价元素(例如硼),半导体的导电能力就会大大增强。掺入五价元素的半导体中,磷原子和硅原子组成共价键时多出一个价电子,成为自由电子,这种半导体中自由电子是多数载流子,称之为电子型半导体或N型半导体。同理,掺入三价元素的半导体中的多数载流子是空穴,称为空穴半导体或P型半导体。

如果采取工艺措施,在一块硅片的一边形成P型半导体、另一边形成N型半导体,则在P型半导体和N型半导体的交界面附近形成PN结。

PN结具有单向导电性,在PN结两端外加电压,即电压的极性P端为正,N端为负,称为正向偏置;反之为反向偏置。PN结最重要的特性就是它在正、反偏置时所表现出的完全不同的电流属性——单向导电性。

(1) PN结正向偏置　当PN结加上图6.1所示正偏电压时,PN结变窄,由多数载流子形成的电流$I$(正向电流)由P区流向N区,称为PN结正向导通,其正向导通电阻很小。

(2) PN结反向偏置　如果给PN结外加反偏电压,如图6.2所示,这时,PN结变宽,使多数载流子的扩散运动难以进行,只有极少量的反向电流,反映出其反向电阻很大,这种情况称为 PN 结反偏截止。

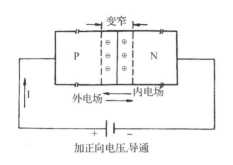

加正向电压,导通

图 6.1 PN 结的正向偏置

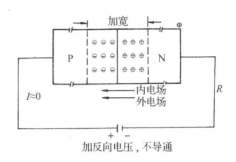

加反向电压,不导通

图 6.2 PN 结的反向偏置

# 6.2 晶体二极管及其应用

## 6.2.1 晶体二极管

### 6.2.1.1 基本结构

晶体二极管是在 PN 结两端引出金属电极和装上管壳而成,其示意图如图 6.3(a)(b)所示。P 区引出的电极为阳极,N 区引出的电极称为阴极,其图形符号如图 6.3(c)所示。二极管有点接触和面接触两类。点接触型二极管的特点是 PN 结的面积小,允许通过的电流较小,但它的等效结电容小(PN 结具有电容效应),适用于高频和小电流的工作;而面接触型的 PN 结面积大,允许通过的正向电流大。但它相应等效结电容也大,一般用于低频的整流。

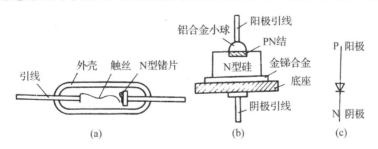

图 6.3 半导体二极管
(a) 点接触型;(b) 面接触型;(c) 表示符号

### 6.2.1.2 伏安特性

PN 结具有单向导电性,利用专门的测量线路或晶体管特性图示仪可得到晶体二极管的伏安特性曲线,如图 6.4 所示。它描述了管子的外特性,即管子电流与端电压的关系。由图可见,二极管对正向(正偏置)和反向(负偏置)具有截然不同的特性,正向段存在某个死区电压值(一般锗管为 0.2V 左右,硅管为 0.5V 左右),又称阈值电压,当正向偏置电压较小不足以克服内电场对扩散运动的阻力,故正向电流很小,几乎为零;而当正向偏压超过死区电压后,由于内电场被大大削弱,因而正向电流随外加电压的增加而迅速上升,管子呈导通状态。

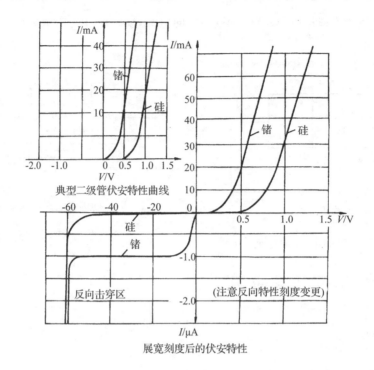

典型二级管伏安特性曲线

反向击穿区　　　　　(注意反向特性刻度变更)

展宽刻度后的伏安特性

图 6.4　二极管的伏安特性

二极管上加反向偏压时,管子的反向电流很小且基本上不随反向电压的变化而变化,通常称为反向饱和电流。反向电流越小,表明二极管的反向性能越好。但随温度的上升,反向电流增长很快。当外加反向偏压过高时,反向电流将突然增大,而发生击穿现象。一般认为强电场破坏了半导体的共价键结构是造成反向击穿的主要原因。

### 6.2.1.3　主要参数

器件的参数是对其各方面性能的定量描述,它是设计电路、选择器件的依据。二极管的主要参数有:

(1) 最大整流电流 $I_F$　表示在规定的环境温度下,二极管长期使用时,允许通过的最大正向平均电流,超过此电流,管子 PN 结会因过热而损坏。

(2) 最高反向工作电压 $U_{RM}$　指允许加在二极管上的反向电压的峰值,一般手册上给出的最高反向工作电压通常为反向击穿电压的一半。

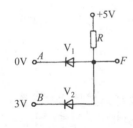

图 6.5

[**例 6.1**]　如图 6.5 所示电路,求输出端 $F$ 的电位 $V_F$。二极管正向导通压降,一般硅管约为 0.6～0.7 V,锗管约为 0.2～0.3 V。

**解**　由图可见,由于 $V_1$ 管两端的电位差大于 $V_2$ 管,则 $V_1$ 管优先导通,导通后,$V_F=0.7$ V(硅管),而 $V_2$ 管处于反偏而截止。在这里,$V_1$ 起钳位作用,把 $F$ 端电位钳在 0.7 V,而 $V_2$ 起隔离作用,把输出端 $F$ 与输入端 $B$ 隔离开来。

[**例 6.2**]　在图 6.6 中,$E=5$ V,$u_i=10\sin\omega t$ V,二极管为理想二极管,试画出输出电压 $u_o$ 的波形。

**解**　所谓理想二极管,是指它正向导通时两端电压视为零,相当于短路;而反向截止时,视为开路。

在理想二极管条件下,当 $u_i \geqslant E$ 时,二极管导通,输出 $u_o = E$;当 $u_i < E$ 时,二极管截止,输出 $u_o = u_i$。

画出输出 $u_o$ 的波形如图 6.7 所示,该电路中二极管起到输出限幅作用,并通过调整 $E$ 值大小来改变限幅电压大小。

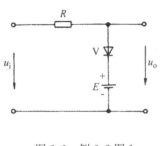

图 6.6　例 6.2 图 1

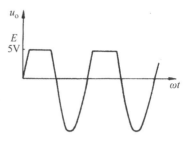

图 6.7　例 6.2 图 2

## 6.2.2　稳压二极管

稳压二极管(以下简称稳压管)是属于一种特殊工艺制造的面接触型半导体硅二极管,它工作于反向击穿区。从图 6.8 反向特性可以看出,击穿后通过管子的反向电流在较大范围内变化时,管子两端的电压基本不变,这就体现了稳压作用。

稳压管只要反向电流不超过允许范围,其击穿是可逆的,当去掉反向电压以后,它能恢复到击穿前的状态,这样可反复使用。图 6.8 为稳压管的电路符号及反向特性。

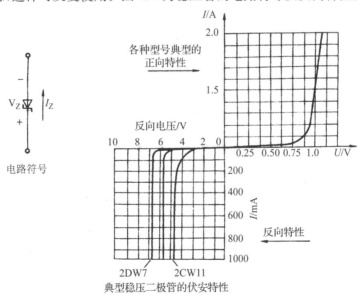

图 6.8　稳压二极管电路符号与伏安特性

稳压管的主要参数有:

(1) 稳定电压 $U_Z$　即反向击穿电压,手册中所列的都是在一定条件(工作电流、温度)下的数值,但由于制造工艺的分散性,即使是同一型号的稳压管,其 $U_Z$ 值也不完全一样,有一定的数值范围。

(2) 稳定电流 $I_Z$　指稳压管保持稳定电压时的工作电流。

（3）动态电阻 $r_Z$　动态电阻是指反向击穿段的动态微变电阻，即 $r_Z = \dfrac{\Delta U_Z}{\Delta I_Z}$，表征了稳压管反向段的陡峭程度。$r_Z$ 愈小，其稳压性能愈好。

（4）最大耗散功率 $P_{Zm}$　稳压管所允许的最大功耗，超过此量功耗管子将进入热击穿而损坏，即 $P_{Zm} = U_Z \cdot I_{Zmax}$。

（5）电压温度系数 $a_U$　温度变化 $1\,^\circ\!C$ 所引起的稳定电压的相对变化量，即 $\dfrac{\Delta U_Z}{U_Z}/\Delta T$。当然希望愈小愈好，一般来说，低于 6 V 的稳压管，它的电压温度系数是负的；高于 6 V 的稳压管，电压温度系数为正的；而在 6 V 左右的管子，稳压值受温度的影响较小。图 6.9 中示出稳压管 2DW7 系列的结构，它由两只背向的稳压管 $D_{Z_1}$、$D_{Z_2}$ 串联，当在 1,2 两端使用时，其中一只稳压管反向击穿，具有正温度系数，另一只工作于正向，其温度系数为负，两者的温度系数相互补偿，可使稳压管的总温度系数大大减小。

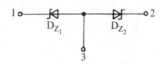

图 6.9　具温度补偿作用的标准稳压管

[**例 6.3**]　在图 6.10 中，通过稳压管的电流 $I_Z$ 等于多少？$R$ 是限流电阻，其值是否合适？

**解**　限流电阻 $R$ 之阻值大小选择应使稳压管工作在稳压区，为此应满足：

$$I_{Zmin} < I_Z < I_{Zmax}$$

$$R = \frac{U_o - U_Z}{I_Z}$$

则

$$I_Z = \frac{U_o - U_Z}{R} = \frac{20 - 12}{1.6} = 5\,(\text{mA})$$

满足 $4\,\text{mA} < I_Z < 18\,\text{mA}$，

故限流电阻选择是合适的。

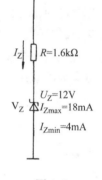

图 6.10

### 6.2.3　发光二极管

发光二极管是一种将电能直接转换成光能的半导体固体发光器件，简称 LED。它是由特殊材料构成的 PN 结，当正向偏置时，PN 结便以发光的形式来释放内部的能量。光的颜色主要取决于制造发光二极管的半导体材料。例如，砷化镓半导体辐射红光；磷化镓半导体辐射绿光等。

发光二极管的符号与特性如图 6.11 所示。它的伏安特性和普通二极管相似，其正向工作电压一般小于 2 V，正向电流为 10 mA 左右。

发光二极管的应用很广，常作音响设备、数控仪表等的显示电路，具有驱动电压低，工作电流小、体积小、可靠性高、寿命长等优点。

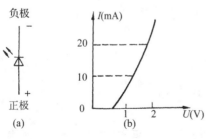

图 6.11　发光二极管的符号和特性

（a）符号；（b）特性曲线

### 6.2.4　光电二极管

光电二极管又称光敏二极管。其 PN 结工作在

反向偏置状态。图 6.12 为 2DU 型光电二极管的外形、符号及基本电路。

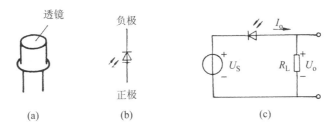

图 6.12　光电二极管

(a) 外形;(b) 符号;(c) 基本电路

当装有透镜的窗口未接受光照射时,电路中流过微小的反向电流,称为暗电流。当窗口受到光照射时,在一定的反向偏置电压作用下,反向电流随光照强度的增加而线性增加,称为亮电流。通过外接电阻 $R_L$ 上的电压变化,实现光-电信号的转换。

光电二极管作为光控元件可用于各种物体检测、光电控制、自动报警等方面。

### 6.2.5　变容二极管

这种二极管的特点是,PN 结反向偏置时的结电容随反向电压变化而有较大的变化。图 6.13 是变容二极管的符号和压-容特性曲线。

在电子技术中,变容二极管常作为调谐电容使用。改变其反向电压大小以使其结电容随之变化,进而调节 LC 振荡回路的振荡频率。图 6.14 所示为用变容二极管组成的调谐电路。反向电压大小由电位器 $R_p$ 调节,$C_1$ 为隔直电容,振荡频率 $f = \dfrac{1}{2\pi\sqrt{LC}}$。

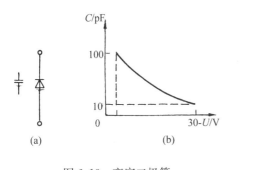

图 6.13　变容二极管

(a) 符号;(b) 压-容特性曲线

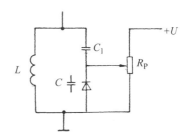

图 6.14　调谐电路

### 6.2.6　晶体二极管的基本应用电路

晶体二极管最广泛的应用是直流电源中的整流电路。

电子设备及仪器中所需用的直流稳压电源一般都由交流电网供电,经"整流"、"滤波"、"稳压"后得到的直流电。所谓"整流"就是利用二极管的单向导电性能,把交流电变成单向脉动的直流电;所谓"滤波",就是滤除脉动直流电中的交流部分,而得到比较平滑的直流电。为了把交流电源电压变换为符合整流电路所需要的交流电压值,往往在整流之前加一变压器。但是这种直流电源的性能还很差,其输出电压随交流电网电压的波动、负载电流的变化及温度变化等而变化,故还需要加入稳压电路,所以直流稳压电源一般由 4 部分组成,如图 6.15 所示。

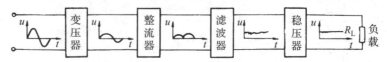

图 6.15 直流稳压电源的组成

### 6.2.6.1 整流电路

(1) 单相半波整流电路 图 6.16 示出了纯电阻负载半波整流电路及其整流波形,其中 $u_1$ 表示电网电压,$u_2$ 表示变压器次级电压,$R_L$ 为负载电阻。设:

$$u_2 = \sqrt{2}U_2\sin\omega t$$

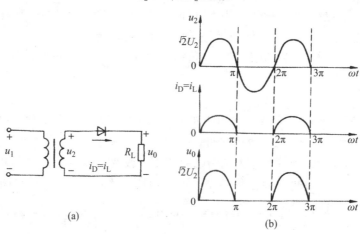

(a)                    (b)

图 6.16 单相半波整流电路及其波形

由于二极管的单向导电作用,在电源电压一个周期内,只有正半周二极管才导通,若忽略二极管的正向压降,则负载上的输出电压 $u_o$ 为

$$u_o = \sqrt{2}U_2\sin\omega t \qquad 0 \leqslant \omega t \leqslant \pi$$
$$u_o = 0 \qquad\qquad \pi \leqslant \omega t \leqslant 2\pi$$

由 $u_o$ 的波形可知,这种整流电路仅利用了电源电压 $u_2$ 的半个波,故称半波整流。这种单向脉动输出电压,常用一个周期的平均值来表示它的大小。单相半波整流电压的平均值为

$$U_o = \frac{1}{2\pi}\int_0^\pi \sqrt{2}U_2\sin\omega t\,\mathrm{d}\omega t = \frac{\sqrt{2}}{\pi}U_2 = 0.45U_2$$

流经二极管的电流等于负载电流,其平均值为

$$I_D = I_L = 0.45\frac{U_2}{R_L}$$

$$I_F \geqslant I_D$$

二极管截止时受到的最大反向电压为

$$U_{DRM} = \sqrt{2}U_2$$

这样,根据 $I_F$ 和 $U_{DRM}$ 就可以选择合适的整流元件。

(2) 单相桥式整流电路 单相桥式整流电路及波形如图 6.17 所示。设电源变压器的次

级电压 $u_2 = \sqrt{2}U_2 \sin\omega t$，4 只整流二极管接成电桥形式，图 6.17(c) 为单相桥式整流电路的简化画法，当电源电压 $U_2$ 为正半周时，变压器次级 $a$ 端为正，$b$ 端为负，二极管 $V_1$、$V_3$ 导通，$V_2$、$V_4$ 截止；电流由 $a \to V_1 \to R_L \to V_3 \to b$；当电源电压为负半周时，$b$ 端为正，$a$ 端为负，二极管 $V_1$、$V_3$ 截止，$V_2$，$V_4$ 导通，电流由 $b \to V_2 \to R_L \to V_4 \to a$。

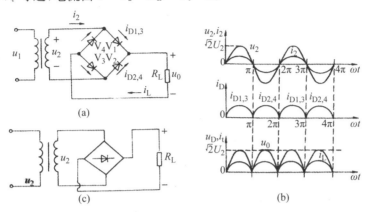

图 6.17　单相桥式整流及其波形

可见，在电源电压的整个周期内，$V_1V_3$ 和 $V_2V_4$ 两组管子轮流导通，但无论电源的正半周还是负半周都有电流通过负载，则输出电压和电流的平均值都比半波整流电路增加一倍，但通过每只管子的电流和半波时一样。因此，桥式整流电路的输出电压的平均值 $U_o$ 和负载电流的平均值分别为

$$U_o = 2 \times 0.45U_2 = 0.9U_2$$

$$I_L = 0.9\frac{U_2}{R_L}$$

每两个二极管串联导通半周，因此，每个二极管中流过的平均电流只有负载电流的一半，即

$$I_D = \frac{1}{2}I_L = 0.45\frac{U_2}{R_L}$$

由图 6.17 可以看出，截止管所承受的最大反向电压等于 $u_2$ 的最大值，即

$$U_{DRM} = \sqrt{2}U_2$$

这与半波整流电路相同。

由于桥式整流电路的优点较为显著，所以使用很普遍。近年来，整流二极管的组合件——硅桥式整流器(硅桥堆)得到广泛应用，它是应用半导体集成电路技术将 2 只(半桥)或 4 只(全桥)二极管集成在同一硅片上以代替 4 只整流二极管，具有体积小、特性一致、使用方便的特点。

### 6.2.6.2　滤波电路

为了改善整流后输出电压的脉动程度，一般都需要滤波，常用的滤波电路由电容、电感及电阻元件等组成。

(1) 电容滤波电路($C$ 滤波)　在图 6.18 中，在负载 $R_L$ 两端并联一只容量较大的电解电容，便构成电容滤波电路，利用电容充放电的作用从而使输出电压 $U_o$ 比较平滑。

在 $u_2$ 正半周，二极管 $V$ 导通，整流电流一方面流经负载，同时对电容 $C$ 充电。由于充电回路电阻很小，所以，充电很快，电容电压 $u_C$ 跟随 $u_2$ 同步上升并达到最大值 $U_{2m}$ 而后，$u_2$ 开始下降,出现 $u_2 < u_C$,二极管反偏而截止;电容 $C$ 向负载电阻 $R_L$ 放电,其放电速度很慢,则输出电压 $u_o$(即 $u_C$)按指数曲线逐渐下降。在 $u_2$ 的下一个周期到来,且 $u_2 > u_C$ 时,二极管又导通,电容再被充电,便重复上述过程。由图 6.19 可以看出,通过电容滤波后,输出电压的脉动大为改善,输出电压平均值提高,通常取 $U_o = U_2$(半波),$U_o = 1.2U_2$(全波)。

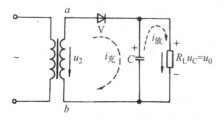

图 6.18　接有电容滤波器的单相半波整流电路

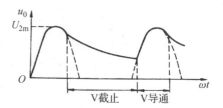

图 6.19　电容滤波器的作用

采用电容滤波时,负载变化对输出电压的影响较大,当 $C$ 一定时,随着负载的增加($R_L$ 减小),放电加快,输出平均电压 $U_o$ 将下降。

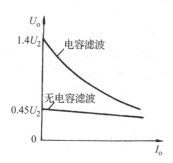

图 6.20　电阻负载和电容滤波的
单相半波整流电路的外特性曲线

图 6.20 为电容滤波的外特性曲线(输出电压 $U_o$ 与输出电流 $I_o$ 的关系)。由图可见,与无电容滤波时比较,输出电压随负载变化而有较大的变化,即外特性较差,或者说带负载能力较差。因此,电容滤波适用于负载电流较小且变化较小的场合。而电容 $C$ 取大点可以改善外特性,提高带负载能力,但带来元件体积大、价格高的缺点。一般取 $C \geqslant (3 \sim 5)\dfrac{T}{R_L}$($T$ 为交流电源的周期)(半波);$C \geqslant (3 \sim 5)\dfrac{T}{2R_L}$(全波)。

此外,由于二极管导通时间较短,电容充电较快,故产生冲击电流较大,容易损坏二极管,所以,使用电容滤波时,必须选择有足够电流富裕量的二极管,或者在二极管前面串一个限流电阻(几欧姆到几十欧姆)。

(2)电感电容滤波电路($LC$ 滤波)　利用电感线圈对交流电具有较大的阻抗,而直流电阻很小的特点,使输出脉动电压中的交流分量几乎全部降落在电感上,再经电容滤波,再次滤掉交流分量。这样,可以得到较平滑的直流输出电压。$LC$ 滤波的电路见图 6.21,$LC$ 滤波器适用于电流较大,负载变化较大的场合。

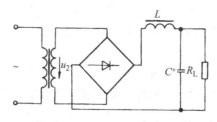

图 6.21　电感电容滤波电路

(3)π形滤波电路　π形滤波电路的滤波效果比 $LC$ 滤波器更好,输出电压也较高,但输出电流较小,带负载能力差,如图6.22所示。

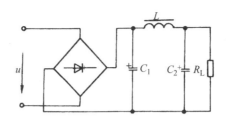

图 6.22　π 形 LC 滤波电路

### 6.2.6.3　简单的稳压电路

经整流和滤波后的电压往往不稳定,会随电源电压的波动和负载的变化而变化。为了得到稳定的直流输出电压,在整流滤波之后必须进行稳压,以满足各种电子设备的要求。

最简单的稳压电路是用稳压管组成的稳压电路,如图 6.23 所示,$U_i$ 为整流和滤波后的电压,$U_o$ 为输出电压。限流电阻 $R$ 和稳压管是电路中起到稳压作用的关键元件。

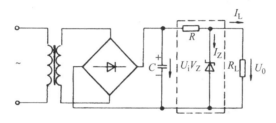

图 6.23　稳压管稳压电路

(1) 当交流电源电压增加而使整流滤波后的输出电压 $U_i$ 增加时,输出电压 $U_o$(即为稳压管两端的反向电压)也要增加,稳压管电流 $I_Z$ 亦显著增加(由稳压管的特性曲线决定),使电阻 $R$ 上的电流和压降增加,以抵消 $U_i$ 的增加,从而使输出电压 $U_o$ 保持近似不变。相反,如电源电压下降,而引起输出电压 $U_o$ 降低,通过电阻 $R$ 和稳压管 $D_Z$ 的调整,仍可保持输出电压 $U_o$ 近似不变。

(2) 当电源电压保持不变而负载电流增大时(负载 $R_L$ 减小),引起输出电压的降低,则马上引起稳压管电流 $I_Z$ 的显著减小,使电阻 $R$ 上的压降减小,而保持输出电压 $U_o$ 近似不变。若负载电流减小,一个相反的过程,也使 $U_o$ 近似不变。

### 6.2.6.4　集成稳压电路

随着半导体集成工艺的发展,稳压电路也已制成了集成器件,它体积小,使用灵活,电路简便,其中尤以三端集成稳压器电路得到广泛应用。

三端固定式稳压器的外型及管脚排列如图 6.24 所示,它有两种封装形式,一种是 F-2 型

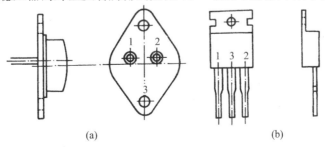

(a)　　　　　　　　　　　　　　(b)

图 6.24　三端固定式稳压器的管脚排列图

(a) F-2 型;(b) S-7 型

金属封装,一种是 S-7 型塑料封装。这类产品都只有三个管脚,分别是输入端、输出端和公共端,使用方便,安全可靠,它内部设有过流保护等电路,应用十分广泛。

下面介绍几种常用电路:

(1) 输出电压固定的电路　图 6.25(a)和(b)分别为 78×× 系列和 79×× 系列集成输出正、负电压的电路。其中 $C_i$ 为输入滤波电容,用于旁路高频干扰脉冲、$C_o$ 用于改善输出的瞬态特性并具有消振作用。当输出电压较高,且 $C_o$ 容量较大时,必须在输入端 1 与输出端 2 之间跨接一个保护二极管 V(图中虚线部分),以保护集成块防上击穿的可能。

图 6.25(c)为可同时输出正、负两组电压的电路。

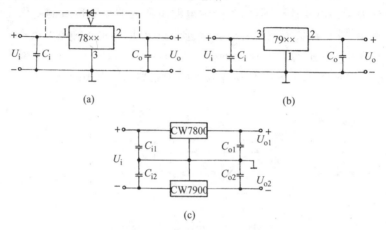

(a)　　　　　　　　　(b)

(c)

图 6.25　输出电压固定的电路
(a) 输出正电压;(b) 输出负电压;(c) 输出正、负电压

(2) 提高输出电压的电路(如图 6.26 所示)　显然,输出电压 $U_o = U_{o_1} + U_{o_2}$。其中,$U_{o_1}$ 为 78×× 系列稳压器固定输出电压;$U_{o_2}$ 为稳压管的稳定电压。

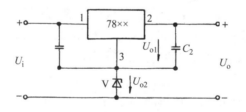

图 6.26　扩展输出电压的电路

(3) 扩大输出电流的电路(如图 6.27 所示)　图中采用了外接功率管的方法来扩大输出电流。

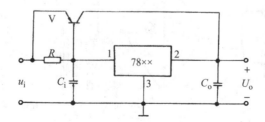

图 6.27　扩大输出电流的电路

# 6.3　晶体三极管及基本放大电路

### 6.3.1　晶体三极管

晶体三极管是电子电路中应用最广泛的一种半导体器件。虽然当今已发展到大规模、超大规模集成电路,但工作原理仍然基于二极管和三极管。所以对晶体三极管的了解,无论对分立元件还是集成电路的进一步研究都是十分重要的。

#### 6.3.1.1　基本结构

三极管的内部结构为两个 PN 结,根据 P 型和 N 型半导体组合方式的不同,可分为 NPN型和 PNP 型两种类型。图 6.28 为其结构示意图及表示符号。由图可见,两个 PN 结(发射结和集电结)把三极管分为发射区、基区和集电区等三个区,并分别引出发射极 e、基极 b、集电极c 等三个电极。NPN 型与 PNP 型两种电路符号是有区别的,发射极箭头方向表示发射结正向偏置时的电流方向,根据这个方向即能判断管子的类型。

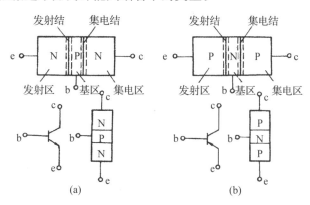

图 6.28　晶体管的结构示意图和表示符号

(a) NPN 型晶体管;(b) PNP 型晶体管

#### 6.3.1.2　三极管的电流放大作用

为了保证三极管实现电流放大作用,必须在发射结加上正向电压(正偏),集电结加反向电压(反偏),如图 6.29 所示。对 NPN 管,要求 $E_c > E_b$。这样,在其内部形成发射极电流 $I_e$、基极电流 $I_b$、集电极电流 $I_c$。

下面简要分析三极管内部载流子的运动规律,来说明三极管的电流放大作用。

(1) 发射区向基区注入电子　发射结加正向电压后,发射区电子就不断地扩散到基区,由于发射区电子浓度远大于基区的空穴浓度,所以主要是发射区的电子不断越过发射结扩散到基区,并不断从电源 $E_b$ 补充电子,形成发射极电流 $I_e$。

(2) 电子在基区扩散与复合　由于基区很薄,发射区电子扩散到基区后,大部分电子很快扩散

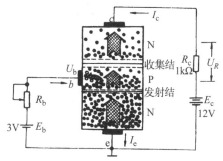

图 6.29　晶体管中载流子的运动

到集电结附近,只有少量的电子与基区中空穴复合形成电流 $I_b$。

(3) 集电区收集从发射区扩散过来的电子 由于集电结反向向偏置,从发射区扩散到基区的电子中绝大部分穿越过基区而扩散到集电区,形成较大的集电极电流 $I_c$,仅很小一部分电子在基区中与空穴复合,形成很小的基极电流 $I_b$。所以有 $I_c + I_b = I_e$,$I_c$ 与 $I_b$ 的分配比例取决于电子扩散与复合的比例。管子制成后,两者比例将保持一定,因此通过改变 $I_b$ 的大小,可达到控制 $I_c$ 的目的。

晶体管内部这种电流分配的状况,以基极小电流的变化控制集电极大电流的变化,这就是电流放大原理的实质所在。

### 6.3.1.3 特性曲线

由于三极管有三个电极,因而在应用中必然有某个电极作为输入和输出的公共端。根据公共端的不同,三极管有三种连接方式:共发射极连接、共基极连接和共集电极连接,如图 6.30 所示。

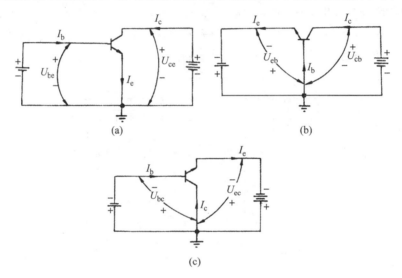

图 6.30 晶体三极管的三种连接方式
(a) 共发射极连接;(b) 共基极连接;(c) 共集电极连接

不论哪种连接方式,都有一对输入端和一对输出端,因此,要完整地描述三极管的各极电压电流关系,就需要用伏安特性曲线来表示,根据特性曲线,可以确定管子的参数及性能,它是分析放大电路的重要依据。常用的特性曲线是共发射极接法的输入特性曲线和输出特性曲线。这些曲线可以通过实验方法逐点测绘出来或用晶体管特性图示仪直接观察。

(1) 输入特性曲线 输入特性曲线是指当集-射极电压 $U_{ce}$ 为某一固定值时,基极电流 $I_b$ 与基-射电压 $U_{be}$ 之间的关系,即 $I_b = f(U_{be})\big|_{U_{ce}=常数}$,如图 6.31 所示。

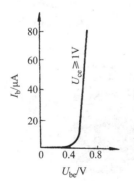

图 6.31 3DG6 晶体管的输入特性曲线

由于输入特性要受 $U_{ce}$ 的影响,对于每给一个 $U_{ce}$ 值,将得到一条曲线,且随 $U_{ce}$ 增大,曲线左移,但当 $U_{ce} \geqslant 1V$ 以后,曲线基本重合,因此,只需画出 $U_{ce} \geqslant 1V$ 的一条曲线。

由图 6.31 可见,与二极管的正向特性相似,晶体管的输入特性也是非线性的,也有一段死区。当 $U_{be}$ 小于阈值电压时,管不导通,$I_b \approx 0$。三极管正常工作时,硅管的发射结电压降为 $U_{be} \approx 0.6 \sim 0.7\,V$,锗管的 $U_{be} \approx -0.2 \sim -0.3\,V$。

(2) 输出特性曲线　指当基极电流 $I_b$ 为某一固定值时,集电极电流 $I_c$ 与集-射电压 $U_{ce}$ 之间的关系曲线。即 $I_c = f(U_{ce})\Big|_{I_b = \text{常数}}$。当取不同的 $I_b$ 值时,可得到一组曲线,如图 6.32 所示。

输出特性曲线组可以分为三个区域:

① 放大区　三极管处于放大区的条件是发射结正偏,集电结反偏,即 $I_b > 0$,$U_{ce} > 1\,V$ 的区域。由图 6.32 可见,这时特性曲线是一组间距近似相等的平行线组。在放大区内,$I_c$ 由 $I_b$ 决定,而与 $U_{ce}$ 关系不大,即 $I_b$ 固定时,$I_c$ 基本不变,具有恒流特性。改变 $I_b$ 可以改变 $I_c$,且 $I_c$ 的变化远大于 $I_b$ 的变化。这表明 $I_c$ 受 $I_b$ 控制,体现出电流放大作用。

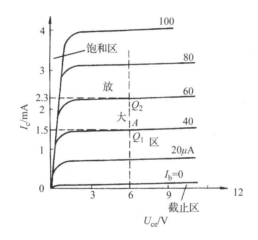

图 6.32　3DG6 晶体管的输出特性曲线

② 截止区　指 $I_b = 0$ 曲线以下的区域。截止时集电结和发射结都处于反偏。从图 6.32 中可见,当 $I_b = 0$ 时,集电结存在一个很小的电流 $I_c = I_{ceo}$,称为穿透电流。硅管的 $I_{ceo}$ 值较小,锗管的 $I_{ceo}$ 较大。

③ 饱和区　对应于曲线组靠近纵坐标(即 $U_{ce}$ 较小)的部分,饱和时,发射结、集电结均处于正向偏置,因此,$I_c$ 不受 $I_b$ 的控制,三极管失去放大作用。

6.3.1.4　主要参数

三极管的参数是用来表示管子的性能,也是设计电路、合理选用三极管的依据,主要参数有:

(1) 共发射极电流放大系数 $\bar{\beta}$,$\beta$　它表示了三极管放大电流的能力。

① 直流电流放大系数 $\bar{\beta}$　指无输入信号(静态)情况下,集电极电流 $I_c$ 与基极电流 $I_b$ 的比值,即

$$\bar{\beta} = \frac{I_c}{I_b}$$

$\bar{\beta}$ 可以从输出特性曲线上求出,例如图 6.32 $A$ 点处,有 $I_b = 40\,\mu A$,$I_c = 1.5\,mA$,则 $\bar{\beta} =$

$$\frac{1.5 \times 10^3}{40} = 37.5。$$

② 交流电流放大系数 $\beta$  指有输入信号(动态)时,集电极电流的变化量 $\Delta I_c$ 与相应的基极电流变化量 $\Delta I_b$ 的比值,即

$$\beta = \frac{\Delta I_c}{\Delta I_b}$$

$\beta$ 也可以由输出特性曲线求得。

虽然 $\overline{\beta}$ 和 $\beta$ 其含义不同,值也不完全相等,但在常用的工作范围内,$\overline{\beta}$ 和 $\beta$ 却比较接近,所以工程计算认为 $\beta \approx \overline{\beta}$。

(2) 集-基极反向电流 $I_{cbo}$   $I_{cbo}$ 是发射极在开路、集电结反向偏置时,c、b 之间出现的反向漏电流。$I_{cbo}$ 值很小,但受温度的影响较大。在室温下,小功率锗管的 $I_{cbo}$ 约为几微安到几十微安,小功率硅管在 $1\mu A$ 以下。一般认为,温度升高 10℃,$I_{cbo}$ 增大 1 倍。

(3) 集-射极穿透电流 $I_{ceo}$   $I_{ceo}$ 是基极在开路,集电极处于反向偏置、发射极处于正向偏置时,集电结与发射结之间的反向电流,又称为穿透电流。$I_{ceo}$ 与 $I_{cbo}$ 的关系为

$$I_{ceo} = (1 + \beta) I_{cbo}$$

因此,$I_{ceo}$ 约比 $I_{cbo}$ 大 $(1+\beta)$ 倍,$I_{ceo}$ 受温度影响更大些。显然,$I_{ceo}$、$I_{cbo}$ 越小,管子的温度稳定性越好。一般来说,硅管的温度稳定性比锗管好。

(4) 三极管的极限参数   指三极管正常工作时,电流、电压、功率等极限值,是管子安全工作的主要依据。三极管的主要极限参数有:

① 集电极最大允许电流 $I_{cm}$   集电极电流 $I_c$ 太大时,电流放大系数 $\beta$ 值要下降。当 $\beta$ 值下降到正常数值的 2/3 时的集电极电流,称为集电极最大允许电流 $I_{cm}$。在使用时,若 $I_c > I_{cm}$,三极管也可能不致损坏,但 $\beta$ 将显著下降。

② 集-射极反向击穿电压 $U_{(BR)ceo}$   它表示基极开路时,集电极和发射极之间允许加的最大反向电压,超过这个数值时,$I_c$ 将急剧上升,晶体管可能击穿而损坏。手册中给出的 $U_{(BR)ceo}$ 一般是常温(25℃)时的值。温度升高,其 $U_{(BR)ceo}$ 值将要降低,使用时应特别注意。

(5) 集电极最大允许耗散功率 $P_{cm}$  集电极电流流经集电结时将产生热量,使结温升高,导致三极管性能变坏,甚至烧毁管子。$P_{cm}$ 就是根据最高结温给出的。由 $P_{cm} = U_{ce} \cdot I_{ce}$,在输出特性曲线上画出 $P_{cm}$ 曲线,称为功率损耗线。曲线左侧为安全工作区,右侧功率损耗值大于 $P_{cm}$,为过损耗区,如图 6.33 所示。

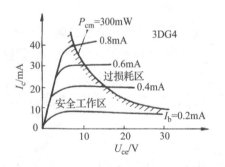

图 6.33   集电极最大允许耗散功率 $P_{cm}$ 的轨迹

## 6.3.2  共发射极放大电路

晶体管的主要用途就是利用其放大作用组成放大电路。所谓放大电路,就是把微弱的电信号(电压或电流)不失真地放大到所需要的数值。晶体管放大电路广泛地应用在通信、工业自动控制、测量等领域。

不同的负载对放大器的要求不同,有的要求放大电压,有的要求放大电流,有的则要求放

大功率,本节主要介绍交流电压放大电路的组成、工作原理及其分析方法。

6.3.2.1　**基本放大电路的组成**

图 6.34 是共发射极接法的基本放大电路。

各元件的作用如下:

(1) 晶体管 V　晶体管具有电流放大作用,它的基极输入小电流 $i_b$,在集电极可获得较大的电流 $i_c$。

(2) 集电极电源 $U_{cc}$　这是整个放大电路的能源,一般为几伏到几十伏;同时它又保证集电结为反向偏置,使晶体管处于放大状态。

(3) 集电极负载电阻 $R_c$　它将集电极电流变化转换为集电极电压的变化,以获得输出电压。$R_c$ 的阻值一般为千欧姆到几十千欧姆。

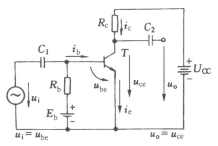

图 6.34　基本交流放大电路

(4) 基极电源 $E_b$　它保证晶体管发射结处于正向偏置,这是 $E_b$ 通过偏流电组 $R_b$ 来实现的。

(5) 基极偏流电阻 $R_b$　在 $E_b$ 的大小确定后,调节 $R_b$ 可使晶体管基极获得合适的直流偏置电流(简称偏流)$I_b$,同时使晶体管有合适的静态工作点。

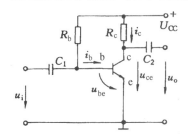

图 6.35　基本交流放大电路

(6) 耦合电容 $C_1$ 和 $C_2$　它们分别接在放大电路的输入和输出端,利用电容器对交、直流信号具有不同阻抗的特性,一方面隔断信号源与放大电路、放大电路与负载之间的直流通路,另一方面起到交流耦合作用,使输入输出交流信号畅通地传输。在低频放大电路中常采用电解电容,使用时应注意其极性。

在实际运用中,$E_b$ 可省去,而把 $R_b$ 改接到 $U_{cc}$ 端,由 $U_{cc}$ 单独供电,如图 6.35 所示。在电路中,通常把公共端接"地",设其电位为零,同时画图时往往省去电源的图形符号,而只标出它对"地"的电压值和极性。

6.3.2.2　**放大电路的基本分析方法**

要保证放大电路正常工作,在未加输入信号时,必须使晶体管发射结处于正偏,集电结处于反偏,也就是说,晶体管必须设置直流基极电流 $I_{bQ}$,集电极电流 $I_{cQ}$ 和集-射电压 $U_{ceQ}$,这些预先设置的直流电流、电压值称为静态值。

(1) **静态分析**　在没有交流信号输入($u_i = 0$)时的工作状态称为静态,这时电路中的电流和电压都是直流量,静态分析就是要确定放大电路的静态值。

常用的分析方法有计算法和图解法两种。

① **计算法**　图 6.36 电路的直流通路如图 6.36 所示,电容 $C_1$ 和 $C_2$ 可视作开路。

在图 6.37 中,基极电流为

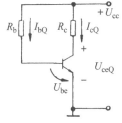

$$I_{bQ} = \frac{U_{cc} - U_{be}}{R_b} \approx \frac{U_{cc}}{R_b}$$

由于 $U_{be} \ll U_{CC}$,故 $U_{be}$ 可忽略不计。

由 $I_{bQ}$ 可得出静态时

图 6.36　交流放大电路的直流通路

$$I_{cQ} = \beta I_{bQ} + I_{ceo} \approx \beta I_{bQ}$$

式中 $I_{ceo}$ 为穿透电流,一般数值很小,可忽略不计。

静态时的集-射电压为

$$U_{ceQ} = U_{CC} - R_c I_{cQ}$$

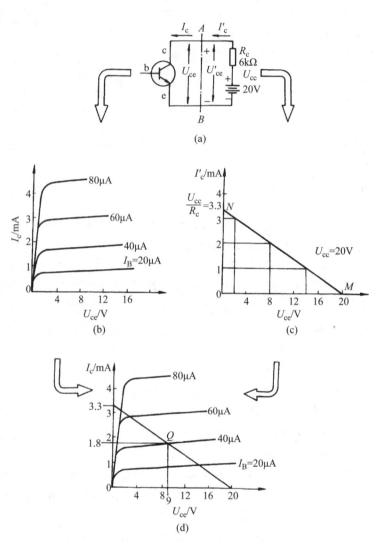

图 6.37 放大电路的图解法

(a) 放大器的输出部分的直流通道;(b) 输出特性曲线;(c) 直流负载线;

(d) 曲线(b)和(c)的合成

[例 6.4] 如图 6.35 电路,其中 $R_b = 470$ k$\Omega$, $R_c = 6$ k$\Omega$, $C_1 = 20$ $\mu$F, $C_2 = 20$ $\mu$F, $U_{CC} = 20$ V, $\beta = 43$,求静态工作点。

解 由图 6.36 可得

$$I_{bQ} \approx \frac{U_{CC}}{R_b} \approx \frac{20}{470} \approx 0.043 \,(\text{mA}) = 43 \,(\mu\text{A})$$

$$I_{cQ} = \beta I_{bQ} = 43 \times 0.043 = 1.85 \,(\text{mA})$$

$$U_{ceQ} = U_{CC} - I_{cQ}R_c = 20 - 1.85 \times 6 = 8.9 \,(V)$$

② 图解法　利用晶体管的输入、输出特性曲线,通过作图的方法分析放大器的工作情况,称为图解法。用图解法分析图 6.35 的直流通道,可先暂将其分成两部分,如图 6.37(a)所示,点画线左边是晶体管的输出端,其 $U_{ce}$ 与 $I_c$ 的关系由其输出特性确定,如图 6.37(b)所示,点画线右边是直流电源 $U_{CC}$ 与集电极电阻 $R_c$,它的伏安关系为

$$U'_{ce} = U_{CC} - I'_c R_c \tag{6.1}$$

对于一个给定的放大电路来说,$U_{CC}$ 和 $R_c$ 是定值,因此,式(6.1)是一个直线方程,这个方程可以在图 6.37 所示的输出特性曲线上作出。由这两个伏安特性的交点便可确定这两部分电路接口处的电压和电流。由于式(6.1)是放大器输出部分的直流通路的方程式,且与直流负载电阻 $R_c$ 有关,所以这条直线称为直流负载线。

实际上,$U_{CC}R_c$ 支路与晶体管连接在一起,必然有 $I'_c = I_c$,$U'_{ce} = U_{ce}$,也就可把图 6.37(b)、(c)两组曲线合在一起,如图6.37(d)所示。直流负载线与晶体管某条(由 $I_b$ 确定)输出特性曲线的交点 $Q$,称为静点工作点,$Q$ 点所对应的 $I_{bQ}$、$I_{cQ}$、$U_{ceQ}$ 就是放大器静态工作时的电流、电压值。

(2) 动态分析　当放大电路输入端加上交流信号后,电路中的电压、电流均要在静态的基础上随输入信号变化而变化。

在图 6.35 电路中,设输入信号为 $u_i = U_{im}\sin\omega t$,如图 6.38 所示,则晶体管 BE 之间的电压就在原来直流电压(静态值)上叠加了一个交流信号 $u_i$,由于输入信号的变化,使基极电流 $i_b$ 也在静态值的基础上叠加了一个基本按正弦规律变化的交流值。这样,当基极总电流随输入信号按正弦规律变化时,工作点将以 $Q$ 为中心,沿直流负载线 $MN$ 上的 $A$、$B$ 之间上下移动。由此,可以画出随 $i_b$ 变化而变化的 $i_c$ 和 $u_{ce}$ 波形,如图 6.38 所示。

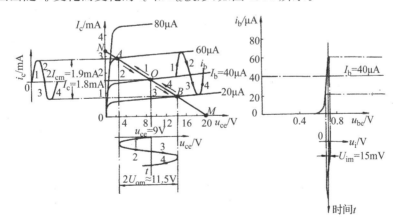

图 6.38　利用图解法估算放大器的放大倍数

而 $u_{ce}$ 经过耦合电容 $C_2$ 输出时,由于 $C_2$ 的隔直作用,只有交流分量才能通过 $C_2$ 成为输出电压 $u_o$,因此,放大器的电压放大倍数从图上可以求出:

$$A_u = \frac{u_o}{u_i} = -\frac{U_{om}}{U_{im}} = -\frac{\dfrac{11.5\,V}{2}}{15\,mV} = -380$$

式中负号表示输出电压 $u_o$ 与输入信号 $u_i$ 相位相反。

由以上分析可知,当放大电路有交流信号输入时,$i_b$,$i_c$ 和 $u_{ce}$ 都包含有两个分量:直流分量

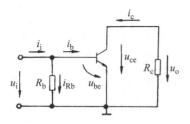

图 6.39　交流放大电路的交流通路

及交流分量。对交流分量而言，直流电源及电容 $C_1$、$C_2$ 可视为短路，便可得到图 6.39 所示的交流通路。

利用工程估算法由图 6.39 的交流通路，可以来估算交流分量、电压放大倍数及放大器的输入电阻、输出电阻等。

由图 6.39 可见：$u_i = u_{be} = i_b \cdot r_{be}$。

其中 $r_{be}$ 为晶体管的输入电阻。

当管子在小信号状态下工作时，$r_{be}$ 是一个常数。低频小功率晶体管的输入电阻常用下式估算：

$$r_{be} = 300\,\Omega + (1+\beta)\frac{26\,\text{mV}}{I_e\,\text{mA}} \qquad (6.2)$$

式(6.2)中 $I_e$ 为发射极静态电流值，$r_{be}$ 一般为几百欧到几千欧。可见，三极管的输入电阻 $r_{be}$ 与静态电流 $I_e$ 有关。

交流电压放大倍数可用下式估算：

$$A_u = \frac{u_o}{u_i} \approx -\frac{i_c R_c}{i_b r_{be}} = -\frac{\beta i_b R_c}{i_b r_{be}} = -\beta\frac{R_c}{r_{be}} \qquad (6.3)$$

实际上，放大电路的输出端总是接有负载的，它的交流通路如图 6.40 所示，可见放大电路接有负载后，其集电极交流等效负载电阻为 $R_c // R_L = R'_L$，由于电容 $C_2$ 的隔直作用，$R_L$ 的接入对放大电路的静态值并无影响。但对交流而言，则应以 $R'_L$ 代替原来的 $R_c$。

电路的电压放大倍数 $A_u$ 为

$$A_u = \frac{u_o}{u_i} = \frac{-i_c R'_L}{i_b r_{be}} = -\beta\frac{R'_L}{r_{be}} \qquad (6.4)$$

可见，放大器接上负载 $R_L$ 后，由于 $R'_L < R_c$，故电压放大倍数有所下降。而负载线的斜率不再是 $\frac{1}{R_c}$，而应是 $\frac{1}{R'_L}$，这个新的负载线叫交流负载线，因为它是由交流通路决定的。

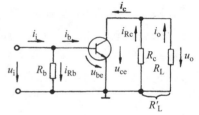

图 6.40　接有负载电阻 $R_L$ 的交流放大电路

[例 6.5]　一电路如图 6.41 所示，当接上负载 $R_L = 6.8\,\text{k}\Omega$ 时作出其交流负载线。

解　① 作直流负载线，如图 6.42 所示。

令 $u_{ce} = 0$，得

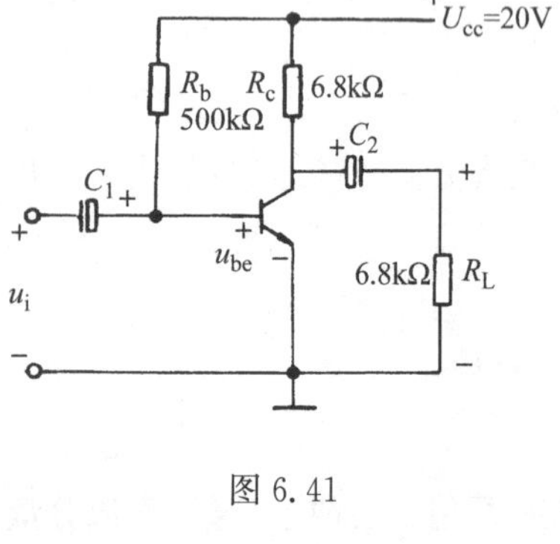

$$i_c = \frac{20\,\text{V}}{6.8\,\text{k}\Omega} \approx 3\,(\text{mA})$$

即为 $B$ 点。

令 $i_c = 0$，得

$$u_{ce} = 20\,(\text{V})$$

即为 $A$ 点。

连接 $AB$ 两点的直线，即为直流负载线。

② 确定静态工作点 $Q$　由 $I_{bQ} \approx \frac{U_{CC}}{R_b} = \frac{20}{500} = 40\,(\mu\text{A})$ 与直流负载线 $AB$ 相交，其交点 $Q$ 即为放大电路的静态工作

图 6.41

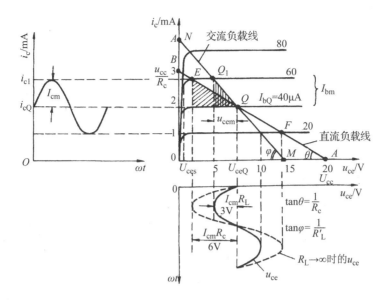

图 6.42　接负载后的动态图解法

点,在 $Q$ 处分别作垂线交于横坐标,作水平线交于纵坐标,可得

$$U_{ceQ} \approx 7.5\,\mathrm{V}, I_{cQ} \approx 2\,\mathrm{mA}$$

③ 作交流负载线　接上负载 $R_L$ 后,交流等效负载为 $R'_L = R_c /\!/ R_L \approx 3.4\,(\mathrm{k\Omega})$,则交流负载线的斜率应为 $\dfrac{1}{R'_L}$,因此,过 $Q$ 点作斜率为 $\dfrac{1}{R'_L}$ 的直线 $MN$,即为交流负载线。由图 6.42 可见,由于 $R'_L < R_c$,所以交流负载线比直流负载线要陡一些。带上负载后,输出电压的幅度将减小,如图中的实线表示。如果 $R_L$ 开路,则交流负载线与直流负载线重合。可见,带上负载后,放大器的电压放大倍数有所下降。

（3）静态工作点的稳定

① 静态工作点对输出波形失真的影响　放大器要有合适的静态工作点,才能保证有良好的放大效果,如果静态工作点设置不当或者信号过大,都将可能引起输出信号失真。在图6.43中,静态工作点 $Q_1$ 位置过高,则在输入信号的正半周,晶体管进入饱和区工作,使 $i_c$ 的正半周和 $u_{ce}$ 的负半周顶部被切掉,引起严重的波形失真,称为饱和失真。而静态工作点 $Q_2$ 过低,在

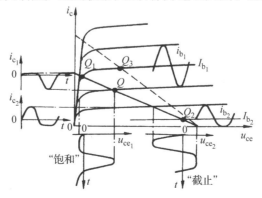

图 6.43　由于工作点选择不当所造成的"饱和"和"截止"状态

输入信号的负半周,$u_{ce}$和$i_c$波形也发生失真。这是由于晶体管进入截止区引起的称为截止失真。

由于静态工作点是直流负载线与晶体管输出特性曲线的交点,当$U_{CC}$和$R_c$的大小确定后,直流负载线的位置也随之确定。当晶体管的参数或特性曲线发生变化时,静态工作点将发生移动,静态工作点的移动或由于设置不当(太高或太低),或输入信号幅度太大,而使放大器的工作范围超出了晶体管特性曲线上的线性区域,引起波形失真,这种失真通常称为非线性失真。所以静态工作点位置的设置必须合适。为使放大器输出幅度尽可能大而非线性失真又尽可能小,静态工作点$Q$一般选在交流负载线的中点。

前面讨论的基本放大电路,当基极偏置电阻$R_b$及电源$U_{CC}$一经选定,其基极偏置电流$I_{bQ}$ $\left(=\dfrac{U_{CC}}{R_b}\right)$也就固定了,这种电路又称固定偏置放大电路。其电路简单,元件少,静态工作点也容易调整,但稳定性很差。在外部因素(例如温度变化,晶体管老化,电源电压波动等)的影响下,将引起静态工作点的较大变动,从而影响放大器的正常工作,其中影响最大的是温度变化。

② 温度对静态工作点的影响  温度升高,将使反向漏电流$I_{cbo}$和$\bar{\beta}$增大,对于同样的$I_b$,输出特性曲线将上移,导致静态工作点上移,严重时,晶体管将进入饱和区而失去放大能力。

为使静态工作点基本稳定而不受温度影响,在电路形式上常采用分压式偏置电路。

（4）分压式偏置电路  分压式偏置电路如图 6.44 所示。

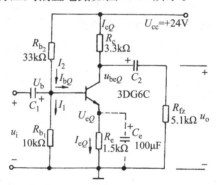

图 6.44  工作点稳定的典型电路

电阻$R_{b_1}$和$R_{b_2}$构成偏置电路,若使图 6.44 中的$I_1 \gg I_{bQ}$,

基极电位 $U_b \approx I_1 \cdot R_{b_1} \approx \dfrac{R_{b_1}}{R_{b_1}+R_{b_2}} \cdot U_{CC}$

可见,基极电位$U_b$由$U_{CC}$经$R_{b_1}R_{b_2}$分压所决定,不随温度而变。

$$U_b = U_{beQ} + I_{eQ} \cdot R_e \tag{6.5}$$

若满足 $\qquad\qquad\qquad\qquad U_b \gg U_{beQ}$,

则 $$I_{eQ} = \frac{U_b - U_{beQ}}{R_e} \approx \frac{U_b}{R_e} \approx I_{cQ} \tag{6.6}$$

由以上分析可见,只要满足$I_1 \gg I_{bQ}$和$U_b \gg U_{beQ}$这两个条件,则$U_b$、$I_{cQ}$和$I_{eQ}$与晶体管的参数($I_{cbo}$、$\bar{\beta}$、$U_{be}$)几乎无关,从而使静态工作点不受温度变化的影响。

但是上述两个条件也不是$I_1$和$U_b$愈大愈好。$I_1$如过大不但要增加$R_{b_1}$和$R_{b_2}$上的功率损耗,而且要求$R_{b_1}$、$R_{b_2}$较小,这样,从信号源分取的电流加大,使放大器输入端电压$U_i$减小。

此外,基极电位 $U_b$ 也不能太高,否则,发射极电位 $U_{eQ}$ 必然增高,而使 $U_{ceQ}$ 相应地减小,在电源电压一定时,将使放大电路的动态范围减小,一般可取 $I_1 \geqslant (5 \sim 10) I_{bQ}$ 和 $U_b \geqslant (5 \sim 10) U_{beQ}$。

稳定静态工作点的物理过程为

$$T(℃) \uparrow \rightarrow I_{cQ} \uparrow \rightarrow U_{eQ} \uparrow \rightarrow U_{beQ} \downarrow \rightarrow I_{bQ} \downarrow \rightarrow I_{cQ} \downarrow$$

发射极电阻 $R_e$ 上的电压变化反映了 $I_{eQ}$ 的变化,将 $U_{beQ}$ 的变化与 $U_b$(基本不变)比较,使 $U_{beQ}$ 发生变化来牵制 $I_{cQ}$ 的变化,以达到稳定静态工作点的目的。可见,$R_e$ 愈大,稳定性愈好。但 $R_e$ 太大时将使 $U_{eQ}$ 增高,而使放大电路的工作范围减小。

发射极电阻 $R_e$ 的接入,虽然带来了稳定静态工作点的好处,但发射极电流的交流分量流过 $R_e$ 会产生交流压降,使 $u_{be}$ 减小,这将使放大电路的电压放大倍数下降。可在 $R_e$ 两端并联一个较大容量的电容器 $C_e$,由于 $C_e$ 对交流可视为短路,从而避免了电压放大倍数的下降,但对直流分量并无影响,故 $C_e$ 称为发射极交流旁路电容,其容量一般为几十微法到几百微法。

**［例 6.6］** 如图 6.44 所示的分压式电路,试求静态值,输入电阻及输出电阻。设管子 $\beta = 50$。

**解** 因为分压式偏置电路满足 $I_{bQ} \ll I_1$,$U_{beQ} \ll U_b$,

(1) 所以,$U_b \approx U_{CC} \dfrac{R_{b_1}}{R_{b_1} + R_{b_2}} = 24 \times \dfrac{10}{10 + 33} = 5.6\,(\text{V})$

$$I_{eQ} = \frac{U_b - U_{be}}{R_e} \approx \frac{U_b}{R_e} = \frac{5.6}{1.5} = 3.7\,(\text{mA}) \approx I_{cQ}$$

$$I_{bQ} = \frac{I_{cQ}}{\beta} = \frac{3.7\,\text{mA}}{50} = 74\,\mu\text{A}$$

$$U_{ceQ} \approx U_{CC} - I_{cQ}(R_c + R_e)$$
$$= 24\,\text{V} - 3.7\,\text{mA} \times (3.3\,\text{k}\Omega + 1.5\,\text{k}\Omega) = 6.24\,\text{V}$$

(2) 输入电阻 $r_i = R_{b_1} /\!/ R_{b_2} /\!/ r_{be}$。

因为　　　　　　$r_{be} = 300 + (1 + 50)\dfrac{26}{3.7} \approx 300 + 358 = 658\,(\Omega)$

所以 $r_i = R_{b_1} /\!/ R_{b_2} /\!/ r_{be} = 3.3\,\text{k}\Omega /\!/ 1.5\,\text{k}\Omega /\!/ 658\,\Omega \approx 400\,\Omega$

(3) 输出电阻 $r_o \approx R_c = 3.3\,\text{k}\Omega$。

### 6.3.3　集成运算放大器

运算放大器是一种高增益的直流放大器,在外部反馈网络的配合下,它的输出与输入电压(或电流)之间,可以灵活地实现加、减、乘、除、微分和积分等多种数学运算,其名称也由此而得。发展至今,其应用已远远超出数学运算的范围,遍及自动控制、测量、计算技术和无线电等领域。

#### 6.3.3.1　运算放大器的图形符号

大多数运算放大器都是双端输入单端输出,它的引出端子除了两个对地输入端和一个输出端外,还有两个正、负电源引入端以及其他一些特殊的引出端子。

在图 6.45 图形符号中,它有一个输入端叫反相端,用"$-$"号标注,它表明该输入端的信号与输出端的信号相位相反;另一个输入端叫同相端,用"$+$"号标注,它表明该输入端的信号与输出端的信号相位相同;它们的对"地"电压分别用 $U_+$,$U_-$,$U_o$ 表示。

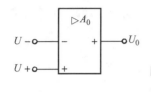

图 6.45 运算放大器的图形符号

### 6.3.3.2 运算放大器的主要技术指标

（1）开环电压放大倍数 $A_{uo}$  由图 6.45 可见：$A_{uo}=\dfrac{U_o}{U_+ - U_-}$，反映了输出电压 $U_o$ 与输入电压 $U_+$ 和 $U_-$ 之间的关系，一般集成运放的 $A_{uo}$ 很高。

（2）输入特性  运算放大器的输入电阻很高，一般在几十千欧到几十兆欧范围。

（3）输出特性  大多数运算放大器的输出电阻在几十欧到几百欧。又由于运算放大器总在深度负反馈条件下工作，使闭环输出电阻更小。

为了简化分析过程，同时又满足工程的实际需要，常把集成运算放大器理想化，即认为集成运算放大器的主要指标为：

① 开环电压放大倍数 $A_{uo}$ 为无限大。

② 输入电阻 $r_i$ 为无限大。

③ 输出电阻 $r_o$ 为零。

此外还认为器件的频带为无限宽，没有温度漂移的噪声等。根据运算放大器的理想特性，可得出在线性区内的两个重要特点：

· 理想运算放大器两个输入端的输入电流为零。由于认为运算放大器的 $r_i$ 为无限大，它不需要从信号源索取任何电流。

· 理想运算放大器的两个输入端之间的电压为零。当运算放大器在线性区工作时，它的输出 $U_o$ 总是有限值，然而在理想条件下，$A_{uo}=\infty$，所以 $U_+ - U_- = \dfrac{U_o}{A_{uo}} = 0$，故可认为 $U_+ = U_-$，叫做"虚假短路（虚短）"。

### 6.3.3.3 放大电路中的负反馈

负反馈对放大器的许多工作性能都有很大影响，它可以提高放大倍数的稳定性、减小失真、改变放大电路的输入电阻和输出电阻等。因此，负反馈在放大器中得到广泛的应用。

（1）什么是反馈  如果将放大电路的输出量（电压或电流）的一部分或全部，通过某种电路（反馈电路）送回到放大电路的输入端，这一过程就称为反馈。若反馈到输入端的信号削弱了外加输入信号的作用，使净输入信号减小，则为负反馈；反之，使净输入得到增强的是正反馈。

图 6.46 是反馈放大电路的方框图，其中 $\dot{A}$ 表示基本放大电路，$\dot{F}$ 为反馈电路，$\dot{X}_o$ 表示输出信号，$\dot{X}_i$ 表示输入信号，$\dot{X}_f$ 为反馈信号，$\otimes$ 为比较环节符号，而 $\dot{X}_d$ 则表示输入信号 $\dot{X}_i$ 与反馈信号 $\dot{X}_f$ 比较后的净输入信号，由图可见：

$$\dot{X}_d = \dot{X}_i - \dot{X}_f \qquad (6.7)$$

若三者同相，则 $X_d = X_i - X_f$

可见 $X_d < X_i$，反馈信号起了削弱外加输入信号的作用。

（2）负反馈对放大电路性能的影响

① 降低放大倍数  由图 6.46 可见，基本放大电

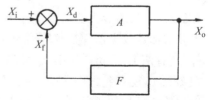

图 6.46  放大电路方框图：带有负反馈

路的放大倍数,又称开环放大倍数为 $A = \dfrac{\dot{X}_o}{\dot{X}_d}$,反馈网络的反馈系数 $F = \dfrac{\dot{X}_f}{\dot{X}_o}$,其值恒小于 1。

所以

$$\dot{X}_o = (\dot{X}_i - \dot{X}_f) \cdot A = (\dot{X}_i - \dot{X}_o F) \cdot A \tag{6.8}$$

而引入负反馈后放大电路的放大倍数又称为闭环放大倍数,$A_f = \dfrac{\dot{X}_o}{\dot{X}_i}$,整理上式可得

$$A_f = \frac{\dot{X}_o}{\dot{X}_d + \dot{X}_f} = \frac{A}{1 + AF} \tag{6.9}$$

从上式可见,由于 $(1+AF) > 1$,所以 $A_f < A$,可见引入负反馈后,放大倍数下降了。$(1+AF)$ 称为反馈深度,$(1+AF)$ 值愈大,反馈愈深,负反馈作用愈强,闭环放大倍数下降越多。

负反馈的引入虽然使放大倍数下降了,但是对改善放大电路的其他工作性能却有益处。

② 提高了放大倍数的稳定性　放大器的放大倍数会因环境温度变化、电源电压波动、元器件老化等而发生变化,使放大倍数不稳定,加入负反馈以后,由于上述原因引起放大倍数的变化就会比较小,使放大倍数比较稳定。

对上式求导数可得

$$\frac{dA_f}{dA} = \frac{(1+AF) - AF}{(1+AF)^2} = \frac{1}{(1+AF)^2}$$

或

$$dA_f = \frac{1}{(1+AF)^2} dA$$

而 $A_f$ 的相对变化量　$\dfrac{dA_f}{A_f} = \dfrac{1}{1+AF} \dfrac{dA}{A} \tag{6.10}$

可见引入负反馈后,放大倍数虽然从 $A$ 减小到 $A_f$,降低了 $(1+AF)$ 倍,但放大倍数的相对变化 $\dfrac{dA_f}{A_f}$ 却只有未引入负反馈时 $\dfrac{dA}{A}$ 的 $\dfrac{1}{1+AF}$。可见负反馈放大电路的放大倍数稳定性提高了。

负反馈愈深,放大倍数愈稳定,如果 $AF \gg 1$,则 $A_i \approx \dfrac{1}{F}$。即在深度负反馈时,闭环放大倍数仅与反馈系数有关,基本上不受外界因素变化的影响,这使放大倍数非常稳定。

③ 改善波形失真　如前所述,由于三极管特性曲线的非线性,引起输出信号波形的失真,如图 6.47(a)所示。引入负反馈后,把有失真的输出信号的一部分反送回输入端,使净输入信号发生某种程度的预失真,经过放大后,可使输出信号的失真得到一定程度的改善,如图 6.47(b)所示。

④ 展宽通频带　负反馈也可以改变放大器的频率特性。在中频段,开环放大倍数 $A$ 较高,反馈信号也较强,因而使闭环放大倍数 $A_f$ 降低得较多。而在低频段和高频段,$A_f$ 较低,反馈信号也较小,因而使 $A_f$ 降低得

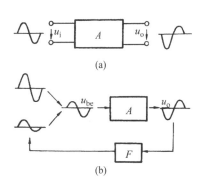

图 6.47　利用负反馈改善波形失真

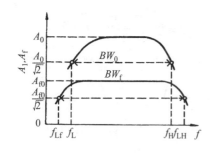

图 6.48　负反馈展宽通频带

较少。这样,就将放大电路的通频带展宽了,如图 6.48 所示。当然,这也是以牺牲放大倍数为代价的。

⑤ 对放大电路输入电阻的影响　负反馈信号引入到输入端后,输入电阻的变化规律取决于反馈信号加到输入端的连接方式。

如果反馈信号 $X_f$ 与输入信号 $X_i$ 是串联连接,则输入电阻增大;反馈信号 $X_f$ 与输入信号 $X_i$ 是并联连接,则输入电阻减小。

⑥ 对放大电路输出电阻的影响　根据从输出回路的取样信号是电压还是电流,将影响放大器的输出电阻的大小。如果取样是电压信号,则输出电阻减小,若取样信号是电流,则使输出电阻增大。

(3) 负反馈的类型及判别　在负反馈放大器中,反馈信号的取样有取自输出电流或输出电压,反馈信号在输入端的连接,有串联和并联。

① 负反馈的类型　根据输出端的信号取样和输入端的连接方式,反馈放大器有四种基本类型:电压串联负反馈;电压并联负反馈;电流串联负反馈;电流并联负反馈。

② 正、负反馈的判别　对一个反馈电路,首先必须确定它是正反馈还是负反馈,其次再确定它属于哪一类负反馈形式。

· 反馈极性的判别　采用瞬时极性法判别比较简单有效,这种方法先假定输入信号电压在某一瞬时的极性为正(对地而言),然后根据各级电路输入与输出电压相位的关系,分别标出由瞬时正极性所引起的各处电位的升高(用＋表示)或降低(用－表示),最后确定反馈到输入端的信号的极性:如使输入信号削弱,便可判定为负反馈;反之,则为正反馈。

例如,在图 6.49(a)所示电路中,首先假设输入电压的瞬时极性为正(用"⊕"表示),根据集成运放同相输入端的概念,可知输出电压也为正,经 $R_f$ 和 $R$ 分压后,在 $R$ 上得到一个反馈电压 $u_f$ 加到集成运放的反相端,故集成运放的净输入电压 $u_d = u_i - u_f$, $u_f$ 与 $u_i$ 同极性,所以 $u_d < u_i$,净输入电压被削弱,说明该电路引入负反馈。

在图 6.49(b)所示的电路中,先设定输入电压 $u_i$ 的瞬时极性为正,则集成运放的输出为负,则在 $R_f$ 上产生上负下正的反馈电压 $u_f$,由于 $u_d = u_i - u_f$,但 $u_f$ 与 $u_i$ 极性相反,所以 $u_d > u_i$,净输入增加,则该电路为正反馈。

· 电压反馈或电流反馈的判别　依据反馈取样信号是电压还是电流也可作出判断。显而易见,当取样对象的输出量一旦消失($u_o = 0$ 或 $i_o = 0$),则反馈信号也随之消失。因此,就可

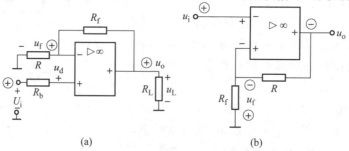

(a)　　　　　　　(b)

图 6.49　反馈极性的判断

假想将输出端短路造成反馈信号为零,则为电压反馈,如果反馈依然存在,则为电流反馈。

在图 6.50(a)所示的电路中,如果把负载短路,则 $u_o$ 为零,这时反馈电压就不存在了,则为电压反馈。而图 6.50(b)所示电路中,若将负载 $R_L$ 短路,反馈电压 $u_f$ 仍然存在,故为电流反馈。

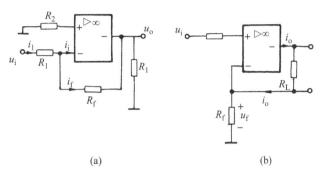

(a)　　　　　　　　　(b)

图 6.50　电压反馈、电流反馈的判断

· 串联反馈和并联反馈的判别　串联反馈时反馈信号是以电压形式加到输入端的,并联反馈时的反馈信号是以电流形式加到输入端的。

例如图 6.49(a)所示电路,反馈信号 $u_f$ 与输入信号 $u_i$ 在输入回路中彼此串联,故为串联反馈。

又如图 6.50(a)所示电路的输入端,净输入电流 $i_i = i_1 - i_f$,故为并联反馈。

负反馈电路的特点以及对电路性能的影响可归纳为表 6.1。

表 6.1　四种负反馈连接形式的特点

| 负反馈的连接形式 | | 稳定了哪个输出量 | 输入电阻 | 输出电阻 |
|---|---|---|---|---|
| 反馈信号取自哪个输出量 | 输入端怎么连接 | | | |
| 电压 | 串联 | $\dot{U}_o$ | 提高 | 减小 |
| 电流 | 串联 | $\dot{I}_o$ | 提高 | 提高(或近似不变) |
| 电压 | 并联 | $\dot{U}_o$ | 减小 | 减小 |
| 电流 | 并联 | $\dot{I}_o$ | 减小 | 提高(或近似不变) |

#### 6.3.3.4　集成运放的线性应用

集成运放的基本应用分为两类,即线性应用和非线性应用。当集成运放外加负反馈使其闭环工作在线性区时,可构成各种运算电路等,以实现各种数学运算;当集成运放处于开环或外加正反馈使其工作在非线性区时,可构成各种电压比较器和矩形波发生器等。

(1) 反相运算电路　反相运算电路如图 6.51 所示,$R_f$ 称为反馈电阻,$R_1$ 称为输入电阻,$R_p$ 为平衡电阻。为保证两个输入端子在直流状态下的平衡工作,常取 $R_p = R_f // R_i$。输入信号 $U_i$ 由反相端加入。根据理想运算放大器在线性区的特点:

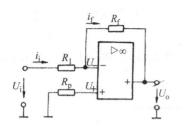

图 6.51 反相比例运算电路

可得

$$i_f = i_1$$

$$U_+ = U_- \approx 0$$

即反相端电位接近于"地"电位,称为"虚地",

故有

$$i_1 = \frac{U_i}{R_1}, i_f = -\frac{U_o}{R_f}$$

由上两式可得

$$A_{u_f} = \frac{U_o}{U_i} = -\frac{R_f}{R_1} \tag{6.11}$$

上式表明,输出电压 $U_o$ 与输入电压 $U_i$ 成比例关系,且相位相反(用负号表示),其放大倍数 $A_{u_f}$ 仅与外接电阻 $R_f$ 及 $R_1$ 有关,而与运算放大器本身无关。如果保证电阻阻值有较高的精度,则运算的精度和稳定性也很高。

当 $R_f = R_1$ 时,则有 $A_{u_f} = -1$,即输出电压 $U_o$ 与输入电压 $U_i$ 数值相等,相位相反,这时,运算放大器作一次变号运算,或称为反相器。

(2) 反相加法运算电路　用运算放大器能方便地实现多信号的组合运算,如图 6.52 所示,有三个输入信号 $U_{i_1}$、$U_{i_2}$、$U_{i_3}$ 分别加到反相输入端,不难看出,这个电路实际上是三个输入信号同时进行比例运算。

根据"虚地"的概念,则有

$$i_{i_1} = \frac{U_{i_1}}{R_{11}}, i_{i_2} = \frac{U_{i_2}}{R_{12}}$$

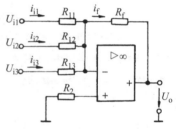

图 6.52　反相加法运算电路

$$i_{i_3} = \frac{U_{i_3}}{R_{13}}, i_f = -\frac{U_o}{R_f}$$

由于

$$i_f = i_{i_1} + i_{i_2} + i_{i_3}$$

则有

$$-\frac{U_o}{R_f} = \frac{U_{i_1}}{R_{11}} + \frac{U_{i_2}}{R_{12}} + \frac{U_{i_3}}{R_{13}}$$

得

$$U_o = -\left( \frac{R_f}{R_{11}} U_{i_1} + \frac{R_f}{R_{12}} U_{i_2} + \frac{R_f}{R_{13}} U_{i_3} \right)$$

当

$$R_{11} = R_{12} = R_{13} = R_1 \text{ 时}$$

则有

$$U_o = -\frac{R_f}{R_1}(U_{i_1} + U_{i_2} + U_{i_3}) \tag{6.12}$$

若 $R_1 = R_f$ 时,

则有

$$U_o = -(U_{i_1} + U_{i_2} + U_{i_3}) \tag{6.13}$$

从而实现了加法运算。式中 $R_f$ 与 $R_1$ 之比值就是加法器的比例系数,它仅决定于外部电阻,与运算放大器内部参数无关。

(3) 同相比例运算电路　如图 6.53 所示,输入信号 $U_i$ 从同相输入端加入,反馈电阻 $R_f$ 仍接在输出端和反相输入端之间。

根据理想运算放大器的特点,有　$U_- \approx U_+ = U_i$

故

$$U_- = \frac{R_1}{R_1 + R_f} \cdot U_o = U_i$$

所以
$$A_{u_f} = \frac{U_o}{U_i} = \frac{R_1 + R_f}{R_1} = 1 + \frac{R_f}{R_1} \qquad (6.14)$$

或
$$U_o = \left(1 + \frac{R_f}{R_1}\right)U_i \qquad (6.15)$$

可见,同相运算放大器的放大倍数也只与外接元件有关,而与运算放大器本身无关。且放大倍数总大于 1 或等于 1,说明输出电压 $U_o$ 与输入电压 $U_i$ 相同。

若 $R_1 \to \infty$(断路), $R_f = 0$,则有 $U_o = U_i$,则说明输出电压跟随输入电压变化,称为电压跟随器。

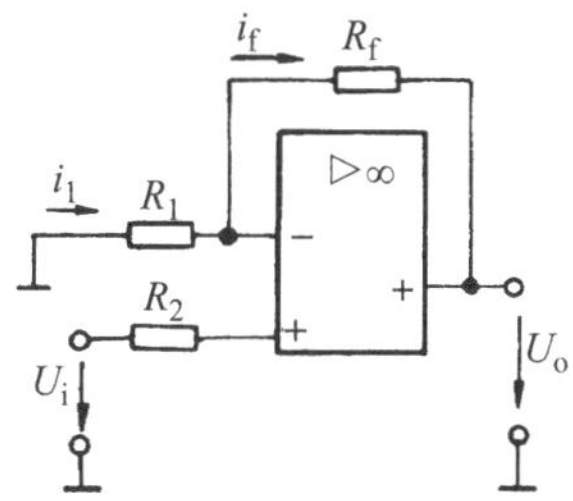

图 6.53　同相比例运算电路

(4) 差动减法运算电路　如图 6.54 所示, $U_{i_1}$、$U_{i_2}$ 分别经 $R_1$ 和 $R_2$ 加到集成运算放大器的两个输入端,为保持输入平衡,应使 $R_1 = R_2$,$R_3 = R_f$。

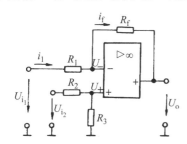

图 6.54　差动减法运算电路

利用"虚地"的概念,即
$$i_1 = i_f = \frac{U_{i_1} - U_o}{R_1 + R_f}$$
$$U_- = U_{i_1} - i_1 R_1 = U_{i_1} - \frac{U_{i_1} - U_o}{R_1 + R_f} \cdot R_1$$
$$U_+ = \frac{U_{i_2}}{R_2 + R_3} \cdot R_3$$

因　　　$U_+ = U_-$,故从上两式可得
$$U_o = \left(1 + \frac{R_f}{R_1}\right)\frac{R_3}{R_2 + R_3}U_{i_2} - \frac{R_f}{R_1}U_{i_1} \qquad (6.16)$$

当 $R_1 = R_2$ 和 $R_3 = R_f$ 时,则上式为
$$U_o = \frac{R_f}{R_1}(U_{i_2} - U_{i_1}) \qquad (6.17)$$

可见,输出电压 $U_o$ 与两个输入电压的差值成正比。比例系数也只与外接元件有关。

当　$R_f = R_1$ 时,则有
$$U_o = U_{i_2} - U_{i_1} \qquad (6.18)$$
实现了减法运算。但必须注意若电路中的电阻不对称,则上式不成立。

(5) 积分运算电路　若反相比例运算电路中,如果用电容 $C_f$ 代替反馈电阻 $R_f$,就构成积分运算电路,如图 6.55 所示。

由于反相输入端为虚"地",故
$$i_1 = i_f = \frac{u_i}{R_1}$$

所以
$$u_o = -u_C = -\frac{1}{C_f}\int i_f \mathrm{d}t = -\frac{1}{R_1 C_f}\int u_i \mathrm{d}t \qquad (6.19)$$

上式表明输出电压 $u_o$ 与输入电压 $u_i$ 成积分关系,负号表示它们相位相反。

当 $u_i$ 为一恒定电压 $U_i$ 时,
$$u_o \approx -\frac{U_i}{RC_f} \cdot t \qquad (6.20)$$

表明输出电压与时间 $t$ 成线性关系。

　　(6) 微分运算电路　如果将图 6.55 中的 $C$ 和 $R$ 位置互换,就构成了微分运算电路。如图 6.56 所示。

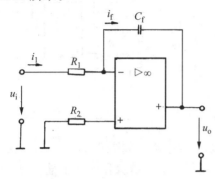 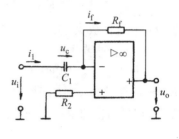

图 6.55　积分运算电路　　　　　　　图 6.56　微分运算电路

根据"虚地"的概念,则有

$$i_1 = i_f, U_- \approx 0,$$

$$i_1 = C\frac{\mathrm{d}u_C}{\mathrm{d}t} = C_1\frac{\mathrm{d}u_i}{\mathrm{d}t}$$

$$u_o = -i_f \cdot R_f = -i_1 \cdot R_f \tag{6.21}$$

故　　　　　　　　　　$$u_o = -R_f \cdot C_1\frac{\mathrm{d}u_i}{\mathrm{d}t} \tag{6.22}$$

可见,输出电压 $U_o$ 与输入电压的微分成正比。

### 6.3.3.5　集成运算放大电路的非线性应用

集成运算放大器除了作运算电路以外,还有很多用途,例如信号处理、变换、产生等。下面介绍几种用途。

　　(1) 电压比较器　比较器是常用的信号处理电路,它是用来对输入信号进行幅度鉴别和比较的电路,如图 6.57 所示,参考电压 $U_R$ 加在同相输入端,输入信号 $u_i$ 加在反相端;则输入信号将与参考电压相比较。根据理想运算放大器的特点,由图 6.57(a)可知,当 $u_i < U_R$ 时,输出正饱和电压 $+U_{om}$;当 $u_i > U_R$ 时,输出负饱和电压 $-U_{om}$;图 6.57(b)为传输特性。

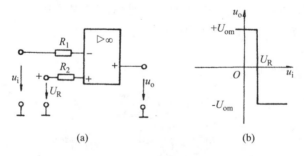

(a)　　　　　　　　　　　(b)

图 6.57　电压比较器

(a) 电路;(b) 传输物性

　　在传输特性上,通常将输出电压由某一种状态转换到另一种状态时对应的输入电压称为门限电压(或称阈值电压)。当 $U_R = 0$ 时,参考电压为零,于是该电路成为过零比较器。其电路及传输特性如图 6.58(a)、(b)所示,即当输入信号过零时刻,输出信号变换电平($+U_{om}$ 或 $-U_{om}$)。利用这种特性,可以进行波形变换,例如将输入正弦波电压信号变换为矩形波电压,如图 6.59 所示。

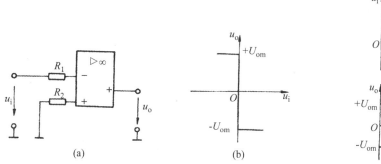

图 6.58 过零比较器
(a) 电路;(b) 传输特点

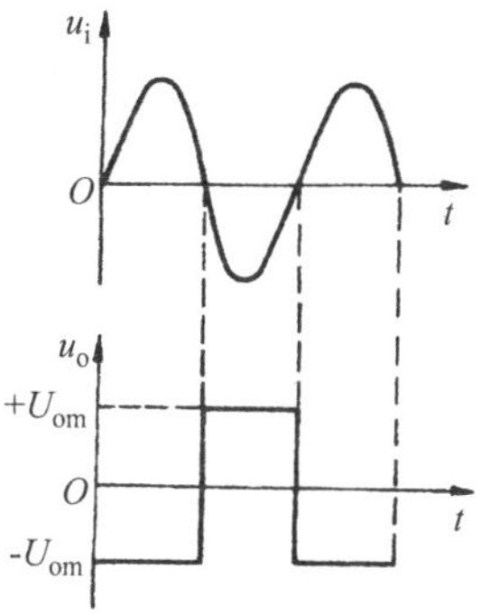

图 6.59 过零比较器将正弦波
电压变换为矩形波电压

(2) 矩形波发生器 由图 6.60 可见,矩形波发生器是在过零比较器上增加了一条 $RC$ 负反馈网络,外加输入电压为电容器充电电压所取代。$V_Z$ 为双向限幅稳压管。

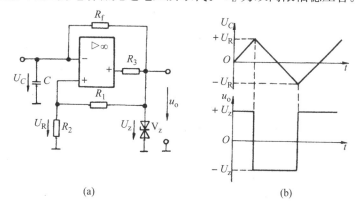

图 6.60 矩形波发生器
(a) 电路;(b) 波形

根据过零比较的原理,输出电压的幅度被限制在其稳压值 $+U_Z$ 或 $-U_Z$。$R_1$ 和 $R_2$ 构成正反馈电路,$R_Z$ 上的反馈电压 $U_R$ 是由输出电压分压而得到的,即

$$U_R = \pm \frac{R_2}{R_1 + R_2} \cdot U_Z$$

式中 $\dfrac{R_2}{R_1 + R_2}$ 为反馈支路的分压比。

$U_R$ 加在同相输入端,作为参考电压,$u_C$ 与 $U_R$ 相比较而决定输出 $u_o$ 的极性。

刚接通电源时,电容电压 $u_C = 0$,运算放大器同相输入端因受干扰电压作用,使输出处于正饱和电压的限幅值 $u_o = +U_Z$(因正反馈很强),这时 $u_o$ 通过 $R_f$ 对电容 $C$ 充电,当 $u_C$ 增长到等于 $U_R$ 时,电路翻转,$u_o$ 则由 $+U_Z$ 变为 $-U_Z$,反馈电压 $U_R$ 也变为负值,电容电压因通过 $R_f$

放电而下降;而后反充电,当充电到 $-U_R$ 时,输出电压 $u_o$ 又由 $-U_Z$ 转换为 $+U_Z$。如此周而复始,在输出端便得到如图 6.60(b) 的矩形波。

### 6.3.4 功率放大电路

前面所讲的电压放大电路,它的主要任务是不失真地放大电压信号,但它的输出电流较小,使得输出功率较小,从而不能推动大负载工作。为此,电压放大电路的最后端通常要加一级功率放大电路,以便向负载提供足够的功率。电压放大电路和功率放大电路都是利用晶体管的放大作用将信号放大。所不同的是前者要求输出足够大的电压,而后者主要要输出最大的功率;前者是工作在输入小信号状态,而后者工作在输入大信号状态。这就使得功率放大电路有一些自身的特点。

#### 6.3.4.1 功率放大电路的特点和分类

(1) 功率放大电路的特点

① 功率放大管在工作中接近于极限运用状态,以使其尽可能提供最大输出电压和最大输出电流,但又不能超过晶体管的极限参数 $I_{cm}$、$U_{(BR)ceo}$ 和 $P_{cm}$。由于功率放大管处于极限运用状态,所以其耗散功率大,结温高,因此,需要对它采取散热措施。

② 尽可能高的功率转换效率。功率放大电路是依靠功放管把电源供给的直流功率转换成交流输出功率,再输送给负载,因此,不仅要求输出功率大,而且希望转效率要高。如何在一定的直流输入功率下,增大交流输出功率并减小晶体管自身的损耗,是功率放大电路中一个很重要的问题,效率高低通常用 $\eta$ 来表示,

$$\eta = \frac{\text{信号最大输出功率}}{\text{电源供给的直流功率}}$$

(2) 功率放大电路的分类 功率放大电路按照它与负载之间耦合方式的不同,常分为两类:一类是变压器耦合功放电路,另一类是无输出变压器的互补对称功放电路。由于变压器的体积较大,不能适应电子设备小型化和电路集成化的要求,另外还存在低频响应差、损耗较大等缺点,所以无输出变压器的互补对称功率放大电路被广泛地利用。

功率放大电路按照其静态工作点设置的不同,分为甲类、乙类、甲乙类三种工作状态。

① 甲类 这是指放大电路的静态工作点设置在晶体管输出特性曲线放大区的中点,如图 6.61(a) 所示。在输入信号的整个周期内,管子集电极都有电流通过,始终处于导通状态,电源都要时刻不断地向电路输送功率。当输入信号为零时,电源供给的功率全部消耗在管子和电阻上,使得静态时电路的功率损耗较大,所以,它的效率不高,理想情况下,效率也仅为 50%,实际效率一般为 30% 左右。

② 乙类 为了提高效率,必须减小静态电流 $I_c$,将静态工作点 $Q$ 下移,若将 $Q$ 点设置在静态电流 $I_Q = 0$ 处,即 $Q$ 点在截止区,如图 6.61(b) 所示。这时管子只在输入信号的半个周期内导通,另半个周期处于截止状态,这种工作方式称为乙类工作状态。在乙类状态下,功放管静态电流几乎为零,这时管子不消耗电源功率。当输入信号逐渐增大时,电源供给的直流功率也逐渐增加,输出信号功率也随之增大。显而易见,其效率要比甲类放大效率要高。但是,由于功放管只在信号的半个周期中导通,输出信号也只有半个波形,出现了严重的波形失真,所以,一般采用两个管子轮流导通的方法,以保证输出完整的正弦波形。这种方式工作的功率放大电路,被称为乙类推挽放大电路。在理想情况下效率最高可达到 78.5%,实际效率为 60%

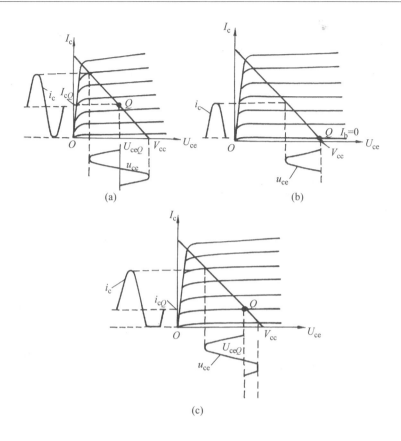

图 6.61 放大电路的三种工作状态

(a) 甲类;(b) 乙类;(c) 甲乙类

左右。

③ 甲乙类 若将静态工作点 $Q$ 设置在甲类与乙类之间且靠近截止附近,即 $I_{cQ}$ 稍大于零,此时管子在输入信号的半个周期以上的时间内导通,称此为甲乙类工作状态。这时晶体管的工作状态接近于乙类工作状态。这种电路的效率略低于乙类放大,但它克服了乙类放大所产生的主要失真。所以,实际功率放大器绝大多数工作在甲乙类状态,如图6.61(c)所示。

### 6.3.4.2 互补对称功率放大电路

(1) 单电源互补对称电路(OTL) 如图 6.62所示为单电源互补对称电路原理图。图中,$V_1$(NPN)和$V_2$(PNP)是两类不同类型的晶体管,两管的特性对称。在静态时,设工作在乙类,两管都处于截止状态,仅有很小的穿透电流 $I_{ceo}$ 通过。由于 $V_1$ 和 $V_2$ 的特性对称,所以中点电位 $V_A = \dfrac{V_{CC}}{2}$,电容 $C_L$ 两端电压,即为 $A$ 点和 "地"之间的电位差也等于 $\dfrac{V_{CC}}{2}$。

如果有信号输入,则对交流信号而言,电容

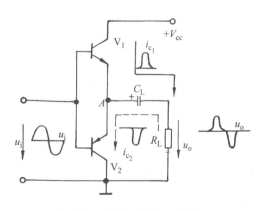

图 6.62 互补对称放大电路

$C_L$ 的容抗及电源内阻均甚小,可略去不计,则在输入信号 $u_i$ 正半周,晶体管 $V_1$ 的发射结处于正半周而导通,$V_2$ 的发射结处于反偏,故截止。$V_1$ 管电流 $i_{c_1}$ 如图 6.62 中实线所示。$i_{c_1}$ 流过负载 $R_L$ 形成正半周的输出电压。在 $u_i$ 负半周,$V_1$ 截止,$V_2$ 导通,电流 $i_{c_2}$ 如图 6.62 中虚线所示,从负载流入 $V_2$ 管,在 $R_L$ 上形成负半周的输出电压。由图 6.62 中可见,当 $V_1$ 导通时,电源 $V_{CC}$ 对电容 $C_L$ 充电,其上电压为 $\dfrac{V_{CC}}{2}$;当 $V_2$ 导通时,$C_L$ 代替电源 $V_{CC}$ 向 $V_2$ 供电,$C_L$ 要放电。

但是,为了要使输出波形对称,即 $i_{c_1}=i_{c_2}$(大小相等,方向相反),必须保持 $C_L$ 上的电压为 $\dfrac{V_{CC}}{2}$。在 $C_L$ 放电过程中,其电压不能下降过多,因此,$C_L$ 的容量必须足够大。

如上所述,可见,在输入信号 $u_i$ 的一个周期内,电流 $i_{c_1}$ 和 $i_{c_2}$ 以正、反不同方向交替流过负载 $R_L$,并在 $R_L$ 上合成而得到一个完整的正弦输出信号 $u_o$。

单电源电路有如下特点:第一,它由不同类型的两个晶体管 $V_1$(NPN)和 $V_2$(PNP)组成,且两管参数对称,在外加输入信号作用下,两管轮流导通,互补供给负载电流,故称互补对称功率放大电路。第二,互补对称电路连成射极输出方式,这种电路具有输入电阻高和输出电阻低的特点,因而解决了阻抗匹配的问题,使低阻负载(如扬声器)可以直接接到放大电路的输出端。

上述电路也存在一定缺点。因为在静态时,两管的偏压为零,而晶体管的输入特性又有一段死区电压,如果输入信号幅度比较小,在起始阶段,$i_{b_1}$ 基本为零,直到 $u_{be_1}$ 超过死区电压后管子的电流才迅速增加,因此,$i_{b_1}$ 的波形为一个下半部增长较慢的钟形波,如图 6.63 所示。这样,就造成了输出波形 $u_o$ 也产生失真。由于这种失真是发生在两管互相交替工作的时刻,故称为交越失真。

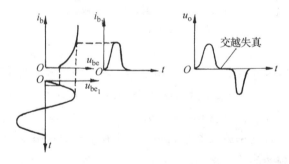

图 6.63 交越失真

为了克服交越失真,在静态时,给两个管子加上一个适当的正向偏压,使两管处于微导通状态,即放大电路处于甲乙类工作状态。这样,就可以避免死区电压的影响,使两管在轮流导通时的输出电压 $u_o$ 交替得比较平滑,波形得到改善,具体电路不再说明。

互补对称放大电路的优点是线路较简单,效率较高,但需要两个不同类型而特性一致的晶体管配对,特别是大功率工作时的异型管配对比较困难。因此,大功率的互补对称放大电路,通常采用复合晶体管(简称复合管)来组成。

复合晶体管(又称达林顿管),它是由两个同类或两个不同类型的晶体管构成。如图 6.64 (a)所示是用两个同类的 NPN 管构成复合管,图 6.64(b)所示是用 PNP 型和 NPN 型管构成复合管。两图中,$V_1$ 为小功率管,称为推动管,$V_2$ 为大功率管,称为输出管。在图 6.64(b)中,$V_1$ 的发射极与 $V_2$ 的基极连接,从流入和流出复合管的电流方向来看,它与一个 NPN 型晶体管等效。在图 6.64(b)中,$V_1$ 管的集电极与 $V_2$ 管的基极连接,它与一个 PNP 管等效。

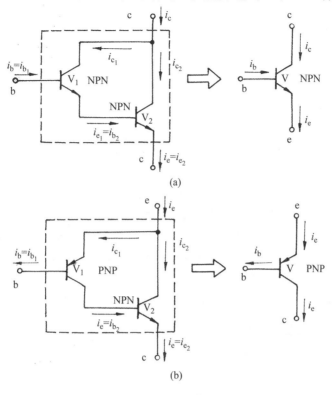

图 6.64 复合晶体管
(a) 由两个 NPN 管组成;(b) 由 PNP 和 NPN 管组成

由此可见,复合管的类型由推动管的类型决定,而与输出管的类型无关。这样,就可用两个同类型的大功率管(特性相近的同类型的晶体管比较容易选到)作为输出管,而用两个不同类型的小功率管做推动管,以满足互补对称的需要。

由图 6.64(a)可得

$$i_c = i_{c_1} + i_{c_2} = \beta_1 i_{b_1} + \beta_2 i_{b_2} = \beta_1 i_{b_1} + \beta_2(1+\beta_1)i_{b_1}$$
$$= (\beta_1 + \beta_2 + \beta_1\beta_2)i_{b_1}$$

由于 $\beta_1\beta_2 \gg \beta_1 + \beta_2$,故

$$i_c \approx \beta_1\beta_2 i_{b_1}$$

即复合管的电流放大系数

$$\beta = \frac{i_c}{i_{b_1}} \approx \beta_1\beta_2$$

综上所述,在互补对称电路中,采用复合管不仅提高了电流放大系数,而且解决了大功率管的配对问题。目前已生产出最大耗散功率 $P_{cm}$ 从几瓦到几十瓦的各种集成复合管可供选用。

(2) 双电源互补对称放大电路(OCL) 在单电源互补对称放大电路中,采用大容量的电解电容器 $C_L$ 与负载耦合,这将会影响低频性能并且无法实现集成化。为此,可将 $C_L$ 除去,而采用双电源电路。如图 6.65 所示为设有静态工作点的双电源互补对称放大电路,也称甲乙类互补功率放大电路。它的工作原理如下:

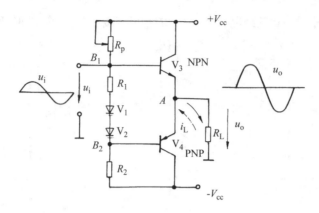

图 6.65    加有正偏压的双电源互补对称放大电路

静态时,电流自$+V_{CC}$→$R_p$→$V_1$→$V_2$→$R_L$ 流向$-V_{CC}$。这时,在 $B_1$ 点和 $B_2$ 点之间有一直流电压降,其值稍大于两管的死区电压,这使电路工作于甲乙类状态,避免了交越失真的产生。由于电路对称,静态时,$I_{C1Q}=I_{C2Q}$,负载 $R_L$ 上无电流流过,两管发射极电位 $V_A=0$。

动态时,当输入信号为正半周时,$B_1$ 点电位升高,$V_3$ 管导通,$V_4$ 管截止,形成如图 6.65 中实线箭头所示的电流 $i_L$。当输入信号负半周时,由于 $B_1$ 点的电位降低,$V_4$ 管导通,$V_3$ 管截止,形成如图虚线箭头所示的电流 $i_L$。这样,在输入信号一个周期内,负载上可获得一定的不失真功率。输出功率最大可达 $\dfrac{1}{2} \cdot \dfrac{V_{CC}^2}{R_L}$。

**本章小结**

(1) 晶体二极管具有单向导电性能,即加上正偏压后导通;加上负偏压时截止,二极管有一个死区电压。正向导通时,二极管正向压降,硅管约为 0.7 V,锗管约为 0.3 V 左右。理想二极管,正向电阻为零(可视为短路),反向电阻视为无穷大。

(2) 稳压管工作于反向击穿区,在工作范围内,反向工作电流有较大变化时,其反向电压基本不变,体现其稳压性能。

(3) 整流电路有半波和全波(桥式)等。要了解其工作原理和整流输出电压,输出电流的计算方法。

(4) 为了减少整流输出电压的脉动程度,常在整流电路与负载之间接入滤波电路。电容滤波在小电流情况时,滤波效果较好,但外特性较差;工作在大电流情况时,一般采用电感滤波。

(5) 晶体三极管是电流控制器件,它以小电流控制大电流,应当注意管子工作在放大状态的条件。其输出特性曲线可以分为三个区域。

(6) 放大电路的分析方法中图解法直观,计算法简捷。

(7) 工作点稳定电路是针对晶体三极管的温度稳定性较差而提出的,分压式偏置电路是常用的电路。

(8) 放大电路常引入负反馈来改善放大器的性能,根据输出端不同的反馈取样信号以及与输入端信号的不同连接方式,反馈放大器分成了不同的类型。

(9) 运算放大器应用十分广泛,可以组成各种运算电路以及波形的变换、产生等。

（10）功率放大电路属于大信号放大，不仅要求输出功率大，而且还必须要有高的效率。乙类功率放大电路效率较高，但必须两管推挽或互补对称式工作，但存在交越失真，所以，实际功率放大电路多采用甲乙类放大状态。互补对称式电路有 OTL 和 OCL 电路。前者使用单电源供电，但由于有输出大电容，使频率特性受到影响；后者采用直接耦合，改善了低频响应，便于集成化。它采用双电源供电，要求电路对称。

**习题**

6.1 如图 6.66 所示，计算下列电路中二极管的电流 $I_V$。（二极管的正向压降取 0.7 V）。

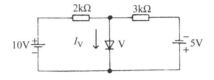

图 6.66 习题 6.1 图

6.2 图 6.67 中 $E=5$ V，$u=10\sin\omega t$ V，试画出二极管上电压 $U_V$ 的波形（V 视为理想二极管）。

6.3 图 6.68 中 $E=3$ V，$u_i=6\sin\omega t$ V，请画出输出电压 $u_o$ 的波形（V 视为理想二极管）。

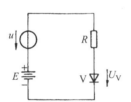

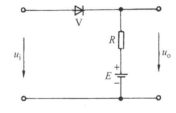

图 6.67 习题 6.2 图　　　　　　图 6.68 习题 6.3 图

6.4 设 $V_{Z1}$ 及 $V_{Z2}$ 的稳定电压分别为 6 V 和 12 V，求图 6.69 各电路的输出电压 $U_o$。（稳压管正向导通电压为 0.7 V）。

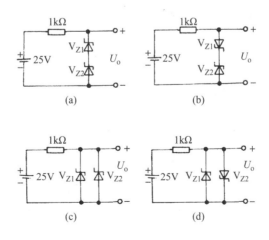

图 6.69 习题 6.4 图

6.5 有一电压为 25 V，电阻为 25 Ω 的直流负载，采用单相桥式整流电路，试求（1）带上电容滤波器与(2)不带电容滤波器时,变压器副绕组电压的最大值分别为多少?

6.6 图6.70为二倍压整流电路,$U_o \approx 2\sqrt{2}U$,试分析其工作原理,并指出 $U_o$ 的极性。

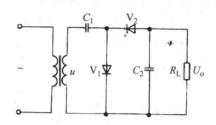

图 6.70 习题 6.6 图

6.7 图6.71所示稳压电路中,$U_o = 18\,\mathrm{V}$,$I_{omax} = 30\,\mathrm{mA}$ 电源,电压波动 $\pm 10\%$,$I_Z$ 最小值不低于 $5\,\mathrm{mA}$,最大不超过 $60\,\mathrm{mA}$,设 $U_2 = 36\,\mathrm{V}$,求 $R$ 应选多大? 并标出电容器上电压的极性。

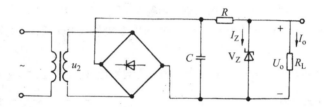

图 6.71 习题 6.7 图

6.8 有两个管子,一个管子的 $\beta = 200$,$I_{ceo} = 200\,\mu\mathrm{A}$,另一个管子的 $\beta = 50$,$I_{ceo} = 10\,\mu\mathrm{A}$,其他参数大致相同,你认为应该选用哪一个合适?

6.9 如图6.72所示的电路结构能否放大信号? 为什么?

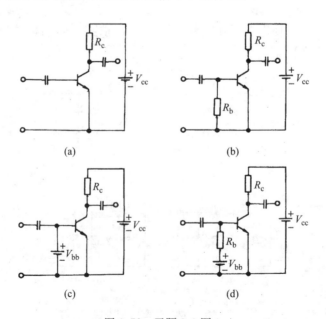

图 6.72 习题 6.9 图

6.10 如图6.73所示,令晶体管的 $U_{be} = 0.6\,\mathrm{V}$,管子的输出特性曲线如图6.73(b)所示,

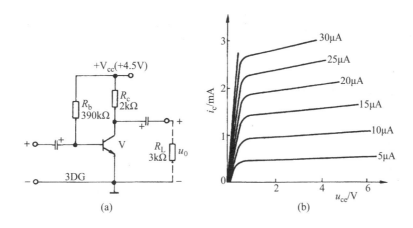

图 6.73 习题 6.10 图

$R_L$ 暂不接入。

(1) 作放大器的直流负载线；

(2) 确定放大器的静态工作点；

(3) 画出交流负载线；

(4) 若输入至基极的信号电流 $i_b = 5\sin\omega t\ \mu A$，问输出电压 $u_o$ 的幅值为多少伏？

(5) 设晶体管的饱和压降为 0.5 V，问输出电压为最大时，输入电流 $i_b$ 为多大？

6.11 在上题图中接上负载电阻 $R_L$，重做上题的(3)、(4)、(5)。

6.12 把图 6.73(a)中的 $R_b$ 改成 130 kΩ，求这时的

(1) 静态工作点 $Q$；

(2) 最大可能的输出电压为多少？

6.13 在上题图中，若把 $R_b$ 改成 820 kΩ，设输入到基极的电流 $i_b = 5\sin\omega t\ \mu A$，问

(1) 当 $R_L$ 未接入电路时输出波形会产生什么现象？

(2) 当 $R_L$ 接入电路后，输出波形的情形是怎样的？

(3) 对(1)、(2)现象作出解释。

6.14 一电路如图 6.74 所示，晶体管的输出特性如图 6.73(b)所示，已知 $I_b = 10\ \mu A$，求：

(1) 作直流负载线和静态工作点；

(2) 作交流负载线；

(3) 这时输出电压最大可能的幅值为多少？

(4) 要使电路的动态范围更大些，你认为 $I_b$ 应该取多大才合适？

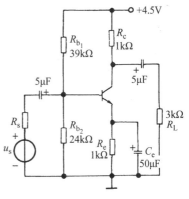

图 6.74 习题 6.14 图

6.15 在图 6.75 中，判断哪些是负反馈、哪些是正反馈，如果是负反馈，属于哪一类型？

6.16 如图 6.76 示，求输出电压 $u_o$。

6.17 在图 6.77 中，已知 $R_f = 2R_1$，$u_i = -2\,V$，试求输出电压 $u_o$。

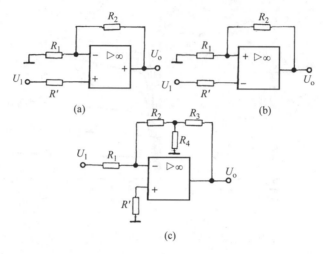

图 6.75  习题 6.15 图

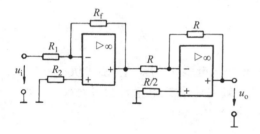

图 6.76  习题 6.16 图

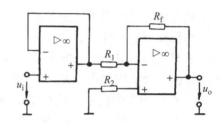

图 6.77  习题 6.17 图

6.18  为了获得较高的电压放大倍数,而又可避免采用高阻电阻 $R_f$,将反相运算电路改成如图 6.78 所示,并设 $R_f \gg R_4$,试证:

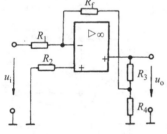

图 6.78  习题 6.18 图

$$A_{u_f} = \frac{u_o}{u_i} = -\frac{R_f}{R_1}\left(1 + \frac{R_3}{R_4}\right).$$

6.19  按下列各运算关系式画出运算电路,并计算各电阻的阻值,括号中的反馈电阻 $R_f$ 和电容 $C_f$ 为已知值。

(1) $U_o = -3U_i (R_f = 50\,\text{k}\Omega)$;

(2) $U_o = -(U_{i_1} + 0.2U_{i_2})(R_f = 100\,\text{k}\Omega)$;

(3) $U_o = 5U_i (R_f = 20\,\text{k}\Omega)$;

(4) $U_o = 0.5U_i$;

(5) $U_o = 2U_{i_2} - U_{i_1} (R_f = 10\,\text{k}\Omega)$;

(6) $U_o = -200\int U_i \mathrm{d}t (C_f = 0.1\,\mu\text{F})$。

6.20  如图 6.65 所示的双电源互补对称功放电路中,若 $\pm V_{CC} = \pm 12\,\text{V}$,负载电阻 $R_L = 8\,\Omega$,求理想的最大输出功率 $P_m$ 为多少?

# 第7章 门电路和组合逻辑电路

**【内容提要】** 本章介绍逻辑代数的基本运算法则,与、或、非3种基本的逻辑关系;与门、或门、非门、与非门、或非门、与或非门的逻辑功能;三态门和 CMOS 传输门电路;简单组合逻辑电路的分析和设计方法。

**【学习要求】** 掌握逻辑代数的基本运算法则,能应用逻辑代数分析简单的组合逻辑电路;了解组合逻辑电路的特点,掌握组合电路的分析和设计方法;了解加法器、编码器、译码器的工作原理,以及译码器、编码器、多路选择器等常用集成电路的设计使用。

电子电路中的信号可以分为两类:模拟信号和数字信号。交流放大器中的电信号是随着时间连续变化的,它们是各种连续变化量,如声音、温度等的模拟,因此称为模拟信号。另一类是不连续的突变信号,如图 7.1 所示的矩形脉冲信号,这种电信号称为数字信号。处理数字信号的电子电路称为数字电路。

在数字电路中,研究的对象是输出信号(或称输出变量)和输入信号(输入变量)之间的逻辑关系。表达电路的功能主要是用状态表、逻辑表达式及逻辑图等。

图 7.1 矩形脉冲信号

## 7.1 门电路

门电路是数字电路中最基本的逻辑元件。它的输出与输入信号之间存在一定的逻辑关系。输出、输入信号用电位(或称电平)的高低表示。本书一律用 1 表示高电位,用 0 表示低电位。

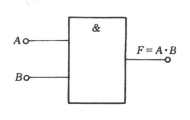

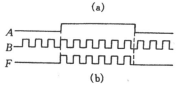

图 7.2 与门的逻辑符号及工作波形

### 7.1.1 与门

图 7.2(a)是与门的逻辑符号,$A$、$B$ 为与门的输入端,$F$ 为输出端。只有当两个输入端全为 1 时,输出才为 1。表 7.1 表达了所有可能的逻辑状态。

**表 7.1 与门的逻辑状态表**

| $A$ | $B$ | $F$ |
|---|---|---|
| 0 | 0 | 0 |
| 0 | 1 | 0 |
| 1 | 0 | 0 |
| 1 | 1 | 1 |

与逻辑关系的逻辑表达式为

$$F = A \cdot B \qquad (7.1)$$

式中小圆点"·"表示"与运算"。

利用与门电路,可以控制信号的传送。如图 7.2(b)所示,只有当 $A$ 为 1 时,$B$ 信号才能通过,在 $F$ 端得到相应的输出信号,此时相当于门被打开;当 $A$ 为 0 时,$B$ 信号不能通过,输出始终为零,相当于门被封锁。

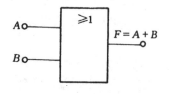

图 7.3　或门的逻辑符号

### 7.1.2　或门

图 7.3 是或门的逻辑符号。$A$、$B$ 为输入端,$F$ 为输出端。当输入端只要有一个或一个以上为 1 时,输出 $F$ 就为 1。表 7.2 是或门的逻辑状态表。

表 7.2　或门的逻辑状态表

| $A$ | $B$ | $F$ |
|-----|-----|-----|
| 0 | 0 | 0 |
| 0 | 1 | 1 |
| 1 | 0 | 1 |
| 1 | 1 | 1 |

或逻辑关系可用下式表示:

$$F = A + B \qquad (7.2)$$

该式读作 $F$ 等于"$A$ 或 $B$"。

与门、或门的输入端可推广到多个的情况:

$$F = A \cdot B \cdot C \cdot \cdots$$
$$F = A + B + C + \cdots$$

### 7.1.3　非门

图 7.4 是非门的逻辑符号,$A$ 为输入端,$F$ 为输出端。当 $A$ 为 1 时,$F$ 为 0;当 $A$ 为 0 时,$F$ 为 1。$F$ 与 $A$ 的逻辑关系可用式 7.3 表示:

$$F = \overline{A} \qquad (7.3)$$

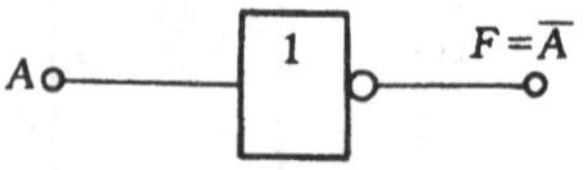

该式读作 $F$ 等于"非 $A$"。非门只有一个输入端,实际上它是一个反相器。非门的逻辑关系见表 7.3。

图 7.4　非门的逻辑符号

表 7.3　非门的逻辑状态表

| $A$ | $F$ |
|-----|-----|
| 0 | 1 |
| 1 | 0 |

上述的三种门电路是基本逻辑门电路。由它们的状态表和逻辑表达式,可知基本逻辑运算规则,如表 7.4 所示。

表 7.4　基本逻辑运算规则

| 与 | 或 |
|---|---|
| $0 \cdot 0 = 0$ | $1 + 1 = 1$ |
| $1 \cdot 0 = 0 \cdot 1 = 0$ | $0 + 1 = 1 + 0 = 1$ |
| $1 \cdot 1 = 1$ | $0 + 0 = 0$ |
| $1 \cdot \overline{1} = 0$ | $0 + \overline{0} = 1$ |

### 7.1.4　常用的复合门电路

与门、或门、非门经过简单的组合,可构成另一些常用的逻辑门,如"与非门"、"或非门"和"异或门"等。它们的逻辑表达式和逻辑符号见表 7.5。与非门和或非门的输入端可以推广到多个的情况。异或门的输入端只有两个,当两输入互异时,输出为 1,否则输出为 0。故称为异或门。异或门的逻辑表达式为

$$F = A\overline{B} + \overline{A}B = A \oplus B \tag{7.4}$$

式中"$\oplus$"读作"异或"。图 7.5 是异或门的逻辑图。

此外,还经常用到与或非门,它的逻辑符号如图 7.6 所示。逻辑表达式为

$$F = \overline{AB + CD} \tag{7.5}$$

表 7.5　几种常用的复合门

| 逻辑门 | | 与非 | 或非 | 异或 |
|---|---|---|---|---|
| 图形符号 | | | | |
| 输入逻辑变量 ＼ 逻辑式 | | $F = \overline{A \cdot B}$ | $F = \overline{A + B}$ | $F = A \oplus B$ |
| $A$ | $B$ | $F$ | $F$ | $F$ |
| 0 | 0 | 1 | 1 | 0 |
| 0 | 1 | 1 | 0 | 1 |
| 1 | 0 | 1 | 0 | 1 |
| 1 | 1 | 0 | 0 | 0 |

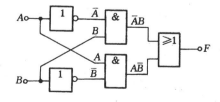

图 7.5　异或门的逻辑图

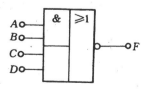

图 7.6　与或非门的逻辑符号

利用这些门电路可以构成具有各种复杂逻辑功能的逻辑电路。表示逻辑电路的功能的方法有状态表、逻辑图、逻辑表达式等。它们之间可以相互转换。一般来说,有了逻辑状态表,就可写出逻辑表达式,然后画出逻辑图。

由状态表列逻辑表达式的方法如下:

(1) 在状态表上找出输出为 1 的各行,把每行的输入变量本身写为乘积形式,遇到是 0 的输入变量加非号,即取其反量,然后相乘。

(2) 把各乘积项加起来,并变换和化简各逻辑表达式。有了逻辑表达式即可对应画出逻辑图。反之,有了逻辑图,从输入和输出变量的对应关系,不难求出状态表和表达式。

[**例 7.1**] 列出表达式 $F=\overline{A}\cdot\overline{B}+AB$ 的逻辑状态表。

**解** 第一步:写出输入变量的各种组合。$n$ 个变量共有 $2^n$ 种组合,所以本题共有四种组合。

第二步:把每行中各输入端的状态代入逻辑表达式计算,并记下输出端状态,可得表 7.6。

**表 7.6 表达式 $F=\overline{A}\cdot\overline{B}+AB$ 的逻辑状态表**

| 输 | 入 | 输 出 |
|---|---|---|
| $A$ | $B$ | $F$ |
| 0 | 0 | 1 |
| 0 | 1 | 0 |
| 1 | 0 | 0 |
| 1 | 1 | 1 |

[**例 7.2**] 将逻辑表达式 $F=\overline{BC}+(B+C)\cdot A$ 转换为逻辑图。

**解** 用与门实现与逻辑,或门实现或逻辑,与非门实现与非运算,可得逻辑图 7.7。

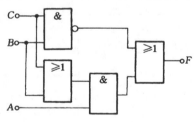

图 7.7 表达式 $F=\overline{BC}+(B+C)\cdot A$ 的逻辑图

### 7.1.5 TTL 三态门和 CMOS 传输门电路

集成门电路器件主要分两大类:TTL 和 CMOS 集成门电路。

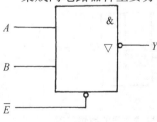

图 7.8 三态与非门逻辑符号

TTL 三态门常用于计算机中的数据总线结构,实现数据单向分时传输、双向传输等。三态是指输出端除了输出高、低电平两种状态以外,输出端还可呈现高阻状态。如图 7.8 是 TTL 三态与非门的逻辑符号。图中 $A$、$B$ 为输入端,$\overline{E}$ 为控制端或称为使能端,低电平有效,$Y$ 为输出端。当 $\overline{E}=0$ 时,$Y=\overline{A\cdot B}$,电路处于正常工作状态,输出取决于输入,与普通 TTL 与非门一样;当 $\overline{E}=1$ 时,$Y=Z$(高阻状态),输出端 $Y$ 是悬空(开路)的。

下面介绍三态门常见的一些应用。

(1) 用作多路开关　用两个反相信号控制两个三态门的控制端,如图 7.9(a)所示。$\overline{E}=0$ 时,门 $G_1$ 传送信号 $A$,门 $G_2$ 为高阻输出,$Y=\overline{A}$;$\overline{E}=1$ 时,门 $G_1$ 为高阻输出,门 $G_2$ 传送信号 $B$,$Y=\overline{B}$。

(2) 用作双向传输的总线接收器　电路如图 7.9(b)所示。$\overline{E}=0$ 时,门 $G_1$ 传输,门 $G_2$ 被禁止,信号由 $A$ 传到 $B$;$\overline{E}=1$ 时,门 $G_1$ 被禁止,门 $G_2$ 传输,信号由 $B$ 传到 $A$。

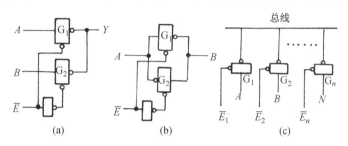

图 7.9　TTL 三态门的应用

(a) 二路开关;(b) 双向传输;(c) 多路分时传递

(3) 用作多路信号分时传递　电路如图 7.9(c)所示。只要 $\overline{E}_1$、$\overline{E}_2$、$\cdots$、$\overline{E}_n$ 为顺序出现的低电平信号,则一条总线可分时传递 $A$、$B$、$C$、$\cdots$、$N$ 多路信号。这种电路在计算机中已普遍被采用。

CMOS 传输门是一种传输模拟信号的压控开关。如图 7.10 是 CMOS 传输门的逻辑符号,图中 $U_i$ 为输入端,$U_o$ 为输出端,$C$ 和 $\overline{C}$ 为互补的控制信号。

当 $C=0$,$\overline{C}=1$ 时,输入 $U_i$ 和输出 $U_o$ 之间呈高阻态而关断,传输门截止,关断电阻约为 $10^9\ \Omega$ 以上。当 $C=1$,$\overline{C}=0$ 时,$U_i$ 与 $U_o$ 之间呈低阻状态,传输门导通,$U_o=U_i$,导通电阻约为几百欧姆。

由于 CMOS 传输门截止时关断电阻约为 $10^9\ \Omega$ 以上,导通时电阻约为几百欧姆,因此 CMOS 传输门很接近理想开关状态。同时 CMOS 传输门输入端 $U_i$ 与输出端 $U_o$ 可以互换使用,它是一种双向器件。

如图 7.11 所示。CMOS 传输门与反相器连接组成一个模拟开关。当 $C=1$ 时,传输门导通,$U_o=U_i$,开关接通;当 $C=0$ 时,传输门截止,$U_o$ 与 $U_i$ 之间开路,开关关断。

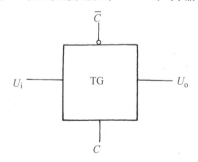

图 7.10　CMOS 传输门逻辑符号

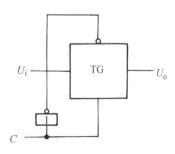

图 7.11　CMOS 传输门与反相器构成一个模拟开关

#### 7.1.6　集成门电路的使用与连接

在实际使用集成门电路时,除了需要了解所使用门电路的性能外,还要掌握它们的正确使用方法,以及 TTL 集成电路和 CMOS 集成电路连接时要注意的几个问题。

##### 7.1.6.1　多余输入端的处理

为了防止外界干扰信号的影响,门电路的多余输入端一般不要悬空。处理的方法应保证电路的逻辑关系,并使其正常而稳定地工作。

TTL 门电路虽然输入端悬空相当于高电平,但在实际的数字系统中,多余的输入端悬空容易引入干扰信号,造成工作的不稳定。因此,多余的输入端应根据逻辑功能的要求接适当的逻辑电平。TTL 与门、与非门的多余输入端应接高电平,具体方法是直接接正电源或者通过一个限流电阻接正电源;或门、或非门多余输入端应接低电平;在工作速度不快,信号源驱动能力较强,多余的输入端也可以和使用端并联使用。

CMOS 门电路多余输入端绝不允许悬空,而应根据逻辑功能的要求接正电源 $+U_{DD}$ 或接地,否则会使输出状态不稳定。

##### 7.1.6.2　输出端的使用

除了三态门和集电极开路门之外,一般逻辑门的输出端不允许并联使用,也不要直接与正电源或地相连接,否则会使电路产生逻辑混乱,甚至会因电流过大而烧坏器件。但输出端可以通过电阻与电源相连以提高 TTL 门电路输出高电平。

TTL 和 CMOS 门电路输出端接负载的大小应满足负载电流 $I_L$ 不大于门电路输出电流 $I_{oL}$ 和 $|I_{oH}|$。

##### 7.1.6.3　TTL 和 CMOS 接口电路

在实际使用中经常会碰到 TTL 和 CMOS 两种器件相互连接的问题,而不同逻辑系列的器件其负载能力、电源电压(如 TTL 门电路为 $U_{CC}=+5\,V$,CMOS 为 $U_{DD}=3\sim18\,V$)及逻辑电平各异,因此,它们两者混合使用、相互连接时必须保证逻辑电平及驱动能力的适配。因此,应在两种不同逻辑系列门电路之间插入接口电路。

(1) TTL 门电路驱动 CMOS 门电路　在电源电压 $U_{CC}=U_{DD}=5\,V$ 时,TTL 电路可以直接驱动 CMOS 电路,但为确保工作可靠,常在 TTL 输出端与 CMOS 输入端连接点与电源之间接入一个几千欧的电阻。

如果 $U_{DD}=3\sim18\,V$,特别是 $U_{DD}>U_{CC}$ 时,常将 TTL 电路改用集电极开路门或采用具有电平移动功能的 CMOS 电路作接口电路,来完成 TTL 对 CMOS 门的驱动功能。

(2) CMOS 电路驱动 TTL 电路　在 $U_{CC}=U_{DD}=5\,V$ 时,CMOS 电路可直接驱动 TTL 电路,但由于 CMOS 电路带负载能力有限,因此当被驱动的门较多时,可采用下列几种方法:

- 同一芯片上的 CMOS 门并联使用;
- 增加一级 CMOS 驱动器;
- 采用三极管驱动。

当 $U_{DD}=3\sim18\,V$ 时,采用 CMOS 缓冲器作接口电路。

## 7.2　加法器

加法器是用来进行二进制数加法运算的组合逻辑电路,是数字计算机中不可缺少的基本部件之一。

## 7.2.1　半加器

两个一位二进制数的加法运算可用表 7.7 表示,其中 $A$ 和 $B$ 是相加的两个数,$S$ 是和数,$C$ 是进位。由于这种加法运算只考虑了两个加数本身,而没有考虑低位送来的进位数,故称为半加。

表 7.7　半加器的逻辑状态表

| $A$ | $B$ | $C$ | $S$ |
|---|---|---|---|
| 0 | 0 | 0 | 0 |
| 0 | 1 | 0 | 1 |
| 1 | 0 | 0 | 1 |
| 1 | 1 | 1 | 0 |

由逻辑状态表可得逻辑表达式:

$$C = AB \tag{7.6}$$

$$S = A\overline{B} + \overline{A}B \tag{7.7}$$

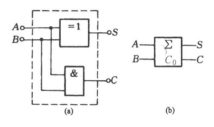

图 7.12　半加器的逻辑图及图形符号

因为半加和 $S = A\overline{B} + \overline{A}B$ 是异或逻辑关系,进位 $C = AB$ 是与逻辑关系,所以可用异或门和与门组成半加器,如图 7.12(a)所示。图 7.12(b)是半加器的图形符号。

## 7.2.2　全加器

全加器能进行加数、被加数和进位信号相加,并根据求和结果给出相应的和以及该位的进位信号。表 7.8 是全加器的状态表,其中 $A_i$ 和 $B_i$ 是相加的两个数,$C_{i-1}$ 是相邻低位来的进位数,$S_i$ 是本位和数,$C_i$ 是进位数。

表 7.8　全加器的逻辑状态表

| $A_i$ | $B_i$ | $C_{i-1}$ | $C_i$ | $S_i$ |
|---|---|---|---|---|
| 0 | 0 | 0 | 0 | 0 |
| 0 | 0 | 1 | 0 | 1 |
| 0 | 1 | 0 | 0 | 1 |
| 0 | 1 | 1 | 1 | 0 |
| 1 | 0 | 0 | 0 | 1 |
| 1 | 0 | 1 | 1 | 0 |
| 1 | 1 | 0 | 1 | 0 |
| 1 | 1 | 1 | 1 | 1 |

全加器可用两个半加器和一个或门组成,如图 7.13(a)所示。图 7.13(b)是全加器的图形符号。

若把一个全加器的进位输出 $C_i$ 连至另一个全加器的进位输入 $C_{i-1}$,则可构成 2 位二进制数加法器。用几个全加器可组成一个多位二进制数加法运算的电路。图 7.14 是 4 位全加器的一种逻辑电路图。若令低位全加器进位输入端 $C_1 = 0$ 则可以直接实现 4 位二进制数的加法运算。这种全加器的任意一位的加法运算都必须等到低位加法完成送来进位时才能进行,这

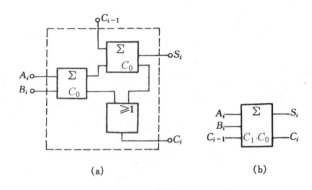

图 7.13　全加器的逻辑图和图形符号

种进位方式称为串行进位。如 T692 就是 4 位串行进位的全加器。

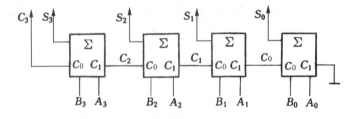

图 7.14　4 位全加器的逻辑电路图

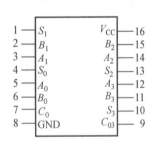

图 7.15　4 位超前进位加法器
74LS283 外部引线排列图

间是串行进位方式。

串行进位加法器电路简单,但工作速度较慢。从信号输入到最高位和数的输出,需要四级全加器的传输时间。为了提高运算速度,在一些加法器中采用了超前进位的方法。它们在作加运算的同时,利用快速进位电路把各进位数也求出来,从而加快了运算速度。具有这种功能的电路称为超前进位加法器。74LS283 就是 4 位超前进位加法器。图 7.15 是74LS283 的外部引线排列图。这种加法器也可以进行位数的扩展。图 7.16 就是两片 74LS283 实现 8 位二进制数相加的连线图。这里每片的 4 位加运算是超前进位的,但两片之

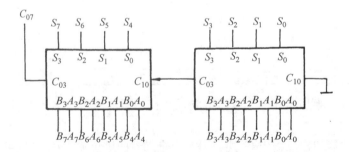

图 7.16　74LS283 实现 8 位二进制数相加连线图

## 7.3　编码器

在数字系统中,用二进制代码表示某一信号称为编码。实现编码功能的电路称为编码器。

### 7.3.1　二进制编码器

将输入信号编成二进制代码的电路称为二进制编码器。1 位二进制代码有 0 和 1 两种,可以表示两种信号,2 位二进制代码有 00、01、10、11 四种,可以表示四种信号……由于 $n$ 位二进制代码有 $2^n$ 个取值组合,可以表示 $2^n$ 种信号。所以,输出 $n$ 位代码的二进制编码器,一般有 $2^n$ 个输入端。

图 7.17 是 3 位二进制编码器的逻辑图。$I_0,\cdots,I_7$ 是 8 个输入端,$ABC$ 是 3 个输出端,对应于每个输入信号都有一组不同的输出代码。

下面分析它的逻辑功能。

首先,由逻辑图图 7.17 可写出逻辑表达式:

$$\begin{cases} C = \overline{\overline{I_7}\,\overline{I_6}\,\overline{I_5}\,\overline{I_4}} \\ B = \overline{\overline{I_7}\,\overline{I_6}\,\overline{I_3}\,\overline{I_2}} \\ A = \overline{\overline{I_7}\,\overline{I_5}\,\overline{I_3}\,\overline{I_1}} \end{cases} \tag{7.8}$$

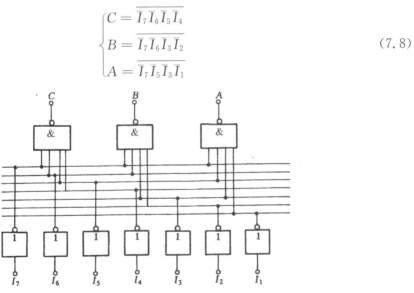

图 7.17　三位二进制编码器的逻辑图

然后,根据式(7.8)列出电路的逻辑状态表,如表 7.9 所示。

由状态表可以看出:对任一输入信号,3 个输出端的取值组成对应的三位二进制代码。因该电路有 8 个输入端和 3 个输出端,常称做 8 线-3 线编码器。

表 7.9　三位二进制编码器状态表

| 输　　入 | 输　　出 | | |
| --- | --- | --- | --- |
| | $C$ | $B$ | $A$ |
| $I_0$ | 0 | 0 | 0 |
| $I_1$ | 0 | 0 | 1 |

（续表）

| 输　　入 | 输　　出 | | |
|---|---|---|---|
| | $C$ | $B$ | $A$ |
| $I_2$ | 0 | 1 | 0 |
| $I_3$ | 0 | 1 | 1 |
| $I_4$ | 1 | 0 | 0 |
| $I_5$ | 1 | 0 | 1 |
| $I_6$ | 1 | 1 | 0 |
| $I_7$ | 1 | 1 | 1 |

### 7.3.2 二-十进制编码器

二—十进制编码器是将十进制的 10 个数码 0、1、2、3、4、5、6、7、8、9 编成二进制代码的电路,其逻辑图如图 7.18 所示。它有 10 个输入端、4 个端出端,输入的是 0～9 等 10 个数码,输出的是对应的 4 位二进制代码,这种二进制代码又称二-十进制代码,简称 BCD 码。

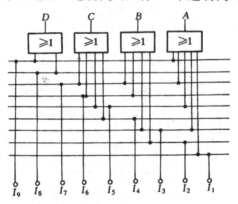

图 7.18　二-十进制编码器的逻辑图

由逻辑图 7.18 可写出其输出逻辑表达式:

$$\begin{cases} D = I_8 + I_9 \\ C = I_4 + I_5 + I_6 + I_7 \\ B = I_2 + I_3 + I_6 + I_7 \\ A = I_1 + I_3 + I_5 + I_7 + I_9 \end{cases} \qquad (7.9)$$

根据式(7.9)可列出电路的逻辑状态表 7.10。

表 7.10　二-十进制编码器的逻辑状态表

| 输　　入 | 输　　出 | | | |
|---|---|---|---|---|
| 十进制数 | $D$ | $C$ | $B$ | $A$ |
| $0(I_0)$ | 0 | 0 | 0 | 0 |
| $1(I_1)$ | 0 | 0 | 0 | 1 |

（续表）

| 输　　入 | 输　　　出 | | | |
|---|---|---|---|---|
| 十进制数 | $D$ | $C$ | $B$ | $A$ |
| $2(I_2)$ | 0 | 0 | 1 | 0 |
| $3(I_3)$ | 0 | 0 | 1 | 1 |
| $4(I_4)$ | 0 | 1 | 0 | 0 |
| $5(I_5)$ | 0 | 1 | 0 | 1 |
| $6(I_6)$ | 0 | 1 | 1 | 0 |
| $7(I_7)$ | 0 | 1 | 1 | 1 |
| $8(I_8)$ | 1 | 0 | 0 | 0 |
| $9(I_9)$ | 1 | 0 | 0 | 1 |

由状态表可以看出：表示 0～9 等 10 个数码的代码，是 4 位二进制代码的 16 种状态中取的前 10 种状态，这就是最常用的"8421 编码"方式。二进制代码各位的 1 所代表的十进制数从高位到低位依次为 8、4、2、1，称之为"权"，各个数码乘以各位的"权"，然后相加，即可得到二进制代码所表示的一位十进制数。如"0101"表示的十进制数为

$$0 \times 8 + 1 \times 4 + 0 \times 2 + 1 \times 1 = 5$$

4 位二进制代码有 16 种状态，其中任何 10 种状态都可表示 0～9 等 10 个数码，因此十进制的编码方式有多种形式。

### 7.3.3　集成编码器

图 7.19 是 8 线-3 线优先编码器 74LS148 的外部引线排列图。其中 $\bar{I}_0 \sim \bar{I}_7$ 为输入信号端；$\bar{S}$ 为控制端；$\bar{Y}_2$、$\bar{Y}_1$、$\bar{Y}_0$ 为编码输出端；$\bar{Y}_S$ 和 $\bar{Y}_{EX}$ 是用于扩展编码功能的输出端。表 7.11 是 74LS148 的逻辑状态表，×表示取值任意。

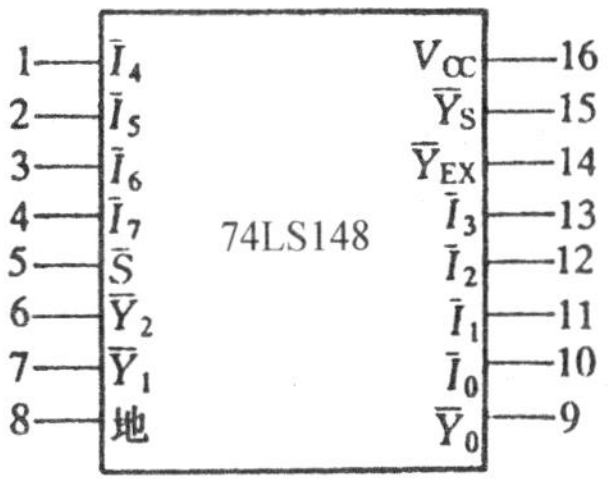

图 7.19　8 线-3 线优先编码器 74LS148 的外部引线排列图

表 7.11　74LS148 的逻辑状态表

| 输　　　　　入 | | | | | | | | | 输　　　出 | | | | |
|---|---|---|---|---|---|---|---|---|---|---|---|---|---|
| $\bar{S}$ | $\bar{I}_7$ | $\bar{I}_6$ | $\bar{I}_5$ | $\bar{I}_4$ | $\bar{I}_3$ | $\bar{I}_2$ | $\bar{I}_1$ | $\bar{I}_0$ | $\bar{Y}_2$ | $\bar{Y}_1$ | $\bar{Y}_0$ | $\bar{Y}_{EX}$ | $\bar{Y}_S$ |
| 0 | 0 | × | × | × | × | × | × | × | 0 | 0 | 0 | 0 | 1 |
| 0 | 1 | 0 | × | × | × | × | × | × | 0 | 0 | 1 | 0 | 1 |
| 0 | 1 | 1 | 0 | × | × | × | × | × | 0 | 1 | 0 | 0 | 1 |
| 0 | 1 | 1 | 1 | 0 | × | × | × | × | 0 | 1 | 1 | 0 | 1 |
| 0 | 1 | 1 | 1 | 1 | 0 | × | × | × | 1 | 0 | 0 | 0 | 1 |
| 0 | 1 | 1 | 1 | 1 | 1 | 0 | × | × | 1 | 0 | 1 | 0 | 1 |

（续表）

| 输 | | | | 入 | | | | 输 | | 出 | | |
|---|---|---|---|---|---|---|---|---|---|---|---|---|
| $\overline{S}$ | $\overline{I}_7$ | $\overline{I}_6$ | $\overline{I}_5$ | $\overline{I}_4$ | $\overline{I}_3$ | $\overline{I}_2$ | $\overline{I}_1$ | $\overline{I}_0$ | $\overline{Y}_2$ | $\overline{Y}_1$ | $\overline{Y}_0$ | $\overline{Y}_{EX}$ $\overline{Y}_S$ |
| 0 | 1 | 1 | 1 | 1 | 1 | 1 | 0 | × | 1 | 1 | 0 | 0 1 |
| 0 | 1 | 1 | 1 | 1 | 1 | 1 | 1 | 0 | 1 | 1 | 1 | 0 1 |
| 0 | 1 | 1 | 1 | 1 | 1 | 1 | 1 | 1 | 1 | 1 | 1 | 1 0 |
| 1 | × | × | × | × | × | × | × | × | 1 | 1 | 1 | 1 1 |

由状态表可知：

当 $\overline{I}_7=0$ 时，不管其他输入端有无信号，输出只对 $\overline{I}_7$ 编码，即 $\overline{Y}_2\overline{Y}_1\overline{Y}_0=0\,0\,0$；当 $\overline{I}_7=1$，$\overline{I}_6=0$ 时，则输出只对 $\overline{I}_6$ 编码，即 $\overline{Y}_2\overline{Y}_1\overline{Y}_0=0\,0\,1$……只有当 $\overline{I}_7\sim\overline{I}_0$ 都为 1，$\overline{I}_0=0$ 时，输出才对 $\overline{I}_0$ 编码。这就表明 $\overline{I}_7\sim\overline{I}_0$ 具有不同的编码优先权，$\overline{I}_7$ 优先权最高，$\overline{I}_0$ 优先权最低，该电路输入低电平有效；输出为反码。

$\overline{S}$ 端控制编码器的工作状态。当 $\overline{S}=0$ 时，允许编码；当 $\overline{S}=1$ 时，禁止编码。故称 $\overline{S}$ 端为"选通端"或"使能端"或"控制端"。利用 $\overline{S}$ 端可以扩展编码器的功能。

$\overline{Y}_S$ 端受本片 $\overline{S}$ 端控制。当 $\overline{S}=0$ 时，若有编码输入，则 $\overline{Y}_S=1$；若无编码输入，则 $\overline{Y}_S=0$。当 $\overline{S}=1$ 时，$\overline{Y}_S=1$。常用 $\overline{Y}_S$ 端的输出来控制其他芯片。

$\overline{Y}_{EX}$ 端在本片 $\overline{S}=0$ 时，输出与 $\overline{Y}_S$ 相反；在本片 $\overline{S}=1$ 时，与 $\overline{Y}_S$ 相同。当多片编码时，$\overline{Y}_{EX}$ 可作为编码输出位的扩展。

# 7.4 译码显示电路

译码是编码的逆过程。它是将二进制代码按它的原意翻译成相对应的输出信号。实现译码功能的电路称为译码器。

## 7.4.1 译码器

译码器与编码器一样，也是一种多输入端、多输出端的组合逻辑电路。图 7.20 是 3 位二进制译码器的逻辑图。电路由与非门构成，输入是 3 位二进制代码。

由逻辑图 7.20 可写出输出端的表达式：

$$\begin{cases} Y_0=\overline{C}\,\overline{B}\,\overline{A} & Y_1=\overline{C}\,\overline{B}A \\ Y_2=\overline{C}B\overline{A} & Y_3=\overline{C}BA \\ Y_4=C\overline{B}\,\overline{A} & Y_5=C\overline{B}A \\ Y_6=CB\overline{A} & Y_7=CBA \end{cases} \tag{7.10}$$

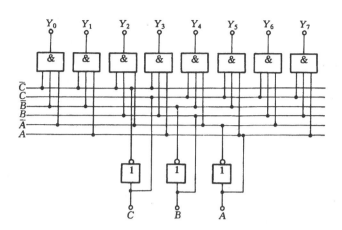

图 7.20　3 位二进制译码器的逻辑图

由式 7.10 可列出电路的逻辑状态表,如表 7.12。

表 7.12　3 位二进制译码器的状态表

| 输　　入 | | | 输　　出 | | | | | | | |
|---|---|---|---|---|---|---|---|---|---|---|
| $C$ | $B$ | $A$ | $Y_0$ | $Y_1$ | $Y_2$ | $Y_3$ | $Y_4$ | $Y_5$ | $Y_6$ | $Y_7$ |
| 0 | 0 | 0 | 1 | 0 | 0 | 0 | 0 | 0 | 0 | 0 |
| 0 | 0 | 1 | 0 | 1 | 0 | 0 | 0 | 0 | 0 | 0 |
| 0 | 1 | 0 | 0 | 0 | 1 | 0 | 0 | 0 | 0 | 0 |
| 0 | 1 | 1 | 0 | 0 | 0 | 1 | 0 | 0 | 0 | 0 |
| 1 | 0 | 0 | 0 | 0 | 0 | 0 | 1 | 0 | 0 | 0 |
| 1 | 0 | 1 | 0 | 0 | 0 | 0 | 0 | 1 | 0 | 0 |
| 1 | 1 | 0 | 0 | 0 | 0 | 0 | 0 | 0 | 1 | 0 |
| 1 | 1 | 1 | 0 | 0 | 0 | 0 | 0 | 0 | 0 | 1 |

从状态表可看出:一个输出端只与一组输入代码相对应。这样就可把输入代码译成特定的输出信号。如当 $CBA=101$ 时,输出只有 $Y_5$ 为 1,其余皆为 0。

图 7.21 所示为 3 线-8 线集成译码器 74LS138。它除了有 3 个二进制码输入端、8 个与其值相对应的输出端外,还有 3 个使能输入端 $S_1$、$\overline{S_2}$、$\overline{S_3}$。译码器的功能表如表 7.13 所示。

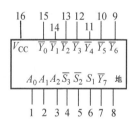

图 7.21　74LS138 外部引线排列图

表 7.13　74LS138 译码器功能表

| 输　　入 | | | | | 输　　出 | | | | | | | |
|---|---|---|---|---|---|---|---|---|---|---|---|---|
| 使　能 | | 选　择 | | | | | | | | | | |
| $S_1$ | $\overline{S_2}+\overline{S_3}$ | $A_2$ | $A_1$ | $A_0$ | $\overline{Y_0}$ | $\overline{Y_1}$ | $\overline{Y_2}$ | $\overline{Y_3}$ | $\overline{Y_4}$ | $\overline{Y_5}$ | $\overline{Y_6}$ | $\overline{Y_7}$ |
| $\times$ | 1 | $\times$ | $\times$ | $\times$ | 1 | 1 | 1 | 1 | 1 | 1 | 1 | 1 |
| 0 | $\times$ | $\times$ | $\times$ | $\times$ | 1 | 1 | 1 | 1 | 1 | 1 | 1 | 1 |

(续表)

| 输　入 | | | | | 输　出 | | | | | | | |
| 使　能 | | 选　择 | | | | | | | | | | |
| $S_1$ | $\overline{S}_2+\overline{S}_3$ | $A_2$ | $A_1$ | $A_0$ | $\overline{Y}_0$ | $\overline{Y}_1$ | $\overline{Y}_2$ | $\overline{Y}_3$ | $\overline{Y}_4$ | $\overline{Y}_5$ | $\overline{Y}_6$ | $\overline{Y}_7$ |
|---|---|---|---|---|---|---|---|---|---|---|---|---|
| 1 | 0 | 0 | 0 | 0 | 0 | 1 | 1 | 1 | 1 | 1 | 1 | 1 |
| 1 | 0 | 0 | 0 | 1 | 1 | 0 | 1 | 1 | 1 | 1 | 1 | 1 |
| 1 | 0 | 0 | 1 | 0 | 1 | 1 | 0 | 1 | 1 | 1 | 1 | 1 |
| 1 | 0 | 0 | 1 | 1 | 1 | 1 | 1 | 0 | 1 | 1 | 1 | 1 |
| 1 | 0 | 1 | 0 | 0 | 1 | 1 | 1 | 1 | 0 | 1 | 1 | 1 |
| 1 | 0 | 1 | 0 | 1 | 1 | 1 | 1 | 1 | 1 | 0 | 1 | 1 |
| 1 | 0 | 1 | 1 | 0 | 1 | 1 | 1 | 1 | 1 | 1 | 0 | 1 |
| 1 | 0 | 1 | 1 | 1 | 1 | 1 | 1 | 1 | 1 | 1 | 1 | 0 |

从表 7.13 不难看出:电路输入端 $A_2A_1A_0$ 输入 3 位二进制代码;输出端 $\overline{Y}_0 \sim \overline{Y}_7$ 输出的有效信号是低电平 0;$S_1$、$\overline{S}_2$、$\overline{S}_3$ 是使能端(选通端),仅当 $S_1=1$、$\overline{S}_2=\overline{S}_3=0$ 时,译码器正常工作,否则输出端 $\overline{Y}_0 \sim \overline{Y}_7$ 均为高电平 1。

合理使用选通端,可以扩展译码器功能。

图 7.22 所示为将 3 线-8 线译码器扩展为 4 线-16 线译码器的连接图。图中将片 Ⅱ 的 $S_1$ 接高电位;$\overline{S}_2$ 与片 Ⅰ 的 $S_1$ 并接,作为二进制码最高位 $A_3$ 的输入端。片 Ⅱ 的 $\overline{S}_3$ 和片 Ⅰ 的 $\overline{S}_2$、$\overline{S}_3$ 并接作为全电路的使能端 $\overline{S}$。两片的 $A_2$、$A_1$、$A_0$ 对应相接,作为全电路的输入端 $A_2A_1A_0$。其工作原理:当 $A_3=1$ 时,$S_1(Ⅰ)=\overline{S}_2(Ⅱ)=1$,片 Ⅱ 被禁止译码,输出均为 1;片 Ⅰ 工作,$\overline{Y}_8 \sim \overline{Y}_{15}$ 中哪一端输出低电平,取决于 $A_2A_1A_0$ 的值。当 $A_3=0$ 时,$S_1(Ⅰ)=\overline{S}_2(Ⅱ)=0$,片 Ⅰ 被禁止译码,片 Ⅱ 工作。这样两个芯片交替工作,实现了 4 线-16 线译码器的逻辑功能。

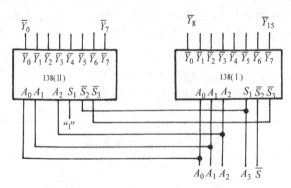

图 7.22　74LS138 的功能扩展

这种有使能端的译码器还可用作数据分配器,图 7.23 所示是用 74LS138 构成的 8 路数据分配器。使能端 $S_1$ 作数据输入端,$\overline{S}_2$、$\overline{S}_3$ 接地,而把译码输入端作为地址控制端。由 $A_2A_1A_0$ 的取值来决定数据 $D$ 送到哪一个输出端。图中所示是 $A_2A_1A_0=110$ 时,输出端 $\overline{Y}_6$ 对应数据 $D$ 的输出波形。此时,其他输出端均为高电平 1。

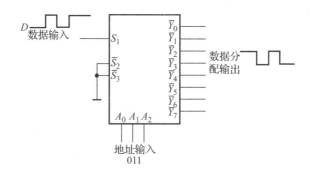

图 7.23 74LS138 构成的数据分配器

在表 7.13 中,$\overline{Y}_0 \sim \overline{Y}_7$ 是相互独立的 8 个信号,分别对应了 $A_2 A_1 A_0$ 的 8 种状态,只是由于变量相同,为了节省篇幅、方便书写,也为了清晰悦目,才把它们的真值表列在一起。在列写多输出信号的真值表时,这也是一种常见的处理方法。仅当 $S_1 = 1, \overline{S}_2 = \overline{S}_3$ 时,译码器 74LS138 正常工作,根据 74LS138 功能表(如表 7.13 所示)可以写出输出端 $\overline{Y}_0 \sim \overline{Y}_7$ 的逻辑表达式:

$$\begin{cases} \overline{Y}_0 = \overline{\overline{A}_2 \overline{A}_1 \overline{A}_0} & \overline{Y}_1 = \overline{\overline{A}_2 \overline{A}_1 A_0} \\ \overline{Y}_2 = \overline{\overline{A}_2 A_1 \overline{A}_0} & \overline{Y}_3 = \overline{\overline{A}_2 A_1 A_0} \\ \overline{Y}_4 = \overline{A_2 \overline{A}_1 \overline{A}_0} & \overline{Y}_5 = \overline{A_2 \overline{A}_1 A_0} \\ \overline{Y}_6 = \overline{A_2 A_1 \overline{A}_0} & \overline{Y}_7 = \overline{A_2 A_1 A_0} \end{cases} \qquad (7.11)$$

[**例 7.3**] 用集成译码器 74LS138 并辅以适当门电路实现下列组合逻辑函数:

$$Y = \overline{A}\,\overline{B} + AB + \overline{B}C$$

**解** 要实现的是一个三变量的逻辑函数,因此应选用 3/8 线译码器,用 74LS138。将所给表达式化成最小项表达式,进而转换成与非-与非式。

$$Y = \overline{A}\,\overline{B} + AB + \overline{B}C = \overline{A}\,\overline{B}\,\overline{C} + \overline{A}\,\overline{B}C + A\overline{B}C + AB\overline{C} + ABC$$

$$= m_0 + m_1 + m_5 + m_6 + m_7 = \overline{\overline{m_0}\,\overline{m_1}\,\overline{m_5}\,\overline{m_6}\,\overline{m_7}}$$

$$= \overline{\overline{Y}_0 \overline{Y}_1 \overline{Y}_5 \overline{Y}_6 \overline{Y}_7}$$

由表达式可知,需外接与非门实现,画出如图 7.24 所示的逻辑图。

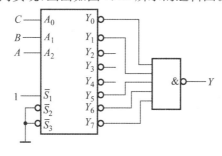

图 7.24 例 7.3 图

### 7.4.2 显示译码器

在数字系统中,常常需要把二-十进制译码输出直接显示为十进制数字,这就要用到显示译码器。最常用的显示译码器是能直接驱动数码管的七段字形译码器。

### 7.4.2.1 半导体数码管

常用的显示器件有半导体数码管、液晶数码管和荧光数码管。这里介绍半导体数码管(简称 LED)。

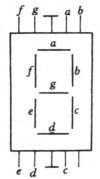

半导体数码管将十进制数码分成七段,每段为一条状发光二极管,其结构如图 7.25 所示。选择不同字段发光,可显示出不同的字形。例如当 $a$、$b$、$c$、$d$、$g$ 亮时,显示出 3;当 $a$、$b$、$c$ 亮时,显示出 7。

半导体数码管中 7 个发光二极管有共阴极和共阳极两种接法,如图 7.26 所示。译码器输出高电平驱动显示器时,选用共阴极接法,如图 7.26(a)所示;译码器输出低电平驱动显示器时,选用共阳极接法,如图 7.26(b)所示;使用时,每只二极管均要串接限流电阻。

图 7.25 半导体数码管

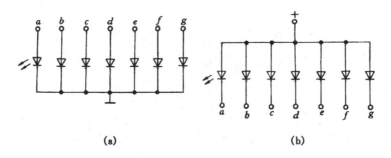

图 7.26 半导体数码管的接法

### 7.4.2.2 七段显示译码器

七段显示译码器输入是 8421BCD 码,输出是推动对应的七段字形显示的信号。74LS48 七段显示译码器输出高电平有效,用于驱动共阴极 LED 数码管。

74LS48 有 4 个输入端 $A$、$B$、$C$、$D$ 和 7 个输出端 $a\sim g$,它还具有灭灯输入端 $BI/RBO$、灯测试端 $LT$、灭零输入/输出端 $RBI/RBO$ 端,以增强器件的功能。74LS48 功能表见表 7.14,其管脚排列如图 7.27(a)所示。

74LS48 可直接驱动共阴极 LED 数码管,工作时也可以加一定阻值的限流电阻改变 LED 数码管发光亮度。由 74LS48 组成的基本数字显示电路如图 7.27(b)所示。图中 BS205 为共阴极 LED 数码管,限流电阻 $R$ 用于控制 LED 数码管的工作电流和发光亮度。另外,与共阳极

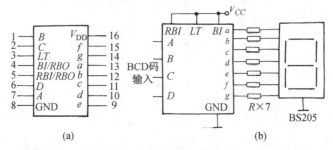

图 7.27 74LS48 译码器和数码管的连接示意图

LED 数码管配合的显示译码器应输出低电平有效,如 74LS47 等,其输出 $a{\sim}g$ 的状态与表7.14相反,两者不能混用。

表 7.14　74LS48 功能

| 十进制或功能 | 输　入 | | | | | | BI/RBO | 输　　出 | | | | | | | 字形 |
|:---:|:---:|:---:|:---:|:---:|:---:|:---:|:---:|:---:|:---:|:---:|:---:|:---:|:---:|:---:|:---:|
| | $LT$ | $RBI$ | $D$ | $C$ | $B$ | $A$ | | $a$ | $b$ | $c$ | $d$ | $e$ | $f$ | $g$ | |
| 0 | H | H | L | L | L | L | H | H | H | H | H | H | H | L | 0 |
| 1 | H | × | L | L | L | H | H | L | H | H | L | L | L | L | 1 |
| 2 | H | × | L | L | H | L | H | H | H | L | H | H | L | H | 2 |
| 3 | H | × | L | L | H | H | H | H | H | H | H | L | L | H | 3 |
| 4 | H | × | L | H | L | L | H | L | H | H | L | L | H | H | 4 |
| 5 | H | × | L | H | L | H | H | H | L | H | H | L | H | H | 5 |
| 6 | H | × | L | H | H | L | H | L | L | H | H | H | H | H | 6 |
| 7 | H | × | L | H | H | H | H | H | H | H | L | L | L | L | 7 |
| 8 | H | × | H | L | L | L | H | H | H | H | H | H | H | H | 8 |
| 9 | H | × | H | L | L | H | H | H | H | H | H | L | H | H | 9 |
| 10 | H | × | H | L | H | L | H | L | L | L | H | H | L | H | [ |
| 11 | H | × | H | L | H | H | H | L | L | H | H | L | L | H | ] |
| 12 | H | × | H | H | L | L | H | L | H | L | L | L | H | H | U |
| 13 | H | × | H | H | L | H | H | H | L | L | H | L | H | H | C |
| 14 | H | × | H | H | H | L | H | L | L | L | H | H | H | H | — |
| 15 | H | × | H | H | H | H | H | L | L | L | L | L | L | L | |
| 消　隐 | × | × | × | × | × | × | L | L | L | L | L | L | L | L | |
| 脉冲消隐 | H | L | L | L | L | L | L | L | L | L | L | L | L | L | |
| 灯　测试 | L | × | × | × | × | × | H | H | H | H | H | H | H | H | 8 |

# 7.5　数值比较器

比较器是对两个二进制数 $A$、$B$ 进行数值比较,以判断其大小的逻辑电路。

## 7.5.1　一位数值比较器

一位比较器的逻辑图,如图 7.28 所示。输入是两个待比较数,输出是比较结果。输出端用 $F_{A>B}$、$F_{A=B}$、$F_{A<B}$ 来表示。

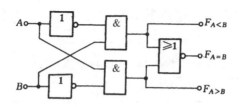

图 7.28　一位数值比较器逻辑图

由逻辑图 7.28 可写出其逻辑表达式：

$$\begin{cases} F_{A<B} = \overline{A}B \\ F_{A>B} = A\overline{B} \\ F_{A=B} = \overline{\overline{A}B + A\overline{B}} \end{cases} \tag{7.12}$$

根据式 7.12 作逻辑状态表如表 7.15。

表 7.15　一位数值比较器状态表

| $A$ | $B$ | $F_{A>B}$ | $F_{A<B}$ | $F_{A=B}$ |
|-----|-----|-----------|-----------|-----------|
| 0 | 0 | 0 | 0 | 1 |
| 0 | 1 | 0 | 1 | 0 |
| 1 | 0 | 1 | 0 | 0 |
| 1 | 1 | 0 | 0 | 1 |

状态表反映了两个一位二进制数进行数值比较运算的规律。凡是具有表 7.15 逻辑功能的电路均可作为一位比较器用。

### 7.5.2　集成比较器

集成比较器有多种型号的芯片可供选用。图 7.29 是一种 4 位数值比较器 74LS85 的图形符号。

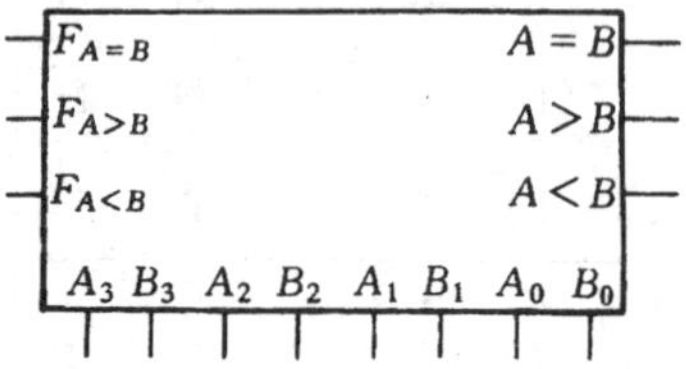

它有 8 个数码输入端($A_3$、$A_2$、$A_1$、$A_0$，$B_3$、$B_2$、$B_1$、$B_0$)，3 个级联输入端($A=B$、$A>B$、$A<B$)和 3 个输出端($F_{A=B}$、$F_{A>B}$、$F_{A<B}$)。

两个 4 位数的比较是从 $A$ 的最高位 $A_3$ 和 $B$ 的最高位 $B_3$ 开始的。如果它们不相等，则该位的比较结果就可作为两数的比较结果。如果 $A_3=B_3$，则再比较 $A_2$ 和 $B_2$，余类推。4 位数码比较器的逻辑状态表，如表 7.16 所示。

图 7.29　4 位集成比较器的图形符号

表 7.16　4 位数值比较器的逻辑状态表

| 比 较 输 入 | | | | 级 联 输 入 | | | 输　出 | | |
|---|---|---|---|---|---|---|---|---|---|
| $A_3$　$B_3$ | $A_2$　$B_2$ | $A_1$　$B_1$ | $A_0$　$B_0$ | $A>B$ | $A<B$ | $A=B$ | $F_{A>B}$ | $F_{A<B}$ | $F_{A=B}$ |
| $A_3>B_3$ | × | × | × | × | × | × | 1 | 0 | 0 |
| $A_3<B_3$ | × | × | × | × | × | × | 0 | 1 | 0 |
| $A_3=B_3$ | $A_2>B_2$ | × | × | × | × | × | 1 | 0 | 0 |

（续表）

| 比 较 输 入 | | | | 级 联 输 入 | | | 输　　出 | | |
|---|---|---|---|---|---|---|---|---|---|
| $A_3$　$B_3$ | $A_2$　$B_2$ | $A_1$　$B_1$ | $A_0$　$B_0$ | $A>B$ | $A<B$ | $A=B$ | $F_{A>B}$ | $F_{A<B}$ | $F_{A=B}$ |
| $A_3=B_3$ | $A_2<B_2$ | $\times$ | $\times$ | $\times$ | $\times$ | $\times$ | 0 | 1 | 0 |
| $A_3=B_3$ | $A_2=B_2$ | $A_1>B_1$ | $\times$ | $\times$ | $\times$ | $\times$ | 1 | 0 | 0 |
| $A_3=B_3$ | $A_2=B_2$ | $A_1<B_1$ | $\times$ | $\times$ | $\times$ | $\times$ | 0 | 1 | 0 |
| $A_3=B_3$ | $A_2=B_2$ | $A_1=B_1$ | $A_0>B_0$ | $\times$ | $\times$ | $\times$ | 1 | 0 | 0 |
| $A_3=B_3$ | $A_2=B_2$ | $A_1=B_1$ | $A_0<B_0$ | $\times$ | $\times$ | $\times$ | 0 | 1 | 0 |
| $A_3=B_3$ | $A_2=B_2$ | $A_1=B_1$ | $A_0=B_0$ | 1 | 0 | 0 | 1 | 0 | 0 |
| $A_3=B_3$ | $A_2=B_2$ | $A_1=B_1$ | $A_0=B_0$ | 0 | 1 | 0 | 0 | 1 | 0 |
| $A_3=B_3$ | $A_2=B_2$ | $A_1=B_1$ | $A_0=B_0$ | 0 | 0 | 1 | 0 | 0 | 1 |

从状态表 7.16 的最后三行可以看出，当 $A_3A_2A_1A_0=B_3B_2B_1B_0$ 时，比较的结果由级联输入端决定。这就要求：在单独使用一片芯片时，级联输入端应使 $A=B$ 端接高电平，其余两个输入端接低电平。

设置级联输入端的目的是为能与其他数码比较器连接，以便组成更多位的数码比较器。图 7.30 是两个 4 位数码比较器扩展为 8 位数码比较器的连接图。

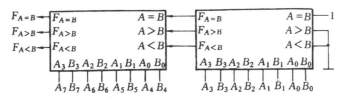

图 7.30　比较器的级联

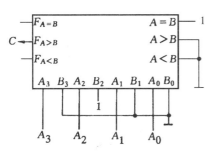

图 7.31　例 7.4 的接线图

数码比较器除了直接用于两组二进制代码的比较外，还可应用于其他方面。

[**例 7.4**]　试用 4 位数码比较器构成"四舍五入"电路。

**解**　选择 4 作为比较基准。当输入信号 $A_3A_2A_1A_0>0100$ 时，向高位送出一个进位信号 1，否则为 0。接线图如图 7.31 所示。

## 7.6　数据选择器

根据输入地址码的不同，从多路输入数据中选择一路进行输出的电路称为数据选择器，又称多路开关。在数字系统中，经常利用数据选择器将多条传输线上的不同数字信号按要求选择其中之一送到公共数据线上。

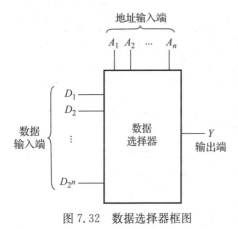

图 7.32 数据选择器框图

图 7.32 是数据选择器的结构框图。设地址输入端有 $n$ 个,这 $n$ 个地址输入端组成 $n$ 位二进制代码,则输入端最多可有 $2^n$ 个输入信号,但输出端却只有一个。

根据输入信号的个数,数据选择器可分为 4 选 1、8 选 1、16 选 1 数据选择器等。

集成 8 选 1 数据选择器 74LS151 的真值表如表 7.17 所列。可以看出,74LS151 有一个使能端 $\overline{ST}$,低电平有效;两个互补输出端 $Y$ 和 $\overline{W}$,其输出信号相反。由真值表可写出 $Y$ 的表达式

$$Y = (\overline{A_2}\,\overline{A_1}\,\overline{A_0}D_0 + \overline{A_2}\,\overline{A_1}A_0D_1 + \overline{A_2}A_1\overline{A_0}D_2$$
$$+ \overline{A_2}A_1A_0D_3 + A_2\overline{A_1}\,\overline{A_0}D_4 + A_2\overline{A_1}A_0D_5 \qquad (7.13)$$
$$+ A_2A_1\overline{A_0}D_6 + A_2A_1A_0D_7)ST$$

表 7.17　74LS151 的真值表

| 输　入 | | | | 输　出 | |
| --- | --- | --- | --- | --- | --- |
| 选择输入 | | | 选通输入 | | |
| $A_2$ | $A_1$ | $A_0$ | $\overline{ST}$ | $Y$ | $\overline{W}$ |
| $\times$ | $\times$ | $\times$ | 1 | 0 | 1 |
| 0 | 0 | 0 | 0 | $D_0$ | $\overline{D_0}$ |
| 0 | 0 | 1 | 0 | $D_1$ | $\overline{D_1}$ |
| 0 | 1 | 0 | 0 | $D_2$ | $\overline{D_2}$ |
| 0 | 1 | 1 | 0 | $D_3$ | $\overline{D_3}$ |
| 1 | 0 | 0 | 0 | $D_4$ | $\overline{D_4}$ |
| 1 | 0 | 1 | 0 | $D_5$ | $\overline{D_5}$ |
| 1 | 1 | 0 | 0 | $D_6$ | $\overline{D_6}$ |
| 1 | 1 | 1 | 0 | $D_7$ | $\overline{D_7}$ |

当 $\overline{ST}=1$ 时,$Y=0$,数据选择器不工作;当 $\overline{ST}=0$ 时,根据地址码 $A_2A_1A_0$ 的不同,将从 $D_0 \sim D_7$ 中选出一个数据输出。图 7.33 所示为 74LS151 的引脚排列图和逻辑符号。

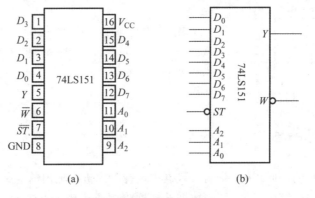

图 7.33　集成数据选择器 74LS151

(a) 引脚排列图;(b) 逻辑符号

利用数据选择器选通端及外加辅助门电路实现数据选择器通道扩展。例如，用两片 8 选 1 数据选择器(74LS151)通过级联，可以扩展成 16 选 1 数据选择器，连线图如图 7.34 所示。

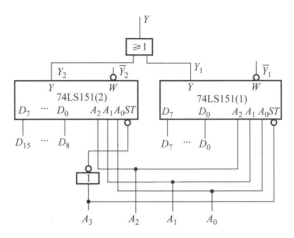

图 7.34　16 选 1 数据选择器的连线图

用数据选择器也可以实现逻辑函数，这是因为数据选择器输出信号的逻辑表达式具有以下特点：

(1) 具有标准与或表达式的形式。

(2) 提供了地址变量的全部最小项。

(3) 一般情况下，输入信号 $D_i$ 可以当成一个变量处理。而且，任何组合逻辑函数都可以写成唯一的最小项表达式的形式，因此，从原理上讲，应用对照比较的方法，用数据选择器可以不受限制地实现任何组合逻辑函数。如果函数的变量数为 $k$，那么应选用地址变量数为 $n=k$ 或 $n=k-1$ 的数据选择器。

[例 7.5]　用数据选择器实现下列函数：

$$F = \overline{A}\,\overline{B}\,\overline{C}\,\overline{D} + \overline{A}\,\overline{B}CD + \overline{A}BC\,\overline{D} + \overline{A}B\overline{C}D$$
$$+ A\overline{B}\,\overline{C}D + A\overline{B}C\overline{D} + AB\overline{C}\,\overline{D} + ABCD$$

**解**　函数变量个数为 4，则应选用地址变量为 3 的 8 选 1 数据选择器实现，可选用 74LS151。将函数 $F$ 的前 3 个变量 $A$、$B$、$C$ 作为 8 选 1 数据选择器的地址码 $A_2A_1A_0$，剩下的一个变量 $D$ 作为数据选择器的输入数据。已知 8 选 1 数据选择器的逻辑表达式为

$$Y = \overline{A}_2\overline{A}_1\overline{A}_0 D_0 + \overline{A}_2\overline{A}_1 A_0 D_1 + \overline{A}_2 A_1\overline{A}_0 D_2 + \overline{A}_2 A_1 A_0 D_3 +$$
$$A_2\overline{A}_1\overline{A}_0 D_4 + A_2\overline{A}_1 A_0 D_5 + A_2 A_1\overline{A}_0 D_6 + A_2 A_1 A_0 D_7$$

比较 $Y$ 与 $F$ 的表达式可知

$$D_0 = \overline{D}, D_1 = D, D_2 = 1, D_3 = 0, D_4 = D,$$
$$D_5 = \overline{D}, D_6 = 1, D_7 = 0$$

根据以上结果画出连线图，如图 7.35 所示。

用 74LS151 也可实现三变量逻辑函数。

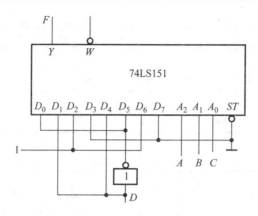

图 7.35　例 7.5 的连线图

**[例 7.6]**　试用数据选择器实现逻辑函数 $F=AB+BC+AC$。

**解**　将函数表达式 $Y$ 整理成最小项之和形式

$$F= AB + BC + AC$$
$$= AB(C+\overline{C}) + BC(A+\overline{A}) + AC(B+\overline{B})$$
$$= \overline{A}BC + A\overline{B}C + AB\overline{C} + ABC$$

比较逻辑表达式 $F$ 和 8 选 1 数据选择器的逻辑表达式 $Y$,最小项的对应关系为 $F=Y$,则 $A=A_2$,$B=A_1$,$C=A_0$,$Y$ 中包含 $F$ 的最小项时,函数 $D_n=1$,未包含最小项时,$D_n=0$。于是可得

$$D_0 = D_1 = D_2 = D_4 = 0$$
$$D_3 = D_5 = D_6 = D_7 = 1$$

根据上面分析的结果,画出连线图,如图 7.36 所示。

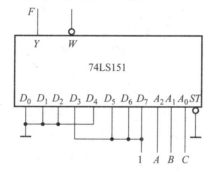

图 7.36　例题 7.6 的连线图

**本章小结**

(1) 数字电路是工作在数字信号下的电路,它的输入、输出信号是用高电平和低电平表征的,并以逻辑符号 1 和 0 来区别。

(2) 门电路是数字电路的基本逻辑单元。它的逻辑符号既代表元件本身,又表示元件的逻辑功能。对常用的门电路,要求掌握它们的功能和符号。

(3) 逻辑电路的功能可用状态表、逻辑表达式和逻辑图来描述。它们各具特点,相互联系。

（4）分析组合电路的目的是为了确定其逻辑功能。本章通过对典型组合电路,如编码器、译码器、加法器、比较器及数据选择器的讨论,介绍了组合电路特点和分析方法。

基本分析方法是:由逻辑图列出逻辑表达式,进而列出其状态表,最后确定电路的逻辑功能。

组合逻辑电路的特点是:其输出状态只决定于现时刻的输入情况,而与电路原来状态无关。

**习题**

7.1　根据图 7.37 给出的 $A$ 和 $B$ 的波形,画出 $F_1 = AB$ 和 $F = A + B$ 的波形。

7.2　分析图 7.38 所示的逻辑电路,指出使 $F$ 为 0 的输入状态。

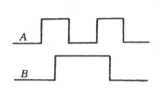

图 7.37　习题 7.1 图

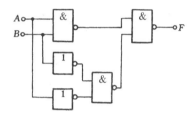

图 7.38　习题 7.2 图

7.3　写出图 7.39 所示逻辑电路的逻辑表达式。

7.4　图 7.40 是一个照明灯两处开关控制电路。设开关向上扳为 1,向下扳为 0;灯亮为 1,灯灭为 0。试列出电路的逻辑状态表,并写出灯亮的逻辑表达式。

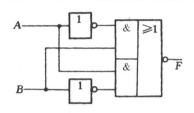

图 7.39　习题 7.3 图

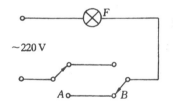

图 7.40　习题 7.4 图

7.5　已知某逻辑函数 $L = AB + \overline{A}C$。试用状态表、逻辑图表示。

7.6　分析图 7.41 的逻辑功能。

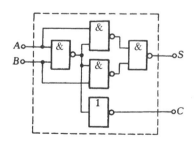

图 7.41　习题 7.6 图

7.7　加到 4 位数码比较器输入端的数据为 $A$ 和 $B$,试写出电路输出端的逻辑值。
(1) $A = 1001, B = 1101$;(2) $A = 0100, B = 0011$。

7.8 利用一片 4 位全加器设计判断一个 4 位二进制数是否大于 9(1001)的电路。

7.9 电路如图 7.42 所示,试写出输出变量 $Y$ 的表达式,列出真值表,并说明各电路的逻辑功能。

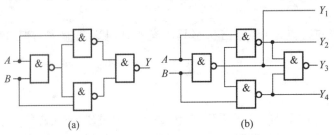

(a)    (b)

图 7.42 习题 7.9 图

7.10 写出图 7.43 所示电路中 $Z_1$、$Z_2$ 的逻辑表达式,并列出逻辑真值表。

7.11 用集成译码器 74LS138 和与非门实现下列逻辑函数。

(1) $Y = A\overline{B}C + \overline{A}B\overline{C} + \overline{A}BC$

(2) $Y = \overline{A}\,\overline{B}\,\overline{C} + A\overline{B}\overline{C} + AB\overline{C} + ABC$

7.12 试用集成译码器 74LS138 和与非门实现全加器。全加器的真值表如表 7.8 所示。

7.13 用数据选择器 74LS151 实现下列逻辑函数。

(1) $Y = A\overline{B}\,\overline{C} + A\overline{B}C + \overline{A}BC$

(2) $Y = \overline{A}BCD + A\overline{B}CD + AB\overline{C}D + ABC\overline{D} + ABCD$

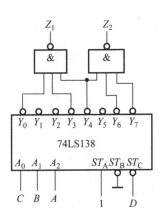

图 7.43 习题 7.10 图

# 第8章 触发器和时序逻辑电路

【内容提要】 本章介绍可控 RS 触发器、JK 触发器和 D 触发器的逻辑功能,数码寄存器和移位寄存器的工作原理;二进制计数器及十进制计数器的工作原理;异步计数器和同步计数器的分析方法。

【学习要求】 掌握可控 RS 触发器、JK 触发器和 D 触发器的逻辑功能、符号;了解数码寄存器和移位寄存器的工作原理;理解二进制计数器及十进制计数器的工作原理;会分析异步计数器,了解同步计数器的分析方法,了解译码器的工作原理和显示电路,掌握常用集成电路的使用。

时序逻辑电路的输出不仅取决于当时的输入,而且还与电路的原来状态有关,因此,时序电路具有记忆功能。这是它区别于组合逻辑电路的最大特点。

## 8.1 触发器

时序逻辑电路的基本单元是双稳态触发器。它具有两个稳定状态,即 1 和 0 这两种不同的逻辑状态。在一定的输入信号作用下,它可以从一个稳态转变为另一个稳态。当电路达到新的稳态后,即使输入信号消失,电路仍维持这个新状态不变。

触发器类型很多。若按逻辑功能的不同可分为 RS 触发器、JK 触发器、D 触发器、T 触发器等。

### 8.1.1 RS 触发器

#### 8.1.1.1 基本 RS 触发器

基本 RS 触发器是电路结构最简单的一种触发器。它是构成各种触发器的基本单元。图 8.1(a)所示的触发器是由与非门加反馈线构成的。$Q$ 和 $\overline{Q}$ 是输出端,两者的逻辑状态在正常条件下保持相反。一般把 $Q$ 的状态规定为触发器的状态。当 $Q=1,\overline{Q}=0$ 时,称触发器为 1 状

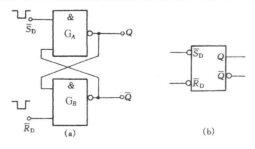

图 8.1 基本 RS 触发器的逻辑图和逻辑符号

态;当 $Q=0$, $\overline{Q}=1$ 时,称触发器为 0 状态。

下面分析基本 RS 触发器的逻辑功能。

(1) $\overline{S_D}=1$, $\overline{R_D}=0$  与非门 $G_B$ 有一个输入端为 0,所以其输出端 $\overline{Q}=1$,而与非门 $G_A$ 的两个输入端全为 1,其输出端 $Q=0$,即触发器处于 0 状态。这种情况称为触发器置 0 或称复位。

(2) $\overline{S_D}=0$, $\overline{R_D}=1$  与非门 $G_A$ 有一个输入端为 0,其输出端 $Q=1$;而与非门 $G_B$ 的两个输入端全为 1,其输出 $\overline{Q}=0$。即此时触发器处于 1 状态。这种情况称为触发器置 1 或置位。

(3) $\overline{S_D}=1$, $\overline{R_D}=1$  两个与非门的工作状态不受影响,各自的输出状态保持不变,即原状态被触发器存储起来。这体现了触发器具有记忆能力。

(4) $\overline{S_D}=0$, $\overline{R_D}=0$  两个与非门的输出端都为 1,这就达不到 $Q$ 与 $\overline{Q}$ 的状态相反的逻辑要求。且一旦负脉冲同时除去,触发器的状态将由偶然因素决定。使用时应禁止这种状态出现。

将以上情况综合起来,就得到了基本 RS 触发器的逻辑状态表,如表 8.1 所示。

表 8.1  基本 RS 触发器的逻辑状态表

| $\overline{S_D}$ | $\overline{R_D}$ | $Q$ |
| --- | --- | --- |
| 1 | 0 | 0 |
| 0 | 1 | 1 |
| 1 | 1 | 不变 |
| 0 | 0 | 不定 |

上述基本 RS 触发器置 1 的决定性条件是 $\overline{S_D}=0$,故称 $\overline{S_D}$ 端为置 1 端。同理,称 $\overline{R_D}$ 端为置 0 端。

基本 RS 触发器的逻辑符号如图 8.1(b)所示。这是由于置 1 和置 0 都是低电平有效,因此在输入端的边框外都画有小圆圈。

#### 8.1.1.2  同步 RS 触发器

基本 RS 触发器的输入信号直接控制触发器的翻转,而在实际应用中,常常要求触发器在某一指定时刻按输入信号所决定的状态翻转。这个时刻由外加时钟脉冲 $C$ 来决定。

图 8.2(a)、(b)分别为同步 RS 触发器的逻辑图和逻辑符号。它是在基本 RS 触发器的基

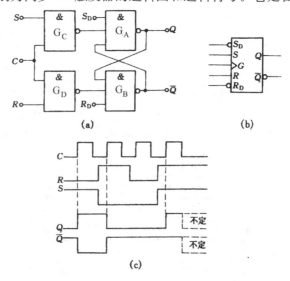

图 8.2

础上,增加了两个控制门 $G_C$、$G_D$ 和一个时钟脉冲 $C$,触发信号 $R$、$S$ 通过控制门输入。

$R_D$ 和 $S_D$ 是直接复位端和直接置位端,它们不受时钟脉冲 $C$ 的控制。一般用在工作之初,预先使触发器处于某一指定状态,在触发器工作过程中,均不用它们,而使 $R_D$ 和 $S_D$ 均置为高电平 1。下面的分析均在 $S_D=R_D=1$ 的前提下进行。

当时钟信号 $C=0$ 时,无论 $R$、$S$ 取何值,门 $G_C$ 和门 $G_D$ 的输出均为 1,基本 RS 触发器保持原状态不变。

当时钟脉冲(正脉冲)到来后,即 $C=1$,控制门 $G_C$、$G_D$ 被打开。如果此时 $S=1$,$R=0$,则门 $G_C$ 的输出将变为 0,这个负脉冲使基本 RS 触发器置 1。如果此时 $S=0$,$R=1$,则门 $G_D$ 送出置 0 信号,使 $Q$ 为 0。如果此时 $S=R=0$,则门 $G_C$ 和门 $G_D$ 均输出 1,基本 RS 触发器保持原来状态。如果此时 $S=R=1$,则门 $G_C$ 和门 $G_D$ 的输出均为 0,使门 $G_A$ 和门 $G_B$ 输出为 1,当时钟脉冲过去以后,门 $G_A$ 和门 $G_B$ 的输出状态不定。这种情况应避免。图 8.2(c)给出了同步 RS 触发器的波形图。

若用 $Q_n$ 表示时钟脉冲来到之前触发器的输出状态,$Q_{n+1}$ 表示时钟脉冲来到之后的状态,则同步 RS 触发器的状态表,如表 8.2 所示。

表 8.2　同步 RS 触发器的逻辑状态表

| $S$ | $R$ | $Q_{n+1}$ |
|---|---|---|
| 0 | 0 | $Q_n$ |
| 0 | 1 | 0 |
| 1 | 0 | 1 |
| 1 | 1 | 不定 |

由于 $C=1$ 时,输入信号 $S$ 和 $R$ 通过 $G_C$ 和 $G_D$ 反相后加到了基本 RS 触发器的输入端,所以在 $C=1$ 期间,$S$ 和 $R$ 的状态的改变都将直接引起输出端状态的变化。

[例 8.1]　在图 8.2(a)所示的同步 RS 触发器中,若加到 $S$ 和 $R$ 端的输入信号如图 8.3 所示。试画出输出端 $Q$ 和 $\overline{Q}$ 的波形。(设 $Q_初=0$)

**解**　由图 8.3 可知:在第一个 $C=1$ 期间,$S=1$、$R=0$ 触发器置 1;$C=0$ 期间,尽管 $R$、$S$ 状态发生变化,但触发器输出状态保持不变。在第二个 $C=1$ 期间,$S=0$、$R=1$ 触发器置 0。在第三个 $C=1$ 期间,$S$ 和 $R$ 的状态,先是 $S=1$、$R=0$ 随后变为 $S=R=0$,最后又变为 $S=0$,$R=1$,因而触发器的输出状态先是被置成 $Q=1$,最后又被置成 $Q=0$。

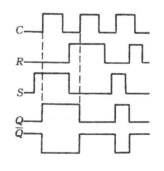

图 8.3

RS 触发器的功能受结构的限制比较简单,因此又设计出了主从型触发器、维持阻塞型触发器及边沿触发器等,使用更为方便。

### 8.1.2　JK 触发器

图 8.4 所示是主从型 JK 触发器的逻辑图。它由两个同步 RS 触发器组成,两者分别称为主触发器和从触发器。

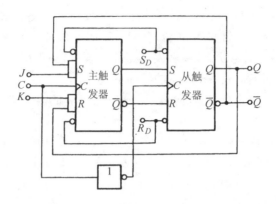

图 8.4　主从型 JK 触发器的逻辑图

由图可见,当 $C=1$ 时,主触发器的状态由 $J$、$K$ 的信号和从触发器状态来决定;但此时 $\overline{C}=0$,故从触发器的状态不变。当 $C$ 从 1 下跳变为 0 时,主触发器的状态不变;但因 $\overline{C}=1$,主触发器就可以将其输出信号送到从触发器输入端,从触发器的状态由主触发器的状态来决定。此外,由于这种触发器输出状态(从触发器的状态)的变化发生在时钟脉冲的后沿(下降沿),所以称为下降沿动作型的主从触发器。

由同步 RS 触发器的逻辑功能,不难推出主从 JK 触发器的逻辑功能,如表 8.3 所示(推导从略)。

表 8.3　JK 触发器逻辑状态表

| $J$ | $K$ | $Q_{n+1}$ | 说　明 |
|---|---|---|---|
| 0 | 0 | $Q_n$ | 输出状态不变 |
| 0 | 1 | 0 | 输出为 0 |
| 1 | 0 | 1 | 输出为 1 |
| 1 | 1 | $\overline{Q}_n$ | 计数翻转 |

从表 8.3 可见:JK 触发器的输入端 $J$ 和 $K$ 不存在约束。该触发器功能完善,不但能置 1、置 0,而且还具有保持、计数功能。JK 触发器的逻辑功能若用逻辑表达式来描述,则可写作

$$Q_{n+1} = J\overline{Q}_n + \overline{K}Q_n \tag{8.1}$$

式(8.1)称为 JK 触发器的特征方程。

JK 触发器还有其他结构的电路。它们都具备表 8.3 所描述的逻辑功能。图 8.5(a)给出负边沿(下降沿)触发的边沿触发器的逻辑符号。为了扩大 JK 触发器的使用范围,常做成多

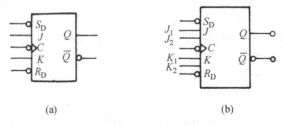

(a)　　　　　　　　　(b)

图 8.5　JK 触发器的逻辑符号

输入结构,如图 8.5(b)所示。各同名输入端为与逻辑关系。即 $J = J_1 \cdot J_2, K = K_1 \cdot K_2$。

[例 8.2]　在图 8.4 所示电路中,若 $C$、$J$、$K$ 的波形如图 8.6 所示,试画出 $Q$ 端的波形。假定触发器的初始状态为 0 状态。

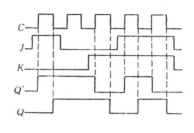

图 8.6

**解**　首先从波形图上找出每个时钟脉冲为高电平期间的 $J$ 和 $K$ 的状态,然后利用表 8.3 确定触发器的状态,而每次输出状态的改变发生在时钟信号的下降沿。依此可画出 $Q$ 端的波形。$Q'$ 为主触发器的输出端。

### 8.1.3　D 触发器

D 触发器也是一种应用广泛的触发器。其状态如表 8.4 所示。

表 8.4　D 触发器的状态表

| $D$ | $Q_{n+1}$ |
|---|---|
| 0 | 0 |
| 1 | 1 |

由状态表可以写出 D 触发器的特性方程:

$$Q_{n+1} = D \qquad (8.2)$$

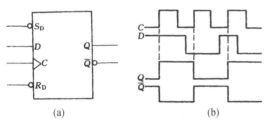

图 8.7　D 触发器的符号及波形

国产 D 触发器多采用维持阻塞型,逻辑符号如图 8.7(a)所示。其触发方式为正边沿(上升沿)触发。所谓正边沿触发是指在时钟脉冲 $C$ 的上升沿到来时刻触发器状态随输入 $D$ 状态而变化,而 $C = 1$ 期间触发器的状态不会随 $D$ 而变,特性方程也仅仅在 $C$ 的上升沿到来时刻有效。如果已知 $C$、$D$ 的波形,根据 D 触发器的逻辑功能,就可画出其输出端 $Q$ 的波形,如图 8.7(b)所示。

### 8.1.4　触发器逻辑功能的转换

根据实际需要,可将某种逻辑功能的触发器转换为另一功能的触发器。

8.1.4.1　将 JK 触发器转换为 D 触发器

D 触发器具有置 0、置 1 功能;而 JK 触发器,当 JK 取值相异时也具有置 0、置 1 功能,且输出状态与 $J$ 一致。所以只需令 $K = \overline{J}, J = D$ 即可,其逻辑图如图 8.8 所示。

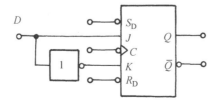

图 8.8　将 JK 触发器转换为 D 触发器的逻辑图

### 8.1.4.2 将 JK 触发器转换为 T 触发器

T 触发器只有一个控制端 $T$。$T=0$ 时触发器保持原状态；$T=1$ 时，每来一个时钟脉冲，触发器就翻转一次，其状态如表 8.5 所示。图 8.9(a) 是 T 触发器的逻辑符号，图 8.9(b) 是它的波形图。

**表 8.5 T 触发器状态表**

| $T$ | $Q_{n+1}$ |
|---|---|
| 0 | $Q_n$ |
| 1 | $\overline{Q}_n$ |

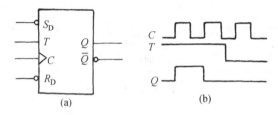

(a)　　　　　　(b)

图 8.9 T 触发器逻辑符号及波形图

它的特征方程为：

$$Q_{n+1} = T\overline{Q}_n + \overline{T}Q_n = T \oplus Q_n \tag{8.3}$$

当 T 触发器的控制端 $T$ 固定为高电平时，即 $T=1$，有

$$Q_{n+1} = \overline{Q}_n \tag{8.4}$$

这种触发器又称为 $T'$ 触发器，它的逻辑功能是每来一个时钟脉冲，翻转一次，即具有计数功能。

对照式(8.1)和式(8.3)发现，只须令 $J=K=T$ 就可用 JK 触发器实现 T 触发器的功能，其逻辑图如图 8.10 所示。当 $T=1$ 时，触发器具有计数功能。

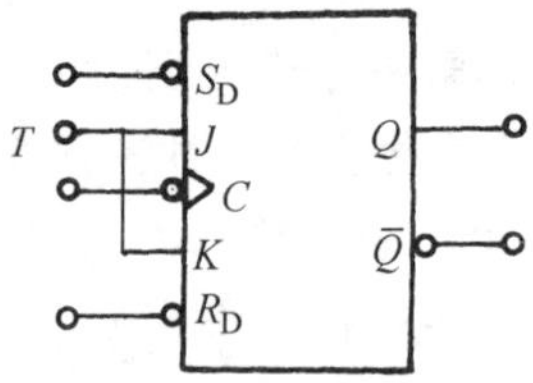

图 8.10 将 JK 触发器转换为 T 触发器

### 8.1.4.3 将 D 触发器转换为 $T'$ 触发器

由式(8.2)和式(8.4)可以看出：若将 D 触发器的 $D$ 端和输出端 $\overline{Q}$ 相连，如图 8.11(a)所示，就将 D 触发器转换为 $T'$ 触发器。

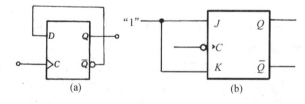

(a)　　　　　　(b)

图 8.11 $T'$ 触发器的逻辑图

### 8.1.4.4 将 JK 触发器转换为 $T'$ 触发器

如图 8.11(b)所示，将 JK 触发器的 $J$ 和 $K$ 端相连，并接入高电平"1"，就将 JK 触发器转换为 $T'$ 触发器。

### 8.1.5　触发器应用举例

#### 8.1.5.1　数码寄存器

由于一个触发器可以储存 1 位二进制数码,用 $N$ 个触发器就可组成一个能存储 $N$ 位二进制数码的寄存器。

图 8.12(a)所示寄存器由基本 RS 触发器组成。数据信号加在 $S$ 端,置 0 信号加在 $R$ 端,接收数据信号分两步(拍)进行。第一步是用置"0"信号将所有触发器清零;第二步是用一个接收信号将数据存入寄存器。当接收脉冲到达时,若数据 $D_2 D_1 D_0 = 1 0 0$,与非门 $G_2 G_1 G_0$ 的输出为 0 1 1,$G_2$ 的输出 0 使触发器 2 置 1,$Q_2 = 1$,而 $Q_1 = Q_0 = 0$ 不变,于是寄存器就把 1 0 0 这个数码接收进去,并保存起来。

图 8.12(b)所示也是由基本 RS 触发器组成的寄存器。当接收脉冲到达时,所有的与非门

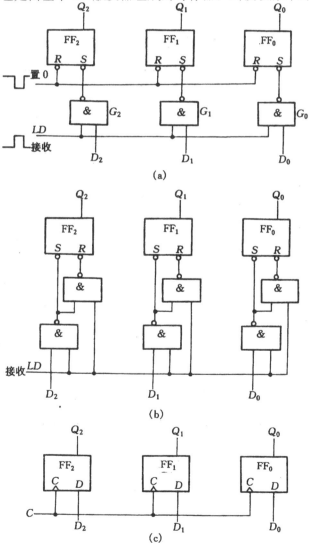

图 8.12　3 位寄存器

都被开启,若 $D_i=1(i=0,1,2)$,则 $S_i=0,R_i=1$,基本 RS 触发器 $Q_i$ 被置 1;若 $D_i=0$,则 $S_i=1,R_i=0$,触发器被置 0。可见在接收脉冲到来时,$R$、$S$ 端可以同时接受信号,不必先将触发器清零。因此一步就完成数据的存储,故称为单拍接收方式的寄存器。

图 8.12(c)所示为用 D 触发器组成的寄存器,它也是单拍接收方式。

### 8.1.5.2 乘 2 运算电路

在二进制算术运算中,乘 2 运算可以通过将被乘数向高位方向移动一位来完成,用图8.13所示电路即可实现这一功能。

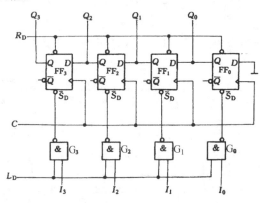

图 8.13

(1) FF$_3$、FF$_2$、FF$_1$ 和 FF$_0$ 的 $\overline{R}_D$、$\overline{S}_D$ 组成如图 8.13 所示的两拍寄存器。先在 $L_D$ 端加入一个正脉冲,数据通过 $I_3$、$I_2$、$I_1$、$I_0$ 送入 FF$_3$,FF$_2$,FF$_1$,FF$_0$。

(2) 由于 FF$_0$ 的 $Q_0$ 直接 FF$_1$ 的 D 端(即 $D_1$ 端),以下各级依次以 FF$_i$ 的 $Q_n$ 接下一级 FF$_{i+1}$ 的 $D_{i+1}$ 端。当 C 上升沿到达时,各级按"D 触发器"的形式工作。将上一级的 $Q_{(i-1)_n}$ 值移入 $Q_{i_{(n+1)}}$ 上。

**[例 8.3]** 假设在时钟脉冲上升沿到达前,触发器的状态为 $Q_3Q_2Q_1Q_0=0110$(即十进制数的 6),时钟脉冲上升沿到达时,四个触发器的状态变为 $Q_3Q_2Q_1Q_0=1100$(即十进制数的 12)。完成了乘 2 运算。

每经过一个时钟脉冲,触发器中的数据依次向高位移动一位,所以又把这种电路称为"移位寄存器"。

### 8.1.5.3 三人抢答电路

图 8.14 为三人智力竞赛抢答电路的原理图。开关 A、B、C 分别由三名参赛者控制。比赛时,按下开关,使该端为高电平。开关 S 由主持人(裁判员)控制。为了保证电路正常工作,比赛开始前,要将各触发器清零。本电路利用 D 触发器的直接复位端实现清零功能。由图 8.14 可以看出,该 D 触发器的直接复位端为 $\overline{R}_D$,低电平有效。因此,按下开关 J,各触发器同时清零,$D_A$,$D_B$,$D_C$ 三个指示灯全熄灭。正常比赛时,$\overline{R}_D$、$\overline{S}_D$ 均处于高电平。

抢答开始后,若开关 A 首先被按下,则 FF$_A$ 的输入信号为高电平,在 $C_2$ 脉冲作用下,相应的 $\overline{Q}$ 为低电平。这个低电平一方面将门 $G_1$ 封锁,使 $C_2$ 不能送至各触发器的时钟输入端,以保证即使再按下去开关 B 或 C 时 FF$_B$、FF$_C$ 也不会置 1,另一方面使对应的发光二极管 $V_A$ 点亮,同时使门 $G_2$ 输出高电平,打开门 $G_3$,让1 kHz的信号通过门 $G_3$ 送给蜂鸣器,发出叫声。这种状态将一直持续下去,直到主持人再次按下开关 S 为止。

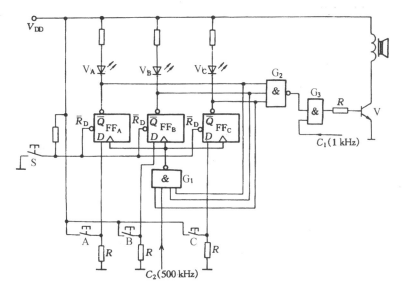

图 8.14 三人抢答器电路图

## 8.2 计数器

计数器是应用最广的时序电路。它的基本逻辑功能就是利用计数器的不同状态来记忆输出脉冲的个数。除此之外,计数器还可作为分频器、定时器等。

计数器是由各种触发器级联而成的。它的电路种类很多,若按计数的进制来分,可分为"二进制计数器"和"十进制计数器"等;若按触发器翻转的先后次序来分,可分为"同步计数器"和"异步计数器";若按计数过程中,数字的增减来分,可分为"加法计数器"、"减法计数器"和"可逆计数器"。

### 8.2.1 二进制计数器

最简单的计数器仅由一个触发器构成,称为一位二进制计数器。令触发器初始状态为 0,在输入一个计数脉冲后,则变为 1 状态,再输入一个计数脉冲,又变为 0 状态,同时输出一个进位信号。这种计数器通常是由 JK 触发器或 D 触发器接成的 $T'$ 触发器。它是构成多位二进制计数器的基础。

8.2.1.1 异步二进制加法计数器

图 8.15(a)是由 4 个 JK 触发器接成的 4 位二进制加法计数器。由于 4 个 JK 触发器的输入端均接成 $J=K=1$,即组成 $T'$ 触发器,它具有计数功能,所以只要有时钟信号下降沿到来时,触发器的状态就要发生翻转。计数前先进行清零,在 $R_D$ 端送入清零负脉冲,使 $Q_3Q_2Q_1Q_0=0000$,当第一个计数脉冲到来时。$Q_0$ 由 0 翻转到 1 状态,它产生的是正跳变,不会使 $Q_1$ 发生翻转。当第二个计数脉冲到来时,$Q_0$ 由 1 变 0,这一负跳变脉冲使 $Q_1$ 由 0 变 1,依次类推。输入脉冲数与电路状态的对应关系,如表 8.6 所示。其状态转换图如图 8.15(b)所示。

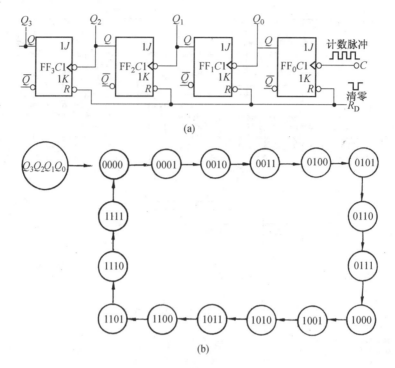

图 8.15 异步二进制加法计数器

**表 8.6 二进制加法计数器状态表**

| 计数脉冲数 | 二进制数 | | | | 十进制数 |
|---|---|---|---|---|---|
| | $Q_3$ | $Q_2$ | $Q_1$ | $Q_0$ | |
| 0 | 0 | 0 | 0 | 0 | 0 |
| 1 | 0 | 0 | 0 | 1 | 1 |
| 2 | 0 | 0 | 1 | 0 | 2 |
| 3 | 0 | 0 | 1 | 1 | 3 |
| 4 | 0 | 1 | 0 | 0 | 4 |
| 5 | 0 | 1 | 0 | 1 | 5 |
| 6 | 0 | 1 | 1 | 0 | 6 |
| 7 | 0 | 1 | 1 | 1 | 7 |
| 8 | 1 | 0 | 0 | 0 | 8 |
| 9 | 1 | 0 | 0 | 1 | 9 |
| 10 | 1 | 0 | 1 | 0 | 10 |
| 11 | 1 | 0 | 1 | 1 | 11 |
| 12 | 1 | 1 | 0 | 0 | 12 |
| 13 | 1 | 1 | 0 | 1 | 13 |
| 14 | 1 | 1 | 1 | 0 | 14 |
| 15 | 1 | 1 | 1 | 1 | 15 |
| 16 | 0 | 0 | 0 | 0 | 0 |

　　若增加触发器的数目,则二进制计数器的容量也相应增大,它们的关系是 $N=2^n$,$N$ 为最大计数容量,$n$ 为触发器个数。

　　图 8.15(a)所示二进制计数器的计数脉冲不是同时加到所有触发器的时钟输入端的,它

只送到最低位触发器 $FF_0$ 的计数输入端,其他各级触发器是由相邻的低位触发器的进位脉冲来触发的。所以 $FF_0,FF_1,FF_2$ 和 $FF_3$ 的状态变化不是同时发生的,这种计数器称为异步二进制加法计数器。

#### 8.2.1.2 同步二进制加法计数器

由于异步计数器的进位信号是逐级传递的,因而计数速度受到限制。为了提高计数器的工作速度,可将计数脉冲同时加到计数器中各触发器的 $C$ 端,使它们的状态变换与计数脉冲同步,这种计数器称为同步计数器。图 8.16 是 4 位同步二进制加法计数器的逻辑电路。

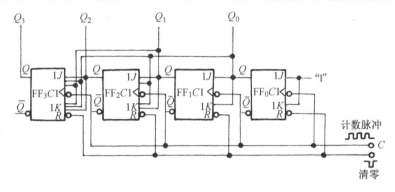

图 8.16  4 位同步二进制加法计数器逻辑图

下面分析这个电路的逻辑功能:

首先,由图 8.16 写出电路的激励方程($J$、$K$ 的逻辑表达式)。

$$\begin{cases} J_0 = K_0 = 1 \\ J_1 = K_1 = Q_0 \\ J_2 = K_2 = Q_0 Q_1 \\ J_3 = K_3 = Q_0 Q_1 Q_2 \end{cases} \tag{8.5}$$

然后,将式(8.5)代入 JK 触发器的特性方程 $Q_{n+1} = J\overline{Q}_n + \overline{K}Q_n$ 可得电路的状态方程:

$$\begin{cases} Q_{0(n+1)} = \overline{Q}_{0n} \\ Q_{1(n+1)} = Q_{0n}\overline{Q}_{1n} + \overline{Q}_{0n}Q_{1n} \\ Q_{2(n+1)} = Q_{0n}Q_{1n}\overline{Q}_{2n} + \overline{Q_{0n}Q_{1n}}Q_{2n} \\ Q_{3(n+1)} = Q_{0n}Q_{1n}Q_{2n}\overline{Q}_{3n} + \overline{Q_{0n}Q_{1n}Q_{2n}}Q_{3n} \end{cases} \tag{8.6}$$

第三,列状态转换表。设初态 $Q_3 Q_2 Q_1 Q_0 = 0\,0\,0\,0$,在第 1 个时钟 $C$ 下降沿到达时,由式(8.6)可求得次态分别为

$$\begin{cases} Q_{0(n+1)} = \overline{0} = 1 \\ Q_{1(n+1)} = 0\,\overline{0} + \overline{0}\,0 = 0 \\ Q_{2(n+1)} = 0 \cdot 0 \cdot \overline{0} + \overline{0 \cdot 0} \cdot 0 = 0 \\ Q_{3(n+1)} = 0 \cdot 0 \cdot 0 \cdot \overline{0} + \overline{0 \cdot 0 \cdot 0} \cdot 0 = 0 \end{cases}$$

以次态作为新的现态,即 $Q_{3n}Q_{2n}Q_{1n}Q_{0n} = 0\,0\,0\,1$,当第二个时钟 $C$ 下降沿到达时,$Q_3 Q_2 Q_1 Q_0$ 的次态为 $0\,0\,1\,0$。在经历了 16 个时钟脉冲 $C$ 作用后,电路又返回到初始状态 $0\,0\,0\,0$。由此列出如表 8.6 所示的状态表。其状态转换图如图 8.15(b)所示。可见该电路是一个 4 位

二进制加法计数器,它能记 0～15 共 16 个十进制数。

由表 8.6 作出的波形图,如图 8.17 所示。

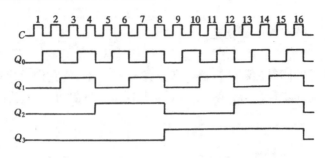

图 8.17  4 位同步二进制加法计数器的工作波形

由图 8.17 可看出:$Q_0$ 端输出脉冲的频率为时钟频率的 1/2;$Q_1$ 端输出脉冲的频率为时钟频率的 1/4;$Q_2$ 端输出脉冲的频率为时钟频率的 1/8;$Q_3$ 端输出脉冲的频率为时钟频率的 1/16。因此,计数器又称为分频器。$Q_0$ 称为二分频输出端,$Q_1$ 称为四分频输出端,余类推。

### 8.2.2  同步十进制加法计数器

二进制计数器结构简单,但是读数不方便,所以在有些场合要采用十进制计数器。十进制计数器是在二进制计数器的基础上修改而成的。如果令 4 位二进制计数器从 0 0 0 0 开始计数,输入了 8 个计数脉冲后,电路进入 1 0 0 1 状态。当第 10 个计数脉冲到来时,若能使电路从 1 0 0 1 状态返回到 0 0 0 0 状态,即跳过 1010～1111 这 6 个状态,就能进行十进制计数了。按上述要求接成的同步十进制加法计数器,如图 8.18(a)所示。

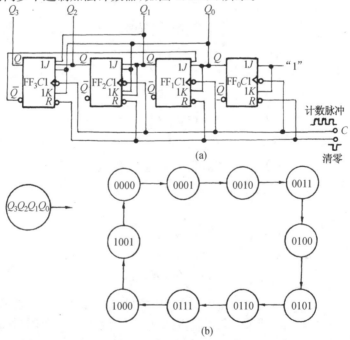

图 8.18  同步十进制加法计数器

根据逻辑图写出电路的激励方程:

$$\begin{cases} J_0 = K_0 = 1 \\ J_1 = \overline{Q}_3 Q_0 \quad K_1 = Q_0 \\ J_2 = K_2 = Q_1 Q_0 \\ J_3 = Q_2 Q_1 Q_0 \quad K_3 = Q_0 \end{cases} \tag{8.7}$$

把式(8.7)代入 JK 触发器的特性方程得到电路的状态方程

$$\begin{cases} Q_{0(n+1)} = \overline{Q}_{0n} \\ Q_{1(n+1)} = \overline{Q}_{3n} Q_{0n} \overline{Q}_{1n} + \overline{Q}_{0n} Q_{1n} \\ Q_{2(n+1)} = Q_{1n} Q_{0n} \overline{Q}_{2n} + \overline{Q_{1n} Q_{0n}} Q_{2n} \\ Q_{3(n+1)} = Q_{0n} Q_{1n} Q_{2n} \overline{Q}_{3n} + \overline{Q}_{0n} Q_{3n} \end{cases} \tag{8.8}$$

根据式(8.8)可求出电路的状态转换表如表 8.7 所示,其状态转换图如图 8.18(b)所示,波形图如图 8.19 所示。

**表 8.7　同步十进制加法计数器状态表**

| 计数脉冲数 | 二 进 制 数 | | | | 十进制数 |
| --- | --- | --- | --- | --- | --- |
| | $Q_3$ | $Q_2$ | $Q_1$ | $Q_0$ | |
| 0 | 0 | 0 | 0 | 0 | 0 |
| 1 | 0 | 0 | 0 | 1 | 1 |
| 2 | 0 | 0 | 1 | 0 | 2 |
| 3 | 0 | 0 | 1 | 1 | 3 |
| 4 | 0 | 1 | 0 | 0 | 4 |
| 5 | 0 | 1 | 0 | 1 | 5 |
| 6 | 0 | 1 | 1 | 0 | 6 |
| 7 | 0 | 1 | 1 | 1 | 7 |
| 8 | 1 | 0 | 0 | 0 | 8 |
| 9 | 1 | 0 | 0 | 1 | 9 |
| 10 | 0 | 0 | 0 | 0 | 进位 |

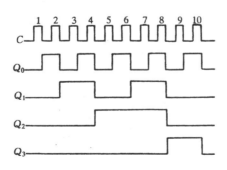

图 8.19　同步十进制加法计数器的波形

### 8.2.3　集成计数器

集成计数器具有体积小、使用灵活等优点,目前在一些小型数字系统中仍被广泛使用。集成计数器的种类较多,本节主要介绍几个常用集成计数器的功能和使用。

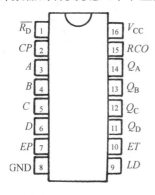

图 8.20  74LS161 引脚图

### 8.2.3.1  74LS161 的功能

74LS161 是 4 位二进制同步加法计数器。图 8.20 是它的引脚图,其中 $\overline{R_D}$ 是异步清零端,$\overline{LD}$ 是同步预置数端,$A$、$B$、$C$、$D$ 是预置数输入端,$ET$ 和 $EP$ 是计数使能控制端,$RCO$ 是进位输出端,它的设置为多片计数器的级联扩展提供了方便。

表 8.8 是 74LS161 的功能表。由表可知 74LS161 具有如下功能:

(1) 异步清零  当 $\overline{R_D}=0$ 时,不管其他输入端的状态如何(包括时钟信号 $CP$),计数器输出将被直接置零,称为异步清零。

表 8.8  74LS161 功能表

| 清零 | 预置 | 使能 | | 时钟 | 预置数据输入 | | | | 输 出 | | | |
|---|---|---|---|---|---|---|---|---|---|---|---|---|
| $\overline{R_D}$ | $\overline{LD}$ | $EP$ | $ET$ | $CP$ | $A$ | $B$ | $C$ | $D$ | $Q_A$ | $Q_B$ | $Q_C$ | $Q_D$ |
| 0 | × | × | × | × | × | × | × | × | 0 | 0 | 0 | 0 |
| 1 | 0 | × | × | ⌐ | $A$ | $B$ | $C$ | $D$ | $A$ | $B$ | $C$ | $D$ |
| 1 | 1 | 0 | × | × | × | × | × | × | 保 | | | 持 |
| 1 | 1 | × | 0 | × | × | × | × | × | 保 | | | 持 |
| 1 | 1 | 1 | 1 | ⌐ | × | × | × | × | 计 | | | 数 |

(2) 同步并行预置数  在 $\overline{R_D}=1$ 的条件下,当 $\overline{LD}=0$、且有时钟脉 $CP$ 的上升沿作用时,$A$、$B$、$C$、$D$ 输入端的数据将分别被 $Q_A \sim Q_D$ 所接收。由于这个置数操作要与 $CP$ 上升沿同步,且 $A \sim D$ 的数据同时置入计数器,所以称为同步并行预置数。

(3) 保持  在 $\overline{R_D}=\overline{LD}=1$ 的条件下,当 $ET \cdot EP=0$,即两个计数使能端中有 0 时,不管有无 $CP$ 脉冲作用,计数器都将保持原有状态不变(停止计数)。需要说明的是,当 $EP=0$,$ET=1$ 时,进位输出 $RCO$ 也保持不变;而当 $ET=0$ 时,不管 $EP$ 状态如何,进位输出 $RCO=0$。

(4) 计数  当 $\overline{R_D}=\overline{LD}=EP=ET=1$ 时,74LS161 处于计数状态,其状态表与表 8.6 相同。

### 8.2.3.2  74LS290 的功能

74LS290 是异步二-五-十进制计数器,它的引脚图如图8.21 所示。它由一个一位二进制计数器和一个异步五进制计数器组成。如果计数脉冲由 $CP_A$ 端输入,输出由 $Q_A$ 端引出,即得二进制计数器;如果计数脉冲由 $CP_B$ 端引入,输出由 $Q_B \sim Q_D$ 引出,即是五进制计数器;如果将 $Q_A$ 与 $CP_B$ 相连,计数脉冲由 $CP_A$ 输入,输出由 $Q_A \sim Q_D$ 引出,即得 8421 码十进制计数器。故 74LS290 称为二-五-十进制计数器。

表 8.9 是 74LS290 的功能表。由表可以看出,当复位输入

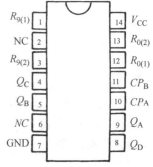

图 8.21  74LS290 引脚图

$R_{0(1)}=R_{0(2)}=1$,且置位输入 $R_{9(1)}=R_{9(2)}=0$ 时,74LS290 的输出端被直接置零;只要置位输入 $R_{9(1)}=R_{9(2)}=1$ 时,则 74LS290 的输出端将被直接置 9,即 $Q_DQ_CQ_BQ_A＝1\ 0\ 0\ 1$;只有同时满足 $R_{0(1)}=R_{0(2)}=0$ 和 $R_{9(1)}=R_{9(2)}=0$ 时,才能在计数脉冲的下降沿作用下实现二-五-十进制加法计数器。

表 8.9  74LS290 的功能表

| 复位输入 | | 置位输入 | | 时钟 | 输　　出 | | | |
|:---:|:---:|:---:|:---:|:---:|:---:|:---:|:---:|:---:|
| $R_{0(1)}$ | $R_{0(2)}$ | $R_{9(1)}$ | $R_{9(2)}$ | $CP$ | $Q_A$ | $Q_B$ | $Q_C$ | $Q_D$ |
| 1 | 1 | 0 | × | × | 0 | 0 | 0 | 0 |
| 1 | 1 | × | 0 | × | 0 | 0 | 0 | 0 |
| × | × | 1 | 1 | × | 1 | 0 | 0 | 1 |
| 0 | × | 0 | × | ↓ | 计数 | | | |
| 0 | × | × | 0 | ↓ | 计数 | | | |
| × | 0 | 0 | × | ↓ | 计数 | | | |
| × | 0 | × | 0 | ↓ | 计数 | | | |

#### 8.2.3.3　74LS160 的功能

同步十进制加法计数器 74LS160 的外部引脚排列、各输入/输出端的作用和功能都与 74LS161 完全相同,见图 8.20 和表8.8,74LS160 与 74LS161 的不同点在于电路状态 $Q_DQ_CQ_BQ_A$ 只有 0000～1001 共 10 个状态,而不是 0000～1111 共 16 个状态。

### 8.2.4　用集成计数器构成任意进制计数器

尽管集成计数器的品种很多,但也不可能任一进制的计数器都有其对应的集成产品。当需要用到它们时,只能用现有的成品计数器外加适当的电路连接而成。

用现有的 $M$ 进制集成计数器构成 $N$ 进制计数器时,如果 $M>N$,则只需一片 $M$ 进制计数器;如果 $M<N$,则要用多片 $M$ 进制计数器。下面结合实例分别介绍这两种情况的实现方法。

#### 8.2.4.1　反馈清零法

反馈清零法适用于有清零输入端的集成计数器。用反馈清零法构成任意进制计数器的方法是用计数器的指定状态去控制计数器的置 0 端,使计数器计数到该状态时就置0(复位)。分析 74LS161 的功能表(如表 8.8 所示),可见 74LS161 具有异步清零功能,在其计数过程中,不管它的输出处于哪一种状态,只要在异步清零端加一低电平电压,使 $\overline{R_D}=0$,则其输出会立即从那个状态回到 0000 状态。清零信号 $(\overline{R_D}=0)$ 消失后,74LS161 又从 0000 状态开始重新计数。

[例 8.4]　用反馈清零法将 74LS161 构成九进制加法计数器。

解　九($N=9$)进制计数器有 9 个状态,而 74LS161 在计数过程中有 16($M=16$)个状态,因此属于 $M>N$ 情况。此时必须设法跳过 $M-N(=16-9=7)$ 个状态。

图 8.22(a)所示的九进制计数器,就是借助 74LS161 的异步清零功能实现的。图 8.22(b) 是该九进制计数器的主循环状态图。由图可知,74LS161 从 0000 状态开始计数,当输入第九

个 $CP$ 脉冲（上升沿）时，输出 $Q_D Q_C Q_B Q_A = 1001$，通过与非门译码后，反馈给 $\overline{R_D}$ 端一个清零信号，立即使 $Q_D Q_C Q_B Q_A$ 返回 0000 状态，接着，$\overline{R_D}$ 端的清零信号也随之消失，74LS161 重新从 0000 状态开始新的计数周期。需要说明的是，此电路一进入 1001 状态后，立即又被置成 0000 状态，即 1001 状态仅在极短的瞬间出现，称为过渡状态，因此，在主循环状态图中用虚线表示。这样就跳过了 1001~1111 共 7 个状态，获得了九进制计数器。

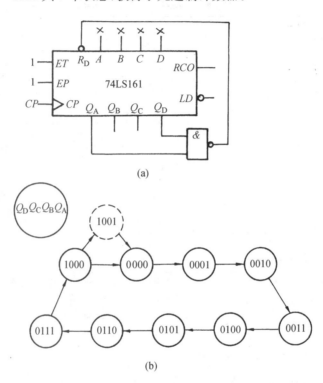

(a)

(b)

图 8.22　用反馈清零法将 74LS161 接成九进制计数器
(a) 逻辑电路图；(b) 主循环状态图

　　通过上面分析可见，具有异步清零端的集成计数器，在使用反馈清零法构成 $N$ 进制计数器时，用过渡状态产生反馈清零信号去控制计数器的异步清零端，使计数器返回 0000 状态。

　　另外还需要说明一下，有的计数器具有同步清零端。具有同步清零功能的 $M$ 进制集成计数器也可用反馈清零法构成 $N$ 进制计数器。具有同步清零端的计数器用反馈清零法构成 $N$ 进制计数器时，使用主循环状态中的最后一个状态作为反馈清零信号，没有过渡状态。这里不再举例，读者可自行分析。

### 8.2.4.2　反馈置数法

　　反馈置数法适用于具有预置数功能的集成计数器。用反馈置数法构成任意进制计数器的方法就是通过控制计数器的置数端 $\overline{LD}$，使 $M$ 进制计数器在循环计数过程中跳过 $(M-N)$ 个状态，得到 $N$ 进制计数器。分析 74LS161 功能表，74LS161 具有同步预置功能，对于具有同步预置功能的计数器而言，在其计数过程中，可以将它输出的任何一个状态通过译码，产生一个预置数控制信号反馈至预置数控制端，在下一个 $CP$ 脉冲作用后，计数器就会把预置数输入端 $A$、$B$、$C$、$D$ 的状态置入输出端。预置数控制信号消失后，计数器就从被置入的状态开始重新计数。

图 8.23(a)逻辑电路是借助同步预置数功能,采用反馈置数法,用 74LS161 构成九进制加计数器的。其中图 8.23(a)的接法是把输出 $Q_DQ_CQ_BQ_A=1000$ 状态译码产生预置数控制信号 0,反馈至 $\overline{LD}$ 端,在下一个 $CP$ 脉冲的上升沿到达时置入 0000 状态。图 8.23(b)是图 8.23(a)电路的主循环状态图。其中 0001~1000 这 8 个状态是 74LS161 进行加 1 计数实现的,0000 是由反馈(同步)置数得到的。

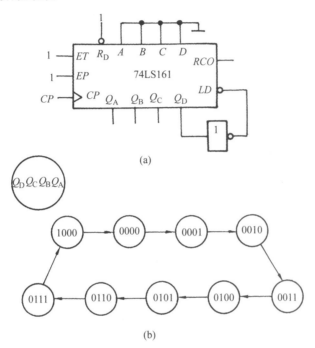

图 8.23 用反馈置数法将 74LS161 接成九进制计数器
(a) 逻辑电路图;(b) 主循环状态图

由上面分析可见,同步预置数法用主循环状态中的最后一个有效状态 1000 作为反馈预置数控制信号,没有过渡状态。

### 8.2.4.3 扩展计数容量的简单接法

若一片计数器的计数容量不够用时,可以取若干片串联,这时总的计数容量为各级计数容量(进制)的乘积。

串联连接时有同步式连接和异步式连接两种。在同步式连接中,计数脉冲同时加到各片上,低位片的进位输出作为高位片选信号或计数脉冲的输入选通信号。

在异步式连接中,计数脉冲只加到最低位片上,低位片的进位输出作为高位片的计数输入脉冲。

[例 8.5] 试用两片同步十进制加法计数器 74LS160 构成一个同步一百进制计数器。

解 因 74LS160 是十进制计数器,所以两级串接后,10×10 恰好是 100 进制。根据 74LS160 的功能表(如表 8.8 所示)可见,为使计数器工作在正常计数状态,应将 $\overline{R_D}$、$\overline{LD}$、$ET$、$EP$ 接高电平。但第(2)片(高位片)必须在低位已计成 9 以后,下一个计数脉冲到达时才允许计数。这时低位返回 0 状态,同时高位计入一个 1。因此,可将第(1)片的进位输出信号 $RCO$

接至第(2)片的 $EP$ 输入端,作为第(2)片的片选信号,如图 8.24 所示。这样,每当低位片从"9"回到"0"(计入 10 个计数脉冲时),高位片计入一个"1"。当计入第 90 个计数脉冲后,高位片计成"9",它的进位输出由 0 变为 1,计入第 100 个计数脉冲时,高位片的进位输出端由 1 回到 0,给出一个脉冲下降沿。高位片 $RCO$ 端输出脉冲的频率为计数脉冲频率的百分之一。可见,百进制计数器又是一个百分之一的分频器。

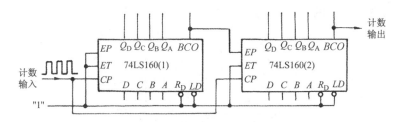

图 8.24　同步式百进制计数器

[**例 8.6**]　试用两片 74LS290 计数器接成一个异步五-十进制计数器。

**解**　因 74LS290 既可以用作十进制计数又可以用作五进制计数,所以我们取第(1)片作为十进制计数器,第(2)片作为五进制计数器,两片串接起来就得到了五-十进制计数器。

电路的连接如图 8.25 所示。第(1)片的 $CP_B$ 与 $Q_A$ 相连,接成十进制计数器。第(2)片以 $CP_B$ 作为计数脉冲输入端,以 $Q_D$ 作为输出,为五进制计数器。第(1)片的 $Q_D$ 输出脉冲作为第(2)片的计数脉冲,每送入十个计数脉冲后,第(1)片的 $Q_D$ 端给出一个脉冲,它的下降沿使第(2)片计入一个"1"。当输入 40 个计数脉冲后,第(2)片的 $Q_D$ 变为"1",输入 50 个计数脉冲后第(2)片的 $Q_D$ 端回到"0",给出一个脉冲下降沿。因此,第(2)片 $Q_D$ 端输出的脉冲信号频率是输入计数脉冲频率的 1/50。

工作在正常的计数状态时应将两片的 $R_{0(1)}$、$R_{0(2)}$、$R_{9(1)}$、$R_{9(2)}$ 接低电平。

由图可见,第(1)片的计数输入脉冲和第(2)片的计数输入脉冲不是同一信号来源,所以两片不是同步动作的,属异步式连接。

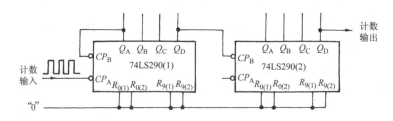

图 8.25　异步式五-十进制计数器

# 8.3　计数器的应用

### 8.3.1　数字钟

图 8.26 是数字钟的示意图。由振荡器产生标准的"秒"信号,送入秒计数器。当秒计数器计满 60 个脉冲,向分计数器送 1 个进位信号,同时秒计数器复位置零。"分""时"计数器的功能与"秒计数器"相似。对于电路的其余部分,读者可自行探讨他们各自相应的功能。

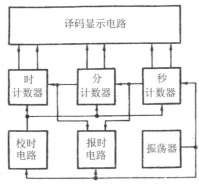

图 8.26 数字钟示意图

### 8.3.2 自动控制

图 8.27 是装药丸生产线的简化示意图。

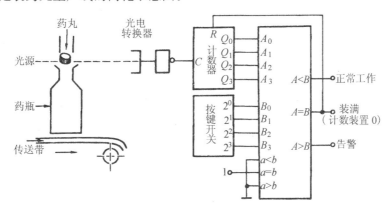

图 8.27 装药丸自控生产线示意图

通过按键开关设定每瓶应装药丸数。利用光电原理对进瓶的药丸计数,当计数值与设定值相等时可指令装瓶停止,推动传送带前移,并将计数器清零,重新开始下一瓶的计数。

### 8.3.3 测转速

图 8.28 是测电动机转速的示意图。电动机每转一周,遮光板透光一次,光电管输出一个

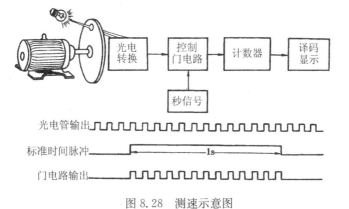

图 8.28 测速示意图

脉冲信号。1秒内计数器接收到的脉冲数,就是电动机的转速。

**本章小结**

(1) 触发器和门电路一样,也是构成各种数字系统的一种基本逻辑单元。在一定的输入信号作用下,可以从一个稳态转到另一个稳定状态。故可用来存放一位二进制信息。

触发器的逻辑功能可用状态表、特性方程等描述。按逻辑功能的不同,常见的触发器有 RS,JK,D,T 等几种。要求记住它们的功能及符号。初步掌握不同逻辑功能触发器间的转换。

(2) 时序电路逻辑功能的特点是任一时刻的输出状态不仅与当时的输入有关,而且还与电路原来的状态有关。因此时序电路的输出变量是输入变量和电路原状态的逻辑函数。

时序电路分为同步时序电路和异步时序电路。前者状态的变化是统一的、同步的,在时钟脉冲 $C$ 的统一控制下,从原状态变为新状态。后者的时钟脉冲没有起统一同步作用,其内部触发器不是同时翻转。

(3) 计数器是时序电路中常用的基本电路,要求掌握二进制计数器的组成,会分析工作原理、画工作波形。对简单的时序电路会分析其逻辑功能。

(4) 根据功能表,用集成计数器芯片构成任意进制的计数器。

**习题**

8.1 在图 8.1 所示的基本 RS 触发器电路中。已知 $R_D$ 和 $S_D$ 的波形如图 8.29 所示。试画出 $Q$ 端的输出波形。

8.2 在图 8.2 所示的同步 RS 触发器电路中。若输入端 $S$、$R$、$C$ 的波形如图 8.30 所示,试画出 $Q$ 端的波形。假设触发器的初始状态为 $Q=0$。

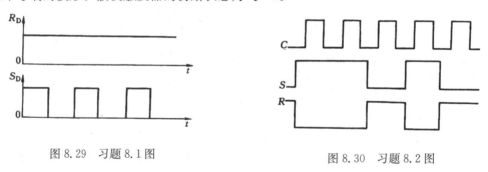

图 8.29 习题 8.1 图    图 8.30 习题 8.2 图

8.3 设维持阻塞型 D 触发器的初始状态为 0。$D$ 端和 $C$ 端的输出信号如图 8.31 所示,试画出 $Q$ 端的输出波形。

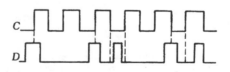

图 8.31 习题 8.3 图

8.4　根据 $C$ 脉冲画出图 8.32 所示各触发器的 $Q$ 端波形。

(1) 设初态为 0。

(2) 设初态为 1。

8.5　在图 8.33 所示的触发器中,已知 $C$、$J$、$K$ 的波形。

(1) 写出触发器输出端 $Q_{n+1}$ 的表达式。

(2) 画出 $Q_{n+1}$ 的波形(假设初态为 1)。

8.6　试列出图 8.34 所示计数器的状态表。说明它是一个几进制的计数器。

8.7　分析图 8.35 所示的电路图,指明它的逻辑功能(假设各触发器初态均为 1)。

8.8　分析图 8.36 所示电路的逻辑功能。

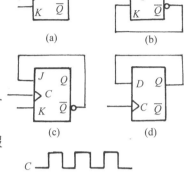

图 8.32　习题 8.4 图

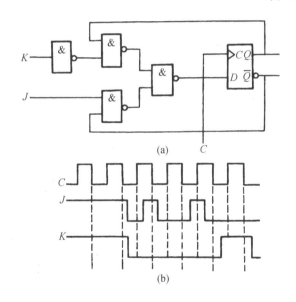

图 8.33　习题 8.5 图

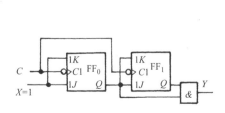

图 8.34　习题 8.6 图

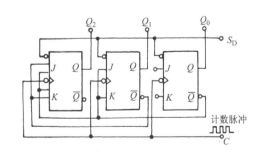

图 8.35　习题 8.7 图

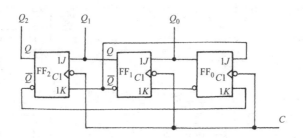

图 8.36 习题 8.8 图

8.9 4 位二进制加法计数器 74LS161，当前状态为 $Q_D Q_C Q_B Q_A = 1\,0\,0\,0$。当再送入 5 个时钟脉冲，触发器的输出处于什么状态？

8.10 试用异步清零法和同步预置数法将 4 位同步二进制计数器 74LS161 构成十进制计数器。（设预置数 $Q_D Q_C Q_B Q_A = 0011$）。

8.11 试用两片十进制计数器 74LS160 构成二十四进制计数器。

8.12 用你学过的电路构成一个分频器。将频率为 100 kHz 的方波变成 25 kHz 的方波。画出电路图和输入、输出波形图。

8.13 利用 74LS161 来设计状态图如图 8.37(a)、(b)所示的计数器(要求用置数法)。

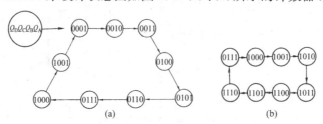

图 8.37 习题 8.13 图

# 第9章 555定时器及其应用

集成555定时器是一种结构简单、使用方便灵活、用途广泛的多功能中规模集成电路。只需在外部配接适当的阻容元件,便可组成施密特触发器、单稳态触发器和多谐振荡器等多种应用电路。555定时器的电源电压范围较宽,双极型的为5~16 V,CMOS的为3~18 V。555定时器在脉冲波形的产生与变换、仪器与仪表、测量与控制、家用电器与电子玩具等领域都有着广泛的应用。

本章主要介绍555定时器的原理和应用,以及由555定时器构成的施密特触发器、单稳态触发器、多谐振荡器的工作原理及应用。

## 9.1 555集成定时器的电路结构及其功能

### 9.1.1 电路组成

555集成定时器由五部分组成,如图9.1所示。

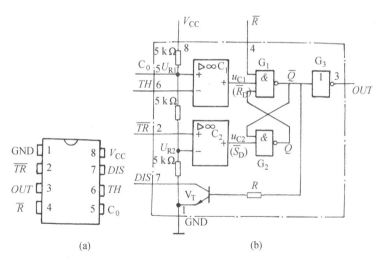

图 9.1 5G555集成定时器

(a) 管脚排列图;(b) 内部结构图

#### 9.1.1.1 基本RS触发器

基本RS触发器由两个"与非"门组成,$\overline{R}$为置"0"复位端,当$\overline{R}=0$时,$Q=0$,$\overline{Q}=1$。

#### 9.1.1.2 比较器

$C_1$、$C_2$是两个电压比较器,由集成运算放大器构成。比较器两个输入端的电压分别为$V_+$和$V_-$,当$V_+>V_-$时,比较器输出为高电平;当$V_+<V_-$时比较器输出为低电平。

### 9.1.1.3 分压器

三个阻值均为 $5\,\mathrm{k\Omega}$ 的电阻串联起来构成分压器(555因此而得名),为比较器 $C_1$ 和 $C_2$ 提供参考电压,$C_1$ 的正端 $V_+ = 2V_{CC}/3$,$C_2$ 的负端 $V_- = V_{CC}/3$。如果在电压控制器 $C_0$ 另加控制电压,则可改变比较器 $C_1$ 和 $C_2$ 的参考电压。若工作中不使用 $C_0$ 端时,一般通过一个 $0.01\,\mu\mathrm{F}$ 的电容接地,以旁路高频干扰。

### 9.1.1.4 三极管开关和输出缓冲器

三极管 $V_T$ 在电路中作开关使用,其状态受触发器的 $\overline{Q}$ 端控制,当 $\overline{Q}=$ "0"时 $V_T$ 截止,$\overline{Q}=$ "1"时 $V_T$ 饱和导通。输出缓冲器由接在输出端的反相器 $G_3$ 构成,其作用是提高定时器的带负载能力,隔离负载对定时器的影响。

5G555定时器有8个引出端:1地端、2低触发端、3输出端、4复位端、5电压控制端、6高触发端、7放电端、8电源端,如图9.1(a)所示。

## 9.1.2 工作原理

表9.1所示为5G555定时器的功能表,它全面地表示了555的基本功能,表中"×"表示任意。

**表 9.1 5G555 定时器功能表**

| 输 入 | | | 输 出 | |
| --- | --- | --- | --- | --- |
| $TH$ | $TR$ | $R$ | $OUT$ | $V_T$ 状态 |
| $\times$ | $\times$ | 0 | 0 | 导通 |
| $>\dfrac{2}{3}V_{CC}$ | $>\dfrac{1}{3}V_{CC}$ | 1 | 0 | 导通 |
| $<\dfrac{2}{3}V_{CC}$ | $<\dfrac{1}{3}V_{CC}$ | 1 | 1 | 截止 |
| $<\dfrac{2}{3}V_{CC}$ | $>\dfrac{1}{3}V_{CC}$ | 1 | 不变 | 不变 |

(1) 当 $\overline{R}=0$ 时,$\overline{Q}=1$,输出 $OUT=0$,$V_T$ 饱和导通。

(2) 当 $\overline{R}=1$、$TH>\dfrac{2}{3}V_{CC}$、$\overline{TR}>\dfrac{V_{CC}}{3}$,$C_1$ 输出低电平、$C_2$ 输出高电平,$\overline{Q}=1$、$Q=0$,$OUT=0$,$V_T$ 饱和导通。

(3) 当 $\overline{R}=1$,$TH<\dfrac{2}{3}V_{CC}$、$\overline{TR}>\dfrac{V_{CC}}{3}$ 时,$C_1$、$C_2$ 输出均为高电平,基本 RS 触发器保持原来状态不变,因此 $OUT$、$V_T$ 也保持原状态不变。

(4) 当 $\overline{R}=1$,$TH<\dfrac{2}{3}V_{CC}$、$\overline{TR}<\dfrac{V_{CC}}{3}$ 时,$C_1$ 输出高电平、$C_2$ 输出低电平,$\overline{Q}=0$、$Q=1$,$OUT=1$,$V_T$ 截止。

## 9.2 555集成定时器的应用

### 9.2.1 多谐振荡器

多谐振荡器是一种自激振荡电路,当电路连接好之后,只要接通电源,便可在其输出端获得矩形脉冲。由于矩形脉冲中含有各种多次谐波分量,所以人们常把这种电路称为多谐振荡器。

将555定时器的$TH$端和$\overline{TR}$端短接后连接到电容$C$与电阻$R_2$的连接处,将放电端$DIS$连接到$R_1$和$R_2$的连接处,便构成了多谐振荡器,电路如图9.2所示。

设接通电源瞬间电容$C$上电压$u_C=0$,则$U_{TH}=U_{\overline{TR}}=u_C=0<\dfrac{1}{3}V_{CC}$,输出电压$u_o$为高电平,放电端DIS关断,电源通过$R_1$、$R_2$对电容$C$充电。

当充电到$u_C$略大于$\dfrac{2}{3}V_{CC}$时,$U_{TH}=U_{\overline{TR}}=u_C>\dfrac{2}{3}V_{CC}$,则$u_o$为低电平,放电管$V_T$接通,电容通过$R_2$和放电管$V_T$放电,$u_C$下降。

当$u_C$下降到略小于$\dfrac{1}{3}V_{CC}$时,$u_o$再次输出高电平,放电管$V_T$关断,电容$C$充电。如此周而复始地形成两个暂态的相互转换,在输出端就可以得到周期性的矩形脉冲,其工作波形如图9.3所示。

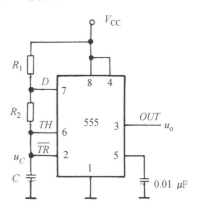

图9.2 用555构成的多谐振荡器

由于充电的时间常数为$(R_1+R_2)C$,大于放电的时间常数$R_2C$,所以输出高电平持续时间$t_{w_1}$大于输出低电平持续时间$t_{w_2}$,则输出脉冲的周期为$T=t_{w_1}+t_{w_2}=0.7(R_1+2R_2)C$。

下面举例说明多谐振荡器的应用。

如图9.4所示为用两个定时器构成两个多谐振荡器接成的救护车扬声器发音电路,它能交替地发出两种高、低不同的叫声。高、低音的持续时间各约1秒。

图中第(1)片555定时器接成低频多谐振荡器电路。在图中标明的参数下,振荡周期约为2秒。$u_{o_1}$输出脉冲的高、低电平持续时间各约1秒。

第(2)片555定时器接成了另一个多谐振荡器,它的控制电压输入端与第(1)片555的输出端相连。因此,第(2)片555的$U_{co}$值随$u_{o_1}$而改变。当$u_{o_1}$为高电平时$U_{co}$较高。$U_+(=U_{co})$和$U_-\left(=\dfrac{1}{2}U_{co}\right)$也较高;当$u_{o_1}$为低电平时,$U_+$和$U_-$也较低。

由图9.3可知,$U_+$较高时,电容充、放电的电压幅度较大,因而振荡频率较低。反之,当$U_+$较低时,电容充、放电过程中电压变化幅度较小,充、放电过程完成得较快,故振荡频率较高。

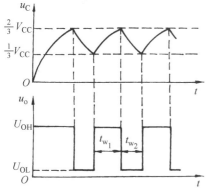

图9.3 多谐振荡器的工作波形

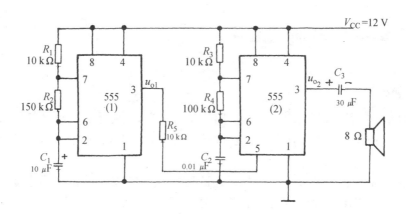

图 9.4　救护车扬声器发音电路

由此可知，$u_{o_1}=1$ 时第(2)片 555 输出脉冲 $u_{o_2}$ 的振荡频率较低(在图中给定的参数下约为 600 Hz)；$u_{o_1}=0$ 时振荡频率较高(在图中给定的参数下约为 900 Hz)。$u_{o_2}$ 输出的脉冲经过隔直电容 $C_3$ (只允许交变信号通过，将直流分量阻断)加到扬声器上，扬声器将交替发出高、低不同的两种叫声。

### 9.2.2　单稳态触发器

单稳态触发器具有如下特点：

(1) 它有一个稳定的状态和一个暂稳状态。

(2) 在外来触发脉冲的作用下，能够由稳定状态翻转到暂稳态状态。

(3) 暂稳状态维持一段时间后，将自动返回到稳定状态，而暂稳状态时间的长短，与触发脉冲无关，仅决定于电路本身的参数。

这种电路在数字系统和装置中，一般用于定时(产生一定宽度的方波)、整形(把不规则的波形转换成宽度、幅度都相等的脉冲)以及延时(将输入信号延迟一定的时间之后输出)等。

将 555 定时器的高触发端 $TH$、放电端 DIS 相连后外接定时元件 $RC$，便可构成单稳态触发器，电路如图 9.5 所示。触发负脉冲由低触发端 $\overline{TR}$ 输入，由输出端 $OUT$ 输出信号 $u_o$，其工作波形如图 9.6 所示。

当触发负脉冲到来之前，低触发端 $\overline{TR}=u_i=V_{CC}$，若接通电源 $V_{CC}$，则 $V_{CC}$ 会通过 $R$ 对 $C$ 充电，当充电到高触发端 $TH=u_C=\dfrac{2}{3}V_{CC}$ 时，由 555 定时器功能表可知，输出端 $OUT$ 为低电平，则 $u_o=0$，放电管 $V_T$ 接通，电容 $C$ 通过 $V_T$ 放电，使 $u_C=0$，则高触发端 $TH$ 为低电平，小于 $\dfrac{2}{3}V_{CC}$，电路处于稳态。

当触发负脉冲到来时，低触发端 $\overline{TR}$ 变为低电平、且小于 $\dfrac{1}{3}V_{CC}$，则 555 定时器的输出 $OUT$ 变为高电平，$u_o$ 由 0 变为 1，放电管 $V_T$ 关断，电源 $V_{CC}$ 又通过 $R$ 对 $C$ 充电，电路进入暂态。

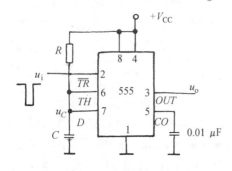

图 9.5　用 555 构成的单稳态触发器

在暂态期间,随着对 $C$ 充电过程的进行,高触发端 $TH$(即 $u_C$)的电位逐渐升高,当 $u_C$ 略大于 $\frac{2}{3}V_{CC}$ 时,输出电压又由高电平变为低电平,放电管 $V_T$ 接通,电容 $C$ 通过 $V_T$ 很快放电,电路自动返回稳态。

单稳态触发器每触发一次就变成一个工作周期,由工作波形图可以看出,输出正脉冲的宽度 $t_w$ 就是暂态的持续时间,其估算公式为

$$t_w = 1 \cdot 1 RC$$

对触发脉冲的要求:高电平大于 $\frac{2}{3}V_{CC}$,低电平小于 $\frac{1}{3}V_{CC}$,且触发负脉冲宽度小于单稳态触发器的暂态时间。

下面举例说明单稳态触发器的应用。

图 9.7 是利用 555 定时器组成的定时灯控制电路。电路图中的 A 是按钮,J 是继电器线圈,L 是照明灯泡,S 是电源开关。每次按动按钮 A 之后电灯点亮,经过一段固定的时间后自行熄灭。

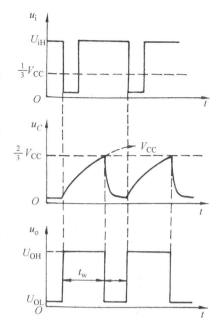

图 9.6 单稳态触发器工作波形图

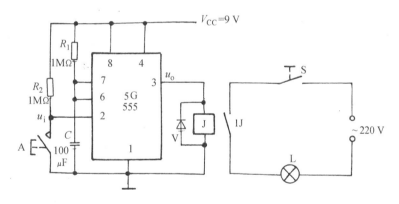

图 9.7 定时灯控制电路

这里的 555 定时器接成了单稳态触发器。在没有按动按钮 A 时,$u_i = V_{CC}$,电路处于稳态,$u_o = 0$。这时继电器线圈 J 中没有电流,它控制的触点 1J 断开,电灯 L 不亮。

当按动一下按钮 A 时,$u_i$ 被短时接地,给出一个低电平触发信号,电路进入暂稳态,$u_o = 1$,于是继电器线圈有电流流过,触头 1J 闭合,电灯点亮。等到暂稳态结束时,$u_o$ 回到 0,电灯随之熄灭。

因此,每次电灯点亮的时间等于单稳态触发器输出脉冲的宽度 $t_w$。在 $R_1 = 1\,\text{M}\Omega$,$C = 100\,\mu\text{F}$ 的参数下,每次电灯点亮的持续时间为

$$\begin{aligned}
t_w &= 1.1 R_1 C \\
&= 1.1 \times 10^6 \times 100 \times 10^{-6} \\
&= 110\,(\text{s})
\end{aligned}$$

为了防止继电器线圈突然断电时在线圈两端产生瞬时的高压损坏 5G1555,通常在线圈两端并联二极管 V,这样在 $u_o$ 从 1 跳变到 0 时线圈两端就不会出现很高的瞬时电压了。

### 9.2.3 施密特触发器

施密特触发器的重要特点是能够把变化非常缓慢的输入脉冲波形,整形成为适合于数字电路需要的矩形脉冲,而且由于具有滞回特性,所以抗干扰能力很强。施密特触发器在脉冲的产生和整形电路中应用很广。

将 555 定时器的高触发端 $TH$ 和低触发端 $\overline{TR}$ 连接在一起,把它作为信号的输入端,便可构成施密特触发器,电路如图 9.8 所示。工作波形如图 9.9 所示。

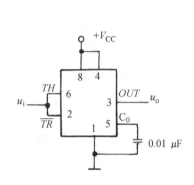

图 9.8　555 构成的施密特触发器　　　　图 9.9　施密特触发器的工作波形图

在输入端加三角波电压 $u_i$。由 555 定时器功能表可知,当 $u_i < \frac{1}{3}V_{CC}$ 时,$U_{\overline{TR}} < \frac{1}{3}V_{CC}$,$u_o$ 为高电平。当 $u_i$ 增加到略大于 $\frac{2}{3}V_{CC}$ 时,$U_{TH} > \frac{2}{3}V_{CC}$,$u_o$ 变为低电平,其转折电压 $U_{T_1} = \frac{2}{3}V_{CC}$。此后,当 $u_i$ 下降到小于 $\frac{1}{3}V_{CC}$ 时,则 $u_o$ 由低电平变为高电平,其转折电压 $U_{T_2} = \frac{1}{3}V_{CC}$。由此可见,由 555 定时器组成的施密特触发器的回差电压 $\Delta U_T$ 为

$$\Delta U_T = U_{T_1} - U_{T_2} = \frac{2}{3}V_{CC} - \frac{1}{3}V_{CC}$$

$$= \frac{1}{3}V_{CC}$$

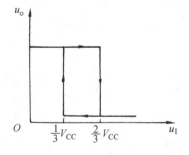

如果在 $C_0$ 端加可调直流电压,便可调节参考电压,因而可以调节回差电压 $\Delta U_T$ 的值。

如图 9.10 所示 $u_o \sim u_i$ 的关系曲线是施密特触发器的电压传输特性。由该传输特性曲线可以清楚地看出由 555 定时器构成的施密特触发器具有滞回特性。

下面举例说明施密特触发器的应用。

（1）波形变换　利用施密特触发器可将正弦波和三角波变换成矩形波,如图 9.11 所示。

图 9.10　施密特触发器的电压传输特性

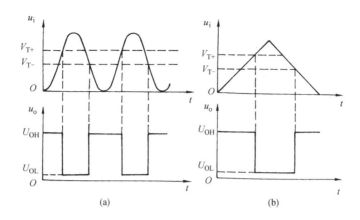

图 9.11　用施密特触发器实现波形变换

(a) 正弦波变换成矩形波；(b) 三角波变换成矩形波

（2）脉冲波形整形　利用施密特触发器可进行脉冲波形整形，如图 9.12 所示。

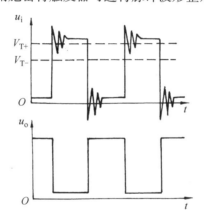

图 9.12　用施密特触发器进行波形整形

（3）幅度鉴别　由于施密特触发器的输出决定于输入信号的幅度，因此它可以用来作为幅度鉴别电路。当输入信号的幅度大于 $V_{T+}$ 时，电路才输出一个脉冲，幅度小于 $V_{T+}$ 时，无输出脉冲，如图 9.13 所示。

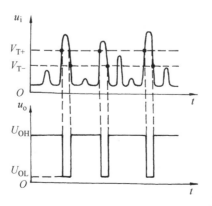

图 9.13　用施密特触发器鉴别脉冲幅度

**本章小结**

　　555 定时器是一种多用途的模拟与数字混合的集成电路,只需外接少数电阻、电容元件,即可组成各种脉冲整形电路和脉冲振荡电路。本章主要介绍 555 定时器构成的施密特触发器、单稳态触发器、多谐振荡器的工作原理及应用。

　　多谐振荡器属自激振荡电路,只要接通电源,它就能自动产生输出脉冲。多谐振荡器电路没有稳态,只有两个不同的暂稳态。工作时电路自动地在两个暂稳态之间不停地转换。

　　施密特触发器是常用的一种脉冲整形电路,它不能自行产生输出脉冲,只能将输入信号"加工"成前、后沿都很陡的矩形脉冲。

　　单稳态触发器是另一种常用的整形电路,它同样也不会自行产生输出脉冲。单稳态触发器能将不规则的输入信号"加工"成幅度和宽度都相同的输出脉冲。单稳态触发器的工作特点是有一个稳态和一个暂稳态。暂稳态持续时间的长短由电路的参数(主要是 $R$、$C$ 的参数)决定,不随输入信号的宽度改变。

**习题**

　　9.1　555 定时器主要由哪几部分组成? 各部分的作用是什么?

　　9.2　简述 555 定时器组成多谐振荡器的工作原理。

　　9.3　单稳态触发器有何特点? 主要有哪些用途?

　　9.4　简述 555 定时器组成单稳态触发器的工作原理。

　　9.5　施密特触发器的特点是什么? 施密特触发器有哪些用途?

　　9.6　简述 555 定时器组成施密特触发器的工作原理。

　　9.7　如何调节由 555 定时器组成的施密特触发器的回差电压?

　　9.8　图 9.14 为电子门铃电路,图中 S 为门铃的按钮,试分析电路的工作原理。

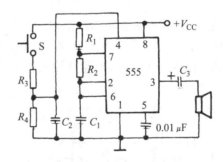

图 9.14　电子门铃电路

　　9.9　如图 9.15(a)是用 5G555 接成的脉冲检幅器,为了从图 9.15(b)内的输入信号中将幅度大于 5 V 的脉冲检出,电源电压 $V_{CC}$ 应取几伏?

　　如果规定 $V_{CC}=10$ V,不能任意选择,则电路应作哪些修改?

　　9.10　分析图 9.16 所示电路,请回答下列问题:

　　(1) 没有按动按钮 A 时两个 555 定时器工作在什么状态?

　　(2) 每按动一下按钮后两个 555 如何工作?

　　(3) 画出每次按动按钮后两个 555 定时器输出端的电压波形。电路参数在图中标注。

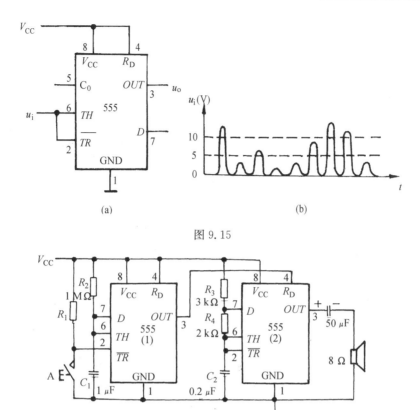

图 9.15

图 9.16

# 附　　录

## 附录 I　半导体器件型号命名方法

（国家标准 GB249—74）

本标准适用于无线电电子设备所用半导体器件的型号命名。

### 一、半导体器件的型号由五部分组成

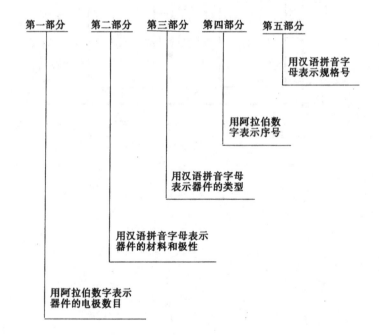

注：场效应器件、半导体特殊器件、PIN 型管的型号命名只有第三、四、五部分。见示例2。

示例1：锗 PNP 型高频小功率三极管

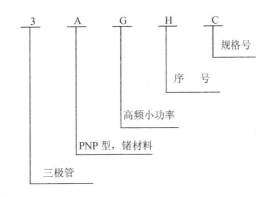

示例 2:场效应器件

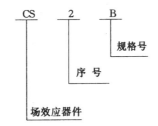

## 二、型号组成部分及其意义

| 第一部分 | | 第二部分 | | 第三部分 | | 第四部分 | 第五部分 |
|---|---|---|---|---|---|---|---|
| 用阿拉伯数字表示器件的电极数目 | | 用汉语拼音字母表示器件的材料和极性 | | 用汉语拼音字母表示器件的类型 | | 用阿拉伯数字表示序号 | 用汉语拼音字母表示规格号 |
| 符号 | 意义 | 符号 | 意义 | 符号 | 意义 | | |
| 2 | 二极管 | A | N 型,锗材料 | P | 普通管 | | |
| | | B | P 型,锗材料 | V | 微波管 | | |
| | | C | N 型,硅材料 | W | 稳压管 | | |
| | | D | P 型,硅材料 | C | 参量管 | | |
| 3 | 三极管 | A | PNP 型,锗材料 | Z | 整流器 | | |
| | | B | NPN 型,锗材料 | L | 整流堆 | | |
| | | C | PNP 型,硅材料 | S | 隧道管 | | |
| | | D | NPN 型,硅材料 | N | 阻尼管 | | |
| | | E | 化合物材料 | U | 光电器件 | | |

（续表）

| 第一部分 | | 第二部分 | | 第三部分 | | 第四部分 | 第五部分 |
|---|---|---|---|---|---|---|---|
| 用阿拉伯数字表示器件的电极数目 | | 用汉语拼音字母表示器件的材料和极性 | | 用汉语拼音字母表示器件的类型 | | 用阿拉伯数字表示序号 | 用汉语拼音字母表示规格号 |
| 符号 | 意义 | 符号 | 意义 | 符号 | 意义 | | |
| | | | | K | 开关管 | | |
| | | | | X | 低频小功率管 $(f_{hfb}<3\,\text{MHz},\ P_C<1\,\text{W})$ | | |
| | | | | G | 高频小功率管 $(f_{hfb}\geqslant3\,\text{MHz},\ P_C<1\,\text{W})$ | | |
| | | | | D | 低频大功率管 $(f_{hfb}<3\,\text{MHz},\ P_C\geqslant1\,\text{W})$ | | |
| | | | | A | 高频大功率管 $(f_{hfb}\geqslant3\,\text{MHz},\ P_C\geqslant1\,\text{W})$ | | |
| | | | | T | 可控整流器 | | |
| | | | | Y | 体效应器件 | | |
| | | | | B | 雪崩管 | | |
| | | | | J | 阶跃恢复管 | | |
| | | | | CS | 场效应器件 | | |
| | | | | BT | 半导体特殊器件 | | |
| | | | | FH | 复合管 | | |
| | | | | PIN | PIN 型管 | | |
| | | | | JG | 激光器件 | | |

# 附录 Ⅱ　常用晶体二极管参数选录

### 附表 1　常用锗检波二极管

| 型号 | 最大整流电流 /mA | 最高反向工作电压 /V | 反向击穿电压 /V | 最高工作频率 /MHz |
|---|---|---|---|---|
| 2AP1 | 16 | 20 | $\geqslant 40$ | |
| 2AP3 | 25 | 30 | $\geqslant 45$ | |
| 2AP4 | 16 | 50 | $\geqslant 75$ | 150 |
| 2AP5 | 16 | 75 | $\geqslant 110$ | |
| 2AP7 | 12 | 100 | $\geqslant 150$ | |
| 2AP9 | 5 | 15 | $\geqslant 20$ | 100 |
| 2AP10 | 5 | 30 | $\geqslant 40$ | |
| 2AP21 | 50 | $< 10$ | $> 15$ | |
| 2AP22 | 16 | $< 30$ | $> 45$ | 100 |
| 2AP23 | 25 | $< 40$ | $> 60$ | |

### 附表 2　常用开关二极管

| 型　号 | 反向击穿电压 $U_{BR}$/V | 最高反向工作电压 $U_{RM}$/V | 最大正向电流 $I_{FM}$/mA | 零偏压电容 $C_0$/pF | 反向恢复时间 $t_{rr}$/ns | 反向电流 $I_R$/$\mu$A |
|---|---|---|---|---|---|---|
| 2CK84A | $\geqslant 40$ | $\geqslant 30$ | 100 | $\leqslant 30$ | $\leqslant 150$ | $\leqslant 1$ |
| 2CK84B | $\geqslant 80$ | $\geqslant 60$ | 100 | $\leqslant 30$ | $\leqslant 150$ | $\leqslant 1$ |
| 2CK84C | $\geqslant 120$ | $\geqslant 90$ | 100 | $\leqslant 30$ | $\leqslant 150$ | $\leqslant 1$ |
| 2CK84D | $\geqslant 150$ | $\geqslant 120$ | 100 | $\leqslant 30$ | $\leqslant 150$ | $\leqslant 1$ |
| 2CK84E | $\geqslant 180$ | $\geqslant 150$ | 100 | $\leqslant 30$ | $\leqslant 150$ | $\leqslant 1$ |
| 2CK84F | $\geqslant 210$ | $\geqslant 180$ | 100 | $\leqslant 30$ | $\leqslant 150$ | $\leqslant 1$ |
| 2AK1 | 30 | 10 | $\geqslant 150$ | $\leqslant 3$ | $\leqslant 200$ | 30 |
| 2AK2 | 40 | 20 | $\geqslant 150$ | $\leqslant 3$ | $\leqslant 200$ | 30 |
| 2AK3 | 50 | 30 | $\geqslant 200$ | $\leqslant 2$ | $\leqslant 150$ | 20 |
| 2AK5 | 60 | 40 | $\geqslant 200$ | $\leqslant 2$ | $\leqslant 150$ | 5 |
| 2AK6 | 70 | 50 | $\geqslant 200$ | $\leqslant 2$ | $\leqslant 150$ | 5 |
| 2AK7 | 50 | 30 | $\geqslant 10$ | $\leqslant 2$ | $\leqslant 150$ | 20 |
| 2AK9 | 60 | 40 | $\geqslant 10$ | $\leqslant 2$ | 150 | 20 |
| 2AK10 | 70 | 50 | $\geqslant 10$ | $\leqslant 2$ | 150 | 20 |

附表 3　常用硅整流二极管

反 向 工 作 电 压 分 档

| 分档标志 | A | B | C | D | E | F | G | H | J | K | L | M | N | P |
|---|---|---|---|---|---|---|---|---|---|---|---|---|---|---|
| $U_{RM}$/V | 25 | 50 | 100 | 200 | 300 | 400 | 500 | 600 | 700 | 800 | 900 | 1 000 | 1 200 | 1 400 |

| 型　　号 | 反向工作电压 $U_{RM}$/V | 额定正向平均电流 $I_{F(AV)}$/A | 正向压降 $U_F$/V | 反向电流(平均值) $I_R/\mu A$ 125℃ | 反向电流(平均值) $I_R/\mu A$ 25℃ | 不重复正向浪涌电波 $I_{FSM}$/A | 频率 $f$/kHz | 额定结温 $T_{jm}$/℃ | 冷却方式 |
|---|---|---|---|---|---|---|---|---|---|
| 2CZ50 | A~M 25~1 000 | 0.03 | ≤1.2 | 80 | 5 | 0.6 | 3 | 150 | 自冷 |
| 2CZ51 | | 0.05 | ≤1.2 | 80 | 5 | 1 | | | |
| 2CZ52 | | 0.1 | ≤1.0 | 100 | 5 | 2 | | | |
| 2CZ53 | | 0.3 | ≤1.0 | 100 | 5 | 6 | | | |
| 2CZ54 | | 0.5 | ≤1.0 | 500 | 10 | 10 | | | |
| 2CZ55 | | 1 | ≤1.0 | 500 | 10 | 20 | | | |
| 2CZ56 | B~P 50~1 400 | 3 | ≤0.65 | ≤1 000 | ≤20 | 65 | 3 | 140 | * |
| 2CZ57 | | 5 | | | | 105 | | | |
| 2CZ58 | | 10 | | ≤1 500 | ≤30 | 210 | | | ** |
| 2CZ59 | | 20 | | ≤2 000 | ≤40 | 420 | | | |
| 2CZ60 | | 50 | 0.7 | ≤4 000 | ≤50 | 900 | | | *** |
| 2CZ82 | A~K 25~800 | 0.1 | ≤0.1 | 100 | 5 | 2 | 3 | 130 | 自冷 |
| 2CZ83 | | 0.3 | | 100 | 5 | 6 | | | |
| 2CZ85 | | 1 | | ≤100 | ≤3 | 20 | | | |
| 2CZ86 | | 2 | | ≤100 | ≤3 | 30 | | | |
| 2CZ87 | | 3 | | ≤100 | ≤3 | 50 | | | |

\* 80mm×80mm×1.5mm 铝散热片
\*\* 160mm×160mm×1.5mm 铝散热片
\*\*\* 强迫风冷

# 附录 Ⅲ 常用三极管参数选录

### 附表 1 硅高频小功率三极管

| 部标新型号 | 直流参数 | | | 交流参数 | 极限参数 | | | |
|---|---|---|---|---|---|---|---|---|
| | $I_{CBO}$ /$\mu$A | $I_{CEO}$ /$\mu$A | $h_{FE}/\beta$ | $f_T$ /MHz | $P_{CN}$ /mW | $I_{CM}$ /mA | $U_{(BR)CBO}$ /V | $U_{(BR)CEO}$ /V |
| 3DG100M | ≤0.1 | ≤0.01 | 25～270 | ≥150 | 100 | 20 | 20 | 15 |
| 3DG100A | | | ≥30 | | | | 30 | 20 |
| 3DG110M | ≤0.5 | ≤0.5 | 25～270 | ≥150 | 300 | 50 | ≥20 | ≥15 |
| 3DG110A | ≤0.1 | ≤0.1 | ≥30 | | | | ≥20 | ≥15 |
| 3DG130M | ≤1 | ≤5 | 25～270 | ≥150 | 700 | 300 | ≥30 | ≥20 |
| 3DG130A | ≤0.5 | ≤1 | ≥30 | | | | ≥40 | ≥30 |
| 3DG182A | ≤1 | ≤2 | ≥10 | ≥50 | 700 | 300 | ≥60 | ≥60 |
| 3CG182B | | | | | | | ≥100 | ≥100 |
| 3CG110A | ≤0.1 | ≤0.1 | ≥25 | ≥100 | 300 | 50 | ≥15 | ≥4 |
| 3CG110B | | | | | | | ≥30 | |
| 3CG110C | | | | | | | ≥45 | |
| 3CG120A | ≤0.1 | ≤0.1 | ≥25 | ≥200 | 500 | 100 | ≥15 | ≥4 |
| 3CG120B | | | | | | | ≥30 | |
| 3CG120C | | | | | | | ≥45 | |

注:同一种型号的管子可能分成 A、B、C、D 等级别,它们的主要区别在于反向击穿电压 $U_{(BR)CEO}$ 段的 $U_{(BR)CBO}$ 不同。

### 附表 2 锗低频小功率晶体三极管

| 部标新型号 | 直流参数 | | | 交流参数 | 极限参数 | | | |
|---|---|---|---|---|---|---|---|---|
| | $I_{CBO}$ /$\mu$A | $I_{CEO}$ /$\mu$A | $h_{FE}/\beta$ | $f_B$ /kHz | $P_{CM}$ /mW | $I_{CM}$ /mA | $U_{(BR)CBO}$ /V | $U_{(BR)CEO}$ /V |
| 3BX31M | ≤25 | ≤1 000 | 80～400 | ≥8 | 125 | 125 | 15 | 6 |
| 3BX31A | ≤20 | ≤800 | 40～180 | | | | 20 | 12 |
| 3BX81A | ≤30 | ≤1 000 | 40～270 | ≥6 | 200 | 200 | 20 | 10 |
| 3BX81B | ≤15 | ≤700 | | | | | 30 | 15 |
| 3AX31M | ≤25 | ≤1 000 | 30～400 | ≥8 | 125 | 125 | 15 | 6 |
| 3AX31A | ≤20 | ≤800 | 40～180 | | | | 20 | 12 |
| 3AX55M | ≤80 | ≤1 200 | ≥30 | ≥6 | 500 | 500 | 50 | 12 |
| 3AX55A | | | | | | | | 20 |
| 3AX81A | ≤30 | ≤1 000 | 40～270 | | 200 | 200 | 20 | 10 |
| 3AX81B | ≤15 | ≤700 | | | | | 30 | 15 |

附表3　硅低频小功率晶体三极管

| 部标新型号 | 直　流　参　数 | | | 交流参数 | 极　限　参　数 | | | |
|---|---|---|---|---|---|---|---|---|
| | $I_{CBO}$ /$\mu$A | $I_{CEO}$ /$\mu$A | $h_{FE}/\beta$ | $f_T$ /kHz | $P_{CM}$ /mW | $I_{CM}$ /mA | $U_{(BR)CeO}$ /V | $U_{(BR)CbO}$ /V |
| 3DX101 | ≤1 | | ≥9 | ≥200 | 300 | 50 | ≥10 | ≥10 |
| 3DX102 | | | | | | | ≥20 | |
| 3DX103 | | | | | | | ≥30 | |
| 3DX104 | | | | | | | ≥40 | ≥30 |
| 3DX203A | ≤5 | ≤20 | 55～400 | | 700 | 700 | | ≥15 |
| 3DX203B | | | | | | | | ≥25 |
| 3DX204A | | | | | | | | ≥15 |
| 3DX204B | | | | | | | | ≥25 |
| 3CX3A | ≤0.5 | ≤1 | 20～ 1 000 | ≥10 000 | 300 | 300 | ≥20 | ≥15 |
| 3CX3B | | | | | | | ≥30 | ≥20 |
| 3CX203A | ≤5 | ≤20 | 55～400 | | 700 | 700 | | ≥15 |
| 3CX203B | | | | | | | | ≥20 |

附表4　硅高频大功率晶体三极管

| 型号 | 直　流　参　数 | | 交流参数 | 极　限　参　数 | | | |
|---|---|---|---|---|---|---|---|
| | $I_{CBO}$ /mA | $h_{FE}/\beta$ | $f_T$ /MHz | $P_{CM}$ /W | $I_{CM}$ /A | $U_{(BR)CBO}$ /V | $U_{(BR)CEO}$ /V |
| 3DA1A | ≤1 | ≥10 | ≥50 | 7.5 | 1 | ≥40 | ≥30 |
| 3DA5A | ≤2 | ≥10 | ≥60 | 40 | 5 | ≥60 | ≥50 |
| 3DA10A | ≤1 | ≥3 | ≥200 | 7.5 | 1 | ≥45 | ≥40 |
| 3DA21A | ≤1 | ≥10 | ≥400 | 7.5 | 1 | ≥40 | ≥30 |
| 3CA4A | ≤1.5 | 10 | ≥30 | 7.5 | 1 | ≥30 | ≥30 |
| 3CA4B | ≤1 | | | | | ≥50 | ≥50 |
| 3CA10A | ≤2.5 | ≥10 | ≥30 | 25 | 2.5 | ≥30 | ≥30 |
| 3CA10B | | | | | | | |
| 3CA10C | | | | | | ≥50 | ≥50 |

附表5　硅低频小功率晶体三极管

| 部标新型号 | 直　流　参　数 | | | 极　限　参　数 | | | | |
|---|---|---|---|---|---|---|---|---|
| | $I_{CBO}$ /mA | $h_{FE}/\bar{\beta}$ | $U_{CES}$/V | $P_{CM}$ /W | $I_{CM}$ /A | $U_{(BR)CEO}$ /V | $U_{(BR)CBO}$ /V | $U_{(BR)EBO}$ /V |
| 3DD59A | $\leqslant 1.5$ | $\geqslant 10$ | $\leqslant 1.2$ | 25 | 5 | | $\geqslant 30$ | $\geqslant 3$ |
| 3DD62A | $\leqslant 2$ | $\geqslant 10$ | $\leqslant 1.5$ | 50 | 7.5 | | $\geqslant 30$ | $\geqslant 3$ |
| 3DD203 | 0.5 | 50~200 | $\leqslant 0.6$ | 10 | 1 | $\geqslant 100$ | $\geqslant 60$ | $\geqslant 4$ |
| 3CD5A | $\leqslant 2$ | $\geqslant 10$ | $\leqslant 1.5$ | 25 | 2 | | $\geqslant 30$ | |
| 3CD5B | | | | | | | $\geqslant 50$ | |
| 3CD6A | $\leqslant 2$ | $\geqslant 10$ | $\leqslant 2$ | 50 | 5 | | $\geqslant 30$ | |
| 3CD6B | | | | | | | $\geqslant 50$ | |

附表6　开关三极管

| 型　号 | 直　流　参　数 | | 交流参数 | | 极　限　参　数 | | | |
|---|---|---|---|---|---|---|---|---|
| | $I_{CBO}$ /$\mu$A | $I_{CEO}$ /$\mu$A | $h_{FE}/\bar{\beta}$ | $f_T$ /MHz | $P_{CM}$ /mW | $I_{CM}$ /mA | $U_{(BR)CBO}$ /V | $U_{(BR)CEO}$ /V |
| 3CK1A | $\leqslant 0.1$ | $\leqslant 0.2$ | 20~200 | $\geqslant 100$ | 200 | 30 | $\geqslant 20$ | $\geqslant 15$ |
| 3CK9A | $\leqslant 10$ | $\leqslant 20$ | $\geqslant 30$ | $\geqslant 150$ | 700 | 700 | $\geqslant 20$ | $\geqslant 15$ |
| 3DK2A | $\leqslant 0.1$ | $\leqslant 0.1$ | $\geqslant 20$ | $\geqslant 150$ | $\geqslant 200$ | 30 | $\geqslant 30$ | $\geqslant 20$ |
| 3DK3A | $\leqslant 0.1$ | $\leqslant 0.1$ | $\geqslant 10$ | $\geqslant 200$ | 100 | 30 | $\geqslant 10$ | $\geqslant 9$ |
| 3DK4A | $\leqslant 1$ | $\leqslant 10$ | $\geqslant 20$ | $\geqslant 100$ | 700 | 800 | $\geqslant 40$ | $\geqslant 30$ |
| 3DK7 | $\leqslant 1$ | $\leqslant 1$ | 25~180 | $\geqslant 120$ | 150 | 50 | $\geqslant 25$ | $\geqslant 9$ |
| 3AK11 | $\leqslant 30$ | $\leqslant 0.2$ | 30~150 | $\geqslant 8$ | 120 | 70 | $>30$ | $>25$ |
| 3AK12 | $\leqslant 10$ | $\leqslant 0.25$ | | 50~70 | | 60 | $>30$ | $>20$ |
| 3AK15 | $\leqslant 4$ | $\leqslant 0.28$ | 30~250 | $\geqslant 200$ | 100 | 50 | $>30$ | $>15$ |
| 3AK20A | $\leqslant 5$ | $\leqslant 0.4$ | 30~150 | $\geqslant 100$ | 50 | 20 | 25 | 12 |

# 附录 Ⅳ 常用硅稳压二极管

| 型号 | 最大工作电流/mA | 稳定电压/V | 动态电阻 | | | | 反向漏电流/μA | 最大耗散功率/W | 正向压降/V | 电压温度系数/$10^{-4}$/℃ | 电压漂移/% | 最高结温/℃ |
|---|---|---|---|---|---|---|---|---|---|---|---|---|
| | | | $R_{Z1}$/Ω | $I_{Z1}$/mA | $R_{Z2}$/Ω | $I_{Z2}$/mA | | | | | | |
| 2CW72 | 29 | 7.0~8.8 | 12 | 1 | 6 | 5 | ≤0.1 | 0.25 | ≤1 | ≤7 | ±0.1 | 150 |
| 2CW73 | 25 | 8.5~9.5 | 18 | | 10 | | | | | ≤8 | | |
| 2CW53 | 41 | 4.0~5.8 | 550 | 1 | 50 | 10 | ≤1.0 | 0.25 | ≤1 | −6~4 | ±0.1 | 150 |
| 2CW54 | 38 | 5.5~6.5 | 500 | | 30 | | ≤0.5 | | | −3~5 | | |
| 2CW61 | 16 | 12.2~14 | 400 | | 50 | 3 | ≤0.5 | 0.25 | | ≤9.5 | ±0.1 | |
| 2CW62 | 14 | 13.5~17 | 400 | 1 | 60 | | ≤0.5 | 0.25 | ≤1 | ≤9.5 | | 150 |
| 2CW103 | 165 | 4.0~5.8 | ≤550 | | 20 | 50 | ≤0.5 | 1 | | −6~4 | ±0.2 | |
| 2CW104 | 150 | 5.5~6.5 | ≤500 | | 15 | 30 | | | | −3~5 | | |
| 2CW135 | 310 | 8.5~9.5 | ≤200 | 3 | ≤7 | 50 | ≤0.5 | 3 | ≤1 | ≤8 | ±0.3 | 150 |
| 2CW190 | 280 | 9.2~10.5 | ≤300 | | ≤9 | | | | | ≤8 | | |

# 附录Ⅴ　国产半导体集成电路型号命名法(GB3430-82)

| 第零部分 | | 第一部分 | | 第二部分 | 第三部分 | | 第四部分 | |
|---|---|---|---|---|---|---|---|---|
| 用字母表示器件符合国家标准 | | 用字母表示器件的类型 | | 用阿拉伯数字和字母表示器件的系列和品种代号 | 用字母表示器件的工作温度范围 | | 用字母表示器件的封装形式 | |
| 符号 | 意义 | 符号 | 意义 | | 符号 | 意义 | 符号 | 意义 |
| C | 中国制造 | T | TTL | | C | 0～70℃ | W | 陶瓷封装 |
| | | H | HTL | | E | −48～75℃ | B | 塑料扁平 |
| | | E | ECL | | R | −55～85℃ | F | 全密封扁平 |
| | | C | CMOS | | M | −55～125℃ | D | 陶瓷直插 |
| | | F | 线性放大器 | | · | | P | 塑料直插 |
| | | D | 音响、电视电路 | | · | | J | 黑陶瓷扁平 |
| | | W | 稳压器 | | · | | K | 金属菱形 |
| | | J | 接口电路 | | | | T | 金属圆形 |
| | | B | 非线性电路 | | | | · | |
| | | M | 存储器 | | | | · | |
| | | μ | 微型电路 | | | | · | |

# 部分习题参考答案

**第1章**

1.1　图1.54(a):消耗功率1W,为负载;图1.54(b)产生功率1W,为电源。

1.2　图1.55(a),5A,由$a$向$b$;图1.55(b),5A,由$a$向$b$;图1.55(c),$\frac{5}{4}$A,由$b$向$a$;图1.55(d),$\frac{5}{4}$A,由$b$向$a$。

1.3　图1.56(a),10V,$a$为高电位端;图1.56(b),10V,$a$高电位端。

1.4　图1.57(a),$I=\frac{1}{2}$A;图1.57(b),$I=-\frac{1}{2}$A。

1.5　(a) $U=IR+U_S$　　(b) $U=-IR-U_S$
　　(c) $U=IR-U_S$　　(d) $U=-IR+U_S$

1.6　元件1发出功率。元件2吸收功率,元件3吸收功率,元件4吸收功率,元件5吸收功率。

1.7　$I_1=-4$A,$I_2=-1$A,$I_3=2$A。

1.8　$I=-3$A。

1.9　图1.62(a),$I=2-U$;图1.62(b),$I=-2+U$。

1.10　图1.63(a),$U=3-2I$;图1.63(b),$U=3+2I$。

1.11　$U_1=3$V,$U_2=1$V,$U_3=2$V。

1.12　$I_3=1$mA,$U_3=25$V,元件$A$为负载。

1.13　$I=2.1$A,$U_{bc}=10.5$V,$U_{ab}=6.1$V。

1.14　125W。

1.15　$U=\frac{13}{6}$V,$I_1=\frac{13}{6}$A。

1.16　$I_1=\frac{20}{3}$A,$P_{10A}=\frac{400}{3}$W。

1.17　$I_N=12.24$A。

1.18　$V_a=\frac{20}{3}$V,$V_b=-\frac{20}{3}$V,$V_c=-\frac{40}{3}$V。

1.19　图1.72(a),$I=2$A;图1.72(b),$I=1$mA;图1.72(c),$I=-0.5\,\mu A$。

1.20　K闭合:$V_a=10$V,$V_b=0$V;K打开:$V_a=10$V,$V_b=10$V。

1.21　图1.74(a),$R_{ab}=2.5\,\Omega$;图1.74(b),$R_{ab}=4\,\Omega$。

1.22　(略)

1.23　$I_3=10$A。

1.24　$I_1=\dfrac{8}{3}$ A,$I_2=\dfrac{1}{3}$ A,$P'_{1\Omega}=4$ W,$P'_{2\Omega}=2$ W,$P''_{1\Omega}=\dfrac{4}{9}$ W,$P''_{2\Omega}=\dfrac{8}{9}$ W,$P_{1\Omega}=\dfrac{64}{9}$ W,$P_{2\Omega}$

$=\dfrac{2}{9}$ W。

1.25　图 1.78(a),$R_o=\dfrac{3}{5}$ Ω,$E=\dfrac{1}{5}$ V;图 1.78(b),$R_o=\dfrac{2}{3}$ Ω,$E=-\dfrac{4}{3}$ V。

1.26　$I=0.1$ A。

## 第 2 章

2.1　(1) 0.02 s,50 Hz,30°;(2) 2 s,0.5 Hz,150°。

2.2　(1) $\theta_u-\theta_i=75°$;(2) 角频率不同,不能比较;

　　　(3) $\theta_{i1}-\theta_{i2}=-120°$。

2.3　(1) $\dot{I}=9.6\angle53.9°$ A;(2) $\dot{U}=102\angle-19.4°$ V。相量图略

2.4　(1) $\dot{I}=5\angle90°$ A;(2) $\dot{U}=125\angle45°$ V;

　　　(3) $\dot{I}=5\sqrt{2}\angle120°$ A。

2.5　(1) $Z_i=5+j10$ Ω(感性);(2) $Z_i=10-j5$ Ω(容性);

　　　(3) $Z_i=1-j$ Ω(容性)。

2.6　$u=6\sqrt{2}\sin(5\,000t-15°)$ V。

2.7　$u_1$ 超前于 $u_2$ 72.3°。

2.8　$A_o=10$ A,$V_o=141$ V。

2.9　(1) $-50\sin20t$ W;(2) 50 var;(3) $2.5(1+\cos20t)$ J。

2.10　(1) $50\sin20t$ W;(2) 50 var;(3) $2.5(1-\cos20t)$ J。

2.11　$P=176.8$ W,$Q=-176.8$ var(容性),$\cos\phi=0.707$。

2.12　0.303 A,436 Ω,2.24 μF。

2.13　$I_1=5$ A,$I_2=11.1$ A,$I=10.8$ A,1 067 W。

2.14　略。

2.15　(1) 9.1 A,5.187 kvar;(2) 33 μF,5.06 A。

2.16　$10^4$ rad/s,10。

2.17　2 576 Ω,9.6 H。

2.18　(1) $\cos\phi_1=0.5$;(2) $\cos\phi_2=0.63$。

2.19　$\dot{I}_R=5.59\angle63.4°$ A,$\dot{I}_L=5.59\angle-116.6°$ A,$\dot{I}_C=11.18\angle63.4°$ A。相量图略

2.20　略。

2.21　(1) 4.23 A,968 W;(2) 12.7 A,7.33 A,2 904 W。

## 第 3 章

3.1　$u_C(0_+)=100$ V;$i_C(0_+)=-3.3$ A,$u_C(\infty)=60$ V,$i_C(\infty)=0$。

3.2　$i_1(0_+)=4$ mA,$i_2(0_+)=0$,$i_3(0_+)=4$ mA,$u_C(0_+)=0$,$u_L(0_+)=12$ V,$i_1(\infty)=i_2(\infty)$

　　　$=2$ mA,$i_3(\infty)=0$,$u_C(\infty)=16$ V,$u_L(\infty)=0$。

3.3 $i_L(0_+)=4\,A,i_{R1}(0_+)=4\,A,i_{R2}(0_+)=2\,A,i_{C1}(0_+)=0,i_{C2}(0_+)=0$。

3.4 $i_L(0_+)=0,i(0_+)=1\,A,u_L(0_+)=8\,V;i_L(\infty)=5\,A,i(\infty)=5\,A,u_L(\infty)=0$。

3.5 $i(0_+)=6\,A,i_L(0_+)=2\,A,u_L(0_+)=-8\,V;i(\infty)=6\,A,i_L(\infty)=0,u_L(\infty)=0$。

3.6 (a) $2\times10^{-3}$s,(b) $2\times10^{-2}$s,(c) 0.1 s,(d) 0.02 s。

3.7 $u_C=12\,e^{\frac{1}{6\times10^{-6}}t}\,V,i_C=-6\,e^{\frac{1}{6\times10^{-6}}t}\,A$。

3.8 $u_C=10e^{-200t}\,V,i_C=-2e^{-200t}\,mA,u_{R1}=4e^{-200t}\,V$。

3.9 略。

3.10 $6(1-e^{-5\times10^5t})\,V$。

3.11 $u_C=12(1-e^{-\frac{t}{3\times10^{-2}}})\,V,i_C=8\times10^{-4}\,e^{-\frac{t}{3\times10^{-2}}}\,A$。

3.12 $10-20e^{-1000t}\,V$。

3.13 $u_C=5-2e^{-\frac{1}{3}t}\,V,i_1=\frac{2}{3}e^{-\frac{1}{3}t}\,A$。

3.14 $2e^{-2t}\,A,-8e^{-2t}\,V$。

3.15 略。

3.16 $i_L=3.33-2e^{-1.5t}\,A,u_L=6e^{-1.5t}\,V$。

3.17 $2\times10^{-3}e^{-1.2\times10^5t}\,A$。

3.18 $i=0.2e^{-5\times10^4t}\,A,u_{C_1}=30-10e^{-5\times10^4t}\,V,u_{C_2}=30\times20e^{-5\times10^4t}\,V$。

## 第4章

4.7 (1) 白炽灯167盏或日光灯126盏;(2) $I_{1N}=3.03\,A,I_{2N}=45.45\,A$。

4.8 $N_2=50,N_3=21$。

(其他略)

## 第5章

5.1 $n_1=1\,500\,rad/min$。

5.2 $1\,485\,rad/min、1\,470\,rad/min、1\,447.5\,rad/min$。

5.3 略。

5.4 (1) $T_N=45.24\,N\cdot m、T_m=72.38\,N\cdot m$;(2) 略。

5.5~5.15 略。

## 第6章

6.1 2.75 mA。

6.2 略。

6.3 略。

6.4 (a) 18 V;(b) 12.7 V;(c) 6 v;(d) 0.7 V。

6.5 (1) 29.5 V;(2) 39.3 V。

6.6 略。

6.7 (1) 选 $R\approx540\,\Omega$,(2) 电容极性为上正下负。

6.8　选第二只管子。

6.9　(d)能放大交流信号。

6.10　(2) $I_b=10\,\mu A, I_c\approx 1\,mA, U_{ce}\approx 2.5\,V$；(4) $u_{om}\approx 1\,V$；(5) $u_{om}\approx 2\,V, i_{bm}=10\,\mu A$。

6.11　(4) $u_{om}\approx 0.7\,V$；(5) $u_{om}\approx 1.2\,V, i_{bm}=10\,\mu A$。

6.12　(1) $I_b=30\,\mu A, I_c\approx 2.15\,mA$；(2) $u_{om}=0$。

6.13　略。

6.14　(1) $I_b=10\,\mu A, I_c=1\,mA, U_{ce}\approx 2.5\,V$；(3) $U_{om}\approx 0.75\,V$；(4) $I_b=20\,\mu A$。

6.15　略。

6.16　$u_o=\dfrac{2R_F}{R_1}\cdot u_1$。

6.17　$4\,V$。

6.18　略。

6.19　略。

6.20　$P_m=9\,W$。

## 第 7 章

7.1　略。

7.2　$A=1, B=0$　或　$A=0, B=1$。

7.3　$F=\overline{\overline{A}\cdot B+A\cdot \overline{B}}$。

7.4　$F=A\cdot B+\overline{A}\cdot \overline{B}$。

7.5　略。

7.6　半加器，$S$ 为和数，$C$ 为进位。

7.7　(1) $F_{A>B}=0, F_{A=B}=0, F_{A<B}=1$；(2) $F_{A>B}=1, F_{A=B}=0, F_{A<B}=0$。

7.8　略。

7.9　(a) $Y=\overline{A}B+A\overline{B}=A\oplus B$

　　(b) $Y_1=\overline{AB}$；$Y_2=\overline{\overline{A}\,\overline{B}}$；$Y_3=AB+\overline{A}B+A\overline{B}$；$Y_4=\overline{\overline{AB}}$

7.10　$Z_1=\overline{A}\,\overline{B}\,\overline{C}+\overline{A}BC+A\overline{B}\,\overline{C}$

　　　$Z_2=A\overline{B}\,\overline{C}+AB\overline{C}+ABC$

7.11　略。

7.12　略。

7.13　略。

## 第 8 章

8.1～8.4 略。

8.5　(1) $Q_{n+1}=\overline{\overline{J\,\overline{Q}_n}\ \overline{\overline{K}Q_n}}=J\overline{Q}_n+\overline{K}Q_n$。(2) 略

8.6　2 位二进制(4 进制)同步计数器。

8.7　3 位同步二进制减法计数器。

8.8　三进制计数器。

8.9    $Q_DQ_CQ_BQ_A=1\ 1\ 0\ 1$。

8.10    $\overline{R_D}=\overline{Q_DQ_B},\overline{L_D}=\overline{Q_DQ_C}$

8.11    略。

8.12    略。

8.13    (a) $\overline{L_D}=\overline{Q_D\cdot Q_A}$,(b) $\overline{L_D}=\overline{Q_D\cdot Q_C\cdot Q_B}$

## 第9章

9.1~9.8    略。

9.9    $V_{CC}=7.5\,\text{V}$,555 定时器第 5 脚 $C_0$ 端接 $+5\,\text{V}$ 电源,即 $U_{C_0}=+5\,\text{V}$。

9.10    略。

# 参 考 文 献

[1] 秦曾煌. 电工学(第四版)[M]. 北京:高等教育出版社,1990.
[2] 李瀚荪. 电路与磁路[M]. 北京:中央广播电视大学出版社.
[3] 耿长柏,等. 电工学[M]. 北京:航空工业出版社,1990.
[4] 谭恩鼎. 电工基础[M]. 北京:高等教育出版社,1985.
[5] 张秉文. 电工基础[M]. 武汉:华中理工大学出版社,1994.
[6] 李寿溥. 电工学[M]. 北京:高等教育出版社,1991.
[7] 蒋德川. 电工学[M]. 北京:高等教育出版社,1986.
[8] 王鸿明. 电工技术与电子技术(上册)[M]. 北京:清华大学出版社.
[9] 许鸿量,孙文卿. 电工技术[M]. 上海:上海交通大学出版社,1992.
[10] 任爱莲. 电工电子技术[M]. 机械工业出版社,1996.
[11] 王岩,王祥珩. 电工技术[M]. 北京:中央广播电视大学出版社,1991.
[12] 席时达. 电工技术[M]. 北京:高等教育出版社,1992.
[13] 张安泰. 电路与电机[M]. 北京:机械工业出版社,1996.
[14] 魏志源. 电子技术[M]. 北京:中央广播电视大学出版社,1991.
[15] 吕国泰. 电子技术[M]. 北京:高等教育出版社,1996.
[16] 康华光. 电子技术基础[M]. 北京:高等教育出版社.
[17] 阎石. 数字电子电路[M]. 北京:中央广播电视大学出版社,1993.
[18] 张端. 数字电路与逻辑设计[M]. 北京:高等教育出版社,1988.
[19] 任为民. 电子技术基础课程设计[M]. 北京:中央广播电视大学出版社,1996.
[20] 陆国和. 电路与电工技术(第一版)[M]. 北京:高等教育出版社,2001.
[21] 钱琦. 计算机电路教程[M]. 东南大学出版社,2003.
[22] 李晓明. 电工电子技术[M]. 北京:高等教育出版社,2003.
[23] 叶挺秀. 电工电子学[M]. 北京:高等教育出版社,1999.

# 参 考 文 献

[1] 秦曾煌.电工学(第四版)[M].北京:高等教育出版社,1990.

[2] 李瀚荪.电路与磁路[M].北京:中央广播电视大学出版社.

[3] 耿长柏,等.电工学[M].北京:航空工业出版社,1990.

[4] 谭恩鼎.电工基础[M].北京:高等教育出版社,1985.

[5] 张秉文.电工基础[M].武汉:华中理工大学出版社,1994.

[6] 李寿溥.电工学[M].北京:高等教育出版社,1991.

[7] 蒋德川.电工学[M].北京:高等教育出版社,1986.

[8] 王鸿明.电工技术与电子技术(上册)[M].北京:清华大学出版社.

[9] 许鸿量,孙文卿.电工技术[M].上海:上海交通大学出版社,1992.

[10] 任爱莲.电工电子技术[M].机械工业出版社,1996.

[11] 王岩,王祥珩.电工技术[M].北京:中央广播电视大学出版社,1991.

[12] 席时达.电工技术[M].北京:高等教育出版社,1992.

[13] 张安泰.电路与电机[M].北京:机械工业出版社,1996.

[14] 魏志源.电子技术[M].北京:中央广播电视大学出版社,1991.

[15] 吕国泰.电子技术[M].北京:高等教育出版社,1996.

[16] 康华光.电子技术基础[M].北京:高等教育出版社.

[17] 阎石.数字电子电路[M].北京:中央广播电视大学出版社,1993.

[18] 张端.数字电路与逻辑设计[M].北京:高等教育出版社,1988.

[19] 任为民.电子技术基础课程设计[M].北京:中央广播电视大学出版社,1996.

[20] 陆国和.电路与电工技术(第一版)[M].北京:高等教育出版社,2001.

[21] 钱琦.计算机电路教程[M].东南大学出版社,2003.

[22] 李晓明.电工电子技术[M].北京:高等教育出版社,2003.

[23] 叶挺秀.电工电子学[M].北京:高等教育出版社,1999.